水利水电工程地应力场精细反演分析理论与应用

裴启涛 黄书岭 丁秀丽 张雨霆 等 著

中国水利水电出版社
www.waterpub.com.cn
·北京·

内 容 提 要

本书以大量地应力实测资料为基础,论述了水利水电工程复杂地质条件下地应力分布规律及反演分析方法。全书共分10章,主要内容包括岩性、地形地貌及断层构造与地应力分布的关联性,综合反映正应力和剪应力不等权重的地应力场反演修正目标函数,岩体应力场非线性边界构建,不同地应力场反演分析方法及其在官地、锦屏、乌东德、滇中引水工程隧洞、南水北调西线等大型水利水电工程中的应用。

本书可作为地应力场研究和应用的参考书,也可供水利水电、铁路、公路等领域从事隧道工程、岩土工程、水利水电工程及其相关专业的科研、教学、工程设计与施工的技术人员和师生参考。

图书在版编目(CIP)数据

水利水电工程地应力场精细反演分析理论与应用 /
裴启涛等著. -- 北京 : 中国水利水电出版社,2020.8
ISBN 978-7-5170-8800-4

Ⅰ. ①水… Ⅱ. ①裴… Ⅲ. ①水利水电工程-地应力场-反演算法 Ⅳ. ①P642

中国版本图书馆CIP数据核字(2020)第157149号

书　　　名	水利水电工程地应力场精细反演分析理论与应用 SHUILI SHUIDIAN GONGCHENG DIYINGLI CHANG JINGXI FANYAN FENXI LILUN YU YINGYONG
作　　　者	裴启涛　黄书岭　丁秀丽　张雨霆　等 著
出 版 发 行	中国水利水电出版社 (北京市海淀区玉渊潭南路1号D座　100038) 网址:www.waterpub.com.cn E-mail:sales@waterpub.com.cn 电话:(010)68367658(营销中心)
经　　　售	北京科水图书销售中心(零售) 电话:(010)88383994、63202643、68545874 全国各地新华书店和相关出版物销售网点
排　　　版	中国水利水电出版社微机排版中心
印　　　刷	清淞永业(天津)印刷有限公司
规　　　格	184mm×260mm　16开本　14.5印张　353千字
版　　　次	2020年8月第1版　2020年8月第1次印刷
印　　　数	001—500册
定　　　价	**80.00元**

地应力是赋存于天然岩体内部的应力状态，迄今为止，人们很难准确地认识其形成机理，把握其状态，只能通过外部的观测信息、现场的实测资料及地质构造条件，采用必要的分析方法进行岩体应力场反演。随着西部大开发战略的实施，大批大型水利水电工程在我国西部高山峡谷区、强烈构造活动区营建，高地应力岩爆、持续大变形和大范围塌方等灾害造成的人员伤亡、停工停产等工程事故常发，直接制约着水利水电工程建设的稳定、健康发展。随着工程项目的迅速增加以及对工程安全问题的日益重视，关于复杂条件下岩体初始应力场反演分析研究已成为当今岩石力学界研究的热点和重要课题之一。许多学者从不同的角度、采用不同的手段对此进行研究，但多依托于某个具体工程，从某一侧面加以探讨。本书选择了复杂条件下水利水电工程地应力场精细反演分析理论与实践这一前沿性和应用性较强的课题，进行了深入系统的研究，取得了重要的学术成果。

本书围绕地应力场反演分析方法这个关键科学问题，从大量的水利水电工程实测资料入手，对实测地应力数据进行分析整理，并根据水利水电领域不同工程的类型和特点，总结凝练了相应的地应力场反演分析方法，对复杂条件下工程区地应力场分布进行精细化数值模拟。以国内外大量地应力实测资料为基础，采用工程案例分析、理论分析及数值模拟等手段，探讨了地层岩性、地形地貌及断层构造等因素对地应力分布的影响；创造性地构建了正应力与剪应力不等权重影响的应力场反演目标函数，有效解决了地应力场反演分析中的正应力和剪应力采用同一权重易引起的主应力方向不合理问题；通过对我国含岩性参数的地应力实测数据进行统计分析，提出了复杂地质条件下岩体地应力场非线性边界构建方法；基于所构建的正应力与剪应力不等权重的目标函数以及河谷下切作用，提出了考虑深切河谷历史演变过程和正应力-剪应力不等权重修正目标函数的地应力场反演分析方法并在锦屏一级水电站中进行了应用和检验，可用于解决地应力张量空间分布特征及其与洞室群布置相对关系的问题，并同时创新性地提出了一种考虑最大水平主应力、岩石强度应力比和岩体结构特征的高山峡谷高地应力区地下厂房洞室群布置设计思路与方法，有助于解决高地应力环境中水电站地下厂房洞室群布置难题。鉴于水利水电工程领域研究对象的属性差异，构建了相应地应力场精细反演分析方法，并通过实际工程进行校检。书中搜集了多个典型在建大型水利水电工程的资料，构建的精细反演分析法具有较强的针对性，是一部工程应用性较强的学术专著，弥补了以往研究以理论分析为主、研究对象属性单一、缺乏系统性的不足。

本书的特色是聚焦于国家急需开发的水利水电工程领域，在理论和方法上集成创新、勇于探索，并从理论、方法到工程应用进行了系统深入的研究，是近年来水利水电工程地应力研究方面的一部学术佳作。

希望本书的出版能对我国地应力场研究，特别是西部地区地应力场的认识提供有益的参考。

全国工程勘察大师

陈佳基

2020 年 8 月

前言

地应力是地质环境与地壳稳定性评价、地质工程设计和施工的重要基础资料，是各种地下工程变形和破坏的根本作用力，是进行岩体稳定性评价，实现地下工程顺利建设、安全运营以及决策科学化的重要依据。随着水利水电资源开发的加速，以及对工程安全问题的日益重视，在水利水电地下工程设计和施工阶段，对工程区地应力分布特征进行研究已成为一项必需的工作，引起了工程界的广泛重视。

与一般的地下工程相比，水利水电地下工程常位于高山峡谷区，其赋存环境极为复杂。构造运动强烈，地质构造及地层岩性复杂多变，使其地应力分布在空间上常呈现出高度的非线性特征。此外，对于跨流域的超长深埋隧洞工程，如在建的陕西省引汉济渭深埋输水隧洞工程、滇中引水香炉山超长深埋隧洞工程等，跨越多个地质构造单元，环境复杂多变，地应力分布呈现出明显的应力分区现象。由于场地和测试经费的限制，超长深埋隧洞工程的地应力测点相对较少，测试部位一般沿洞轴线零星分布，且相邻测点间距较远（几百米至数千米），尤其是在工程勘探设计阶段，这给隧洞的合理选线、设计和施工带来极大的挑战。然而，现有的研究尚处于探索阶段，有关针对水利水电工程领域地应力反演分析方法及成果尚不成系统，有必要针对该类特殊工程进行深入的研究。

本书以地应力为研究对象，通过收集国内外大量地应力实测资料，采用工程案例分析、理论分析及数值模拟等相结合的手段，系统分析了地层岩性、地形地貌及断层构造等主控因素与岩体地应力的关联性及其影响规律。在此基础上，本书通过理论分析，构建了正应力与剪应力不等权重影响的应力场反演目标函数，从源头上解决了地应力场反演分析中的剪应力分量较之正应力分量要小得多易产生隧洞围岩破坏特征的误判问题，尝试提出了复杂地质条件岩体地应力场非线性边界二次反演分析方法。此外，鉴于水利水电工程领域研究对象的主要特征差异，本书分别对其地应力场反演方法及实现过程进行深入研究，并结合实际工程应用效果进行评价，以期更好地为工程建设服务。

本书共 10 章，第 1 章为绪论，概要性地讨论了地应力的研究现状及简介本书的主要研究内容和特色；第 2～4 章通过收集国内外大量地应力实测资料，系统研究了地层岩性、地形地貌及断层构造等主控因素对地应力的影响规律；第5章研究了综合反映正应力与剪应力影响的反演目标函数构建方法及实施效果；第6章针对复杂地质条件下地应力的非线性分布特征，通过对我国含岩性参数的地应力实测数据进行分析，建立了地应力与埋深和弹性模量的非线性关系，继而提出了岩体地应力场非线性边界二次反演分析方法及实施过程；第7章针对当前地应力场单一反演方法研究的局限性，基于影响地应力场是否合理的因素众多且关系错综复杂的客观情况，提出了大型地下厂房区域地应力场多源信息融合分析方法，并将其应用于官地水电站地下厂房洞室群工程；第8章基于所构建的正应力与剪应力不等权重的目标函数以及河谷下切作用，提出了考虑深切河谷历史演变过程和正应力-剪应力不等权重修正目标函数的地应力场反演分析方法并在锦屏一级水电站中进行了应用和检验，同时提出一种考虑最大水平主应力、岩石强度应力比和岩体结构特征的高山峡谷高地应力区地下厂房洞室群布置设计方法；第9章根据跨越多个地质构造单元、赋存环境复杂多变的长距离深埋输水隧洞特征，建立了长线路工程应力分区的主控指标及方法，继而形成了一套适用于超长深埋隧洞初始应力场精细反演分析方法，并将其应用于在建的滇中引水香炉山隧洞工程；第10章通过对地应力张量的分布形式进行优化，将其分解为自重应力、构造应力及非线性应力3个部分，提出了一种考虑应力张量形式的地应力场精细反演方法，并将其应用于乌东德水电站地下厂房洞室群。

本书的出版得到了国家自然科学基金重点项目"调水工程深埋输水隧洞围岩时效大变形孕灾机理及安全控制"（51539002）、国家重点研发计划课题"大埋深隧洞围岩大变形及岩爆预测与防控技术"（2016YFC0401802）和课题"大埋深隧洞围岩—支护体系协同承载机理与全寿命设计理论及方法"（2016YFC0401804）、国家自然科学基金青年项目"考虑应力分区的超长深埋隧洞地应力场精细反演方法研究"（51609018）等资助和支持。

本书相关研究工作得到了中国科学院武汉岩土力学研究所李海波研究员、刘亚群研究员、罗超文副研究员、李春光副研究员以及长江科学院邬爱清教授级高级工程师、尹健民教授级高级工程师、卢波教授级高级工程师、香港浸会大学方开泰教授、武汉长江科创科技发展有限公司景锋教授级高级工程师等帮助和指导。感谢水利部长江水利委员会全国工程勘察大师陈德基先生的指导，并作序。在本书撰写期间，瑞士联邦理工大学邹洋博士、英国伯明翰大学王敏博士在文献检索上提供了很多帮助。感谢长江勘测规划设计研究院、中国电建集团成都勘测设计研究院有限公司等单位提供的相关资料。在此，谨向他们表示衷心感谢。

全书由黄书岭教授级高级工程师统稿，丁秀丽教授级高级工程师审定，裴启涛、黄书岭、丁秀丽、张雨霆等编写主要章节。参与本书部分章节整理和编写工作的还有周春华、张练、吴勇进、秦洋等，特在此表示感谢！

限于作者水平和时间仓促，书中谬误之处难免，恳请读者批评指正。

作者

2020 年 8 月于武汉

目 录

序

前言

第1章 绪论 ………………………………………………………………………… 1

1.1 研究意义 …………………………………………………………………… 1

1.2 国内外研究现状 …………………………………………………………… 2

    1.2.1 地应力分布的主控因素研究 ………………………………………… 2

    1.2.2 地应力场反演方法 …………………………………………………… 5

1.3 主要研究内容 ……………………………………………………………… 7

第2章 岩性与地应力分布关系及理论研究 ……………………………………… 9

2.1 引言 ………………………………………………………………………… 9

2.2 岩性对地应力影响的实例分析 …………………………………………… 9

2.3 岩层中地应力估算模式及其与岩性的关系 …………………………… 14

    2.3.1 计算原理 ……………………………………………………………… 14

    2.3.2 基于改进模型的水平地应力估算模式 …………………………… 21

    2.3.3 岩石力学参数对地应力的影响 …………………………………… 21

2.4 现场试验分析 …………………………………………………………… 23

    2.4.1 福建梅花山隧道原位地应力及钻孔弹模试验分析 ……………… 23

    2.4.2 水平地应力估算及结果分析 ……………………………………… 24

    2.4.3 水平地应力与岩体弹性模量的关系 ……………………………… 26

第3章 地形地貌对地应力影响的理论及数值模拟研究 ……………………… 27

3.1 引言 ……………………………………………………………………… 27

3.2 不同地貌单元下地应力分布特征的理论研究 ………………………… 27

    3.2.1 地表剥蚀区 ………………………………………………………… 27

    3.2.2 地表沉积区 ………………………………………………………… 29

3.3 河谷几何形态对岩体地应力场影响分析 ……………………………… 34

    3.3.1 计算原理及方法 …………………………………………………… 34

    3.3.2 模型建立及边界条件 ……………………………………………… 37

    3.3.3 数值模拟方案 ……………………………………………………… 38

    3.3.4 坡度对地应力分布的影响 ………………………………………… 38

    3.3.5 谷宽和坡高对地应力分布的影响 ………………………………… 42

3.4 工程实例 ·· 43

    3.4.1 阿达坝区地应力场反演分析 ································· 43

    3.4.2 不同坡度下坝区地应力场分布特征 ···················· 45

第 4 章　基于非连续接触模型的断层对地应力影响研究 ············· 48

4.1 引言 ·· 48

4.2 非连续接触模型基本原理及对比分析 ························· 48

    4.2.1 计算原理 ··· 48

    4.2.2 非连续接触模型与连续模型对比分析 ················ 50

4.3 断层构造对地应力场影响的数值模拟分析 ················ 52

    4.3.1 基本假设 ··· 52

    4.3.2 模型的建立及边界条件 ··································· 52

    4.3.3 数值模拟方案 ··· 53

    4.3.4 主要影响因素分析 ··· 53

4.4 工程实例 ··· 64

    4.4.1 达曲河—泥曲河段模型的建立及边界条件 ········· 64

    4.4.2 计算结果分析 ··· 65

第 5 章　考虑权重效应的地应力场反演修正目标函数及影响分析 ··· 69

5.1 引言 ·· 69

5.2 地应力场反演理论及存在的问题 ······························· 69

    5.2.1 基本原理 ··· 69

    5.2.2 反演问题的求解 ··· 70

    5.2.3 地应力场反演目标函数及不足 ························ 70

5.3 基于权重效应的多元回归分析优化方法 ··················· 71

    5.3.1 多元回归分析法的基本原理 ···························· 71

    5.3.2 反演目标函数优化方法 ··································· 71

5.4 不同权重影响效应分析 ··· 72

    5.4.1 模型的构建及岩体力学参数 ···························· 72

    5.4.2 模拟方案 ··· 73

    5.4.3 计算结果分析 ··· 74

第 6 章　地应力场非线性边界构建及验证 ······························· 83

6.1 引言 ·· 83

6.2 地应力场非线性边界构建及二次反演方法 ················ 83

    6.2.1 地应力场反演非线性边界模式的建立 ··············· 83

    6.2.2 基于非线性边界的二次反演方法及实现 ··········· 85

6.3 工程应用验证 ·· 91

    6.3.1 工程概况 ··· 91

    6.3.2 坝址区三维地应力场非线性边界二次反演分析 ···· 91

　　　6.3.3　坝址区初始地应力场分布规律 ┄┄┄┄┄┄┄┄┄┄┄┄┄┄┄┄ 101

第7章　基于多源信息融合分析的地应力场反演方法及工程应用 ┄┄┄┄ 105

　7.1　引言 ┄┄┄┄┄┄┄┄┄┄┄┄┄┄┄┄┄┄┄┄┄┄┄┄┄┄┄┄┄┄┄ 105

　7.2　多源信息融合分析方法与思路 ┄┄┄┄┄┄┄┄┄┄┄┄┄┄┄┄┄┄┄ 105

　　　7.2.1　多源信息融合的思想 ┄┄┄┄┄┄┄┄┄┄┄┄┄┄┄┄┄┄┄┄ 105

　　　7.2.2　多源信息融合分析方法 ┄┄┄┄┄┄┄┄┄┄┄┄┄┄┄┄┄┄ 106

　7.3　工程应用——官地水电站 ┄┄┄┄┄┄┄┄┄┄┄┄┄┄┄┄┄┄┄┄┄ 107

　　　7.3.1　工程概况 ┄┄┄┄┄┄┄┄┄┄┄┄┄┄┄┄┄┄┄┄┄┄┄┄┄ 107

　　　7.3.2　河谷地应力场形成的演化历程信息 ┄┄┄┄┄┄┄┄┄┄┄┄ 109

　　　7.3.3　实测地应力信息解析 ┄┄┄┄┄┄┄┄┄┄┄┄┄┄┄┄┄┄┄ 110

　　　7.3.4　地下厂房区地应力场信息融合分析 ┄┄┄┄┄┄┄┄┄┄┄┄ 121

　　　7.3.5　厂区地应力场特征信息识别分析 ┄┄┄┄┄┄┄┄┄┄┄┄┄ 123

　　　7.3.6　厂区地应力的决策反馈信息融合分析 ┄┄┄┄┄┄┄┄┄┄┄ 127

　7.4　一些认识 ┄┄┄┄┄┄┄┄┄┄┄┄┄┄┄┄┄┄┄┄┄┄┄┄┄┄┄┄┄ 135

第8章　考虑河谷演变和修正函数的地应力场反演方法及应用 ┄┄┄┄┄ 136

　8.1　引言 ┄┄┄┄┄┄┄┄┄┄┄┄┄┄┄┄┄┄┄┄┄┄┄┄┄┄┄┄┄┄┄ 136

　8.2　地应力场模拟方法和分析思路 ┄┄┄┄┄┄┄┄┄┄┄┄┄┄┄┄┄┄┄ 138

　　　8.2.1　地应力场模拟中一些问题分析及解决途径 ┄┄┄┄┄┄┄┄ 138

　　　8.2.2　考虑河谷演化规律的地应力场模拟方法 ┄┄┄┄┄┄┄┄┄ 141

　　　8.2.3　地应力场量化模型和洞室群开挖计算模型相结合的研究思路 ┄ 145

　8.3　工程应用——锦屏一级水电站 ┄┄┄┄┄┄┄┄┄┄┄┄┄┄┄┄┄┄ 146

　　　8.3.1　地质构造背景分析 ┄┄┄┄┄┄┄┄┄┄┄┄┄┄┄┄┄┄┄┄ 146

　　　8.3.2　河谷演化规律分析 ┄┄┄┄┄┄┄┄┄┄┄┄┄┄┄┄┄┄┄┄ 148

　　　8.3.3　地下厂房区域初始地应力场识别 ┄┄┄┄┄┄┄┄┄┄┄┄┄ 148

　　　8.3.4　厂区初始地应力场分布规律及验证 ┄┄┄┄┄┄┄┄┄┄┄┄ 155

　　　8.3.5　高山峡谷高地应力区地下厂房洞室群布置设计思路和方法探讨 ┄ 160

　8.4　认识与讨论 ┄┄┄┄┄┄┄┄┄┄┄┄┄┄┄┄┄┄┄┄┄┄┄┄┄┄┄ 164

第9章　考虑应力分区的深埋长隧洞地应力场反演方法及工程应用 ┄┄┄ 166

　9.1　引言 ┄┄┄┄┄┄┄┄┄┄┄┄┄┄┄┄┄┄┄┄┄┄┄┄┄┄┄┄┄┄┄ 166

　9.2　应力分区的基本原则及方法 ┄┄┄┄┄┄┄┄┄┄┄┄┄┄┄┄┄┄┄┄ 167

　　　9.2.1　基本原则及控制指标 ┄┄┄┄┄┄┄┄┄┄┄┄┄┄┄┄┄┄┄ 167

　　　9.2.2　具体实施方案 ┄┄┄┄┄┄┄┄┄┄┄┄┄┄┄┄┄┄┄┄┄┄ 167

　9.3　考虑应力分区的地应力场模拟方法 ┄┄┄┄┄┄┄┄┄┄┄┄┄┄┄┄ 167

　　　9.3.1　荷载施加方法 ┄┄┄┄┄┄┄┄┄┄┄┄┄┄┄┄┄┄┄┄┄┄ 167

　　　9.3.2　考虑应力分区的深埋长隧洞地应力场反演方法 ┄┄┄┄┄┄ 168

　9.4　工程应用——滇中引水香炉山隧洞 ┄┄┄┄┄┄┄┄┄┄┄┄┄┄┄┄ 170

　　　9.4.1　工程地质条件 ┄┄┄┄┄┄┄┄┄┄┄┄┄┄┄┄┄┄┄┄┄┄ 170

9.4.2 区域构造环境概况、主要断裂及运动性状 ·········· 171

9.4.3 区域构造应力场分布特征 ·········· 173

9.4.4 实测地应力成果分析 ·········· 175

9.4.5 工程区的应力分区及分布特征 ·········· 179

9.4.6 香炉山隧洞地应力场精细反演分析 ·········· 181

第 10 章 考虑应力张量形式的地应力场精细反演方法及工程应用 ·········· 193

10.1 引言 ·········· 193

10.2 地应力测试数据的筛选方法 ·········· 193

10.2.1 基于地质构造信息的区域构造应力场分布特征 ·········· 193

10.2.2 基于赤平极射投影的地应力量化分析 ·········· 194

10.3 考虑地应力张量分布形式的地应力场精细反演方法 ·········· 195

10.3.1 地应力分布形式及优化 ·········· 195

10.3.2 一次反演方法 ·········· 196

10.3.3 局部关键区域精细反演方法 ·········· 197

10.4 工程应用——乌东德水电站 ·········· 198

10.4.1 工程概况 ·········· 198

10.4.2 实测地应力分析 ·········· 200

10.4.3 地应力测试数据筛选 ·········· 201

10.4.4 二次反演分析方法 ·········· 205

10.4.5 计算结果对比分析 ·········· 209

参考文献 ·········· 211

第 1 章

绪　　论

1.1　研究意义

随着社会经济的快速发展及西部大开发战略的实施，我国在水电工程、跨流域调水工程、交通工程等领域的建设正密集展开，与此相关的地下工程越来越多，并呈现出"深埋、超长、特大"的发展趋势。由于功能性要求，水利水电工程大多位于高山峡谷区，输水隧洞工程常跨越不同的地质构造单元，其所面临的复杂赋存环境，使水利水电建设过程中的重大灾害和施工事故日益增多，直接影响着工程建设的成败。例如 2009 年 11 月在锦屏二级水电站 16.7km 长的引水隧洞中发生的岩爆，导致 7 人死亡和全断面岩石掘进机严重损坏；十堰至天水高速公路明垭子特长隧道在施工中发生软岩大变形，最大变形达1700mm，发生侵限大变形范围共计 1169m，对施工进度和现场一线作业人员安全构成极大威胁。工程实践及理论研究表明，地应力是地质环境与地壳稳定性评价、地质工程设计和施工的重要基础资料之一，其不仅是决定区域稳定性的重要因素，而且是各种地下或地面开挖岩土工程变形和破坏的根本作用力，也是确定工程岩体力学属性、进行岩体稳定性分析、实现岩土工程开挖设计和决策科学化的前提。随着工程安全问题得到日益重视，在地下工程设计和施工阶段，预先对工程区地应力分布特征进行研究不仅是一项必备的工作，也已成为国内外大型水利水电工程中的一个重要研究课题和方向。

地应力是赋存于天然岩体内部的应力状态，它是由重力和历次地质构造作用（包括垂直升降和水平挤压运动）所引起，同时又受到长期外动力地质作用诸如风化、剥蚀、地下水、温度等因素的影响而不断演化，伴随着岩体物理力学性质的变化，形成了岩体中保存至今的岩体应力状态。从地质年代来看，地应力场同时也是一个随时间和空间而不断发生变化的非均匀、非稳定场，其分布和变化规律极为复杂。迄今为止，人们很难准确地认识其形成机理，只能通过外部的观测信息来把握，而现场的采集资料常常受场地、技术和经济等条件的限制，加之地应力场成因复杂、影响因素众多，现场采集的资料往往存在一定程度的离散性和局限性。因此，为了获取较为合理的、适用范围较大的地应力场，同时进一步加深对复杂地质条件下地应力成因机理的认识，还应该根据现场的实测资料及地质构造条件，采用有效的分析方法进行岩体应力场反演。

目前国内外模拟岩体应力场的方法主要包括位移反分析方法和应力反演分析方法，对于超长深埋隧洞，由于其特殊的赋存环境，在工程上主要使用后者。然而，在采用应力反演法进行分析时主要涉及两方面问题：一是现有的地应力场反演目标函数将正应力和剪应力采用同一权重进行分析，导致主应力方向误差较大，较易引起隧洞破坏部位误判现象，如何构建合理反映正应力与剪应力影响的应力场反演目标函数；二是针对位于高山峡谷、地质条件复杂的大型水电站工程区，跨越多个地质构造单元及赋存环境复杂多变的长线路输水工程区，地应力分布在空间上常呈现出明显的应力分区现象，且不同区域地应力分布特征往往相差较大，如何在有限的实测成果下获得较为准确的地应力场特征。这两方面问题解决的合理与否直接影响着应力场反演准确性以及对围岩破坏特征的识别，迄今为止，在该方面系统性研究尚不够深入，有必要做进一步的研究。

此外，对于一些地质条件相对复杂的强烈构造活动区，常常涉及岩性、地形地貌及断层构造等因素的影响，国内外学者已从不同的角度出发进行了有益的探讨。但从目前研究的情况来看，现有的研究尚不够深入，有些认识仍需要进一步完善和发展。例如，岩性与地应力的关系基本处于定性阶段，且在一些多岩层交互区域出现的应力梯度突变、应力呈分段线性（或非线性）等现象认识方面缺乏理论依据；在对地形地貌与地应力分布的关联性方面，现有的研究成果较少从影响地应力的成因角度入手进行理论分析，且对不同地貌单元、不同地形起伏下的岩体应力状态分布特征缺乏系统的研究；在涉及断层构造对地应力场影响的研究中，以往多采用有限单元法和离散元法，这与实际断层的赋存状态存在一定的差距，且数值计算结果与实测资料较难吻合，因此需要探索一种新的方法来合理反映断层构造及其附近地应力的变化规律。

综上所述，开展复杂条件下岩性、地形地貌及断层构造对地应力分布特征的影响研究，探讨适合于复杂条件下水利水电工程地应力场精细反演方法及其实现方案，有助于深化对地应力分布规律和反演理论的认识，进一步提高初始应力场反演精度，直接为我国拟建的和在建的水利水电工程围岩稳定性分析、超长深埋隧洞工程设计与施工提供科学依据，而且对于丰富和发展地应力分析理论具有十分重要的意义。

1.2 国内外研究现状

1.2.1 地应力分布的主控因素研究

地应力是存在于地层中未受扰动的天然应力。地应力由于受其所在区域内外动力作用的影响，如地心引力、地壳板块边界挤压、地幔热对流、地球旋转、地球内部温度不均匀、岩浆侵入、地壳非均匀性扩容、孔隙水压、地表剥蚀、河流侵蚀等作用的影响，使其成因十分复杂，至今尚不十分清楚。关于地应力的主控因素，在有关的文献特别是国外的文献中不同的作者间的认识有较大的区别。Brady 等认为影响地应力的因素有地形、侵蚀和地壳均衡、残余应力、侵入体、构造应力、破裂和结构面以及温度的变化等。Hudson 等认为产生高水平应力的原因有侵蚀作用、构造活动、岩石各向异性和结构面。Amadei

等把影响地应力的因素归结为岩性（地层）、各向异性、地质构造和非均匀性、地形、构造活动、侵蚀、冰川作用和超固结作用、边界条件和时间、地球曲面弯曲等。我国的一些学者也进行了该方面的研究，并取得了丰硕的研究成果。陈宗基等认为地应力是由于岩体自重、板块运动、地形势、剥蚀以及封闭应力引起的。修俊峰等从地应力形成的地质因素出发，将其概括为形成因素、调整因素和影响因素，并指出无论哪种地质因素形成的地应力都不是单一因素或简单的叠加，而是综合作用的结果。上述认识表明，地应力的成因极为复杂，既有地应力的产生因素也有影响因素，鉴于影响地应力的因素众多，且各因素对地应力的贡献大小不一，结合实际工程需求，本书主要阐述岩性、地形地貌和断层等因素的研究情况，为进一步研究的开展提供借鉴。

白世伟等通过对二滩水电站实测地应力资料进行统计，发现实测最大主应力与岩石杨氏模量成线性变化。蔡美峰等通过对我国 4 个金属矿山的实测结果的分析，发现在不考虑深度的影响下，最大主应力值与围岩的性质（岩石弹性模量与岩石质量指标 RQD 的乘积）存在一定的线性变化关系。陶振宇等发现金川矿区从特富矿体到富矿体、贫矿体和围岩，地应力呈不断衰减的特征。朱焕春等根据对世界范围内的岩浆岩、沉积岩和变质岩中实测地应力资料的回归分析发现：不同成因的岩石地应力分布各不相同，岩浆岩中水平应力一般较高，两个水平主应力的差值也较大，沉积岩地应力水平较低，且两个水平主应力的差值最小，变质岩介于二者之间。景锋等通过对我国大陆地壳浅层范围内不同地质成因岩石的实测地应力资料进行统计分析，也得出了类似的结论。于震平等基于某个水电站的实测地应力与原位岩石弹性模量，建立了两者间对应关系，并根据实际工程荷载，推算工程荷载下可能的模量值，在工程中进行了应用。陈志敏、景锋等基于我国的实测地应力研究发现，岩性对地应力影响大。秦向辉等基于深孔地应力测量、岩石力学试验及岩体结构统计，对地应力与岩石弹性模量关系进行了研究，发现各向同性高的岩体实测地应力大小与岩石弹性模量间成正相关关系，而各向异性大的岩体（如沉积岩），实测地应力大小与岩石弹性模量间的关系不明显。此外，陶振宇等基于二滩水电站的实测应力和岩石强度，发现岩石最大应力值与其屈服模型有明显的对应关系，可根据岩石屈服强度判断岩体的地应力。国外一些学者从不同的角度出发，对该方面也进行了相应的研究。Aitmatov 等根据在中亚等地区的地应力测量结果分析指出不同强度岩石间地应力差别很大，且随岩石杨氏模量降低。Plumb 通过对世界上沉积盆地中不同类型的最小主应力测试结果进行统计分析，发现岩性对最小水平应力与垂直应力之比的影响与盆地类型关系较大。

地形地貌对地壳应力状态的影响，历来是岩石力学界研究的重要课题之一，国内外众多学者对其进行了有益的探讨。Savage 等、Amadei 等研究了地形对地应力分布的影响。Haimson 发现起伏地形区表层岩体（0～20m）中最大水平主应力与地形等高线方向一致，至深部过渡到区域应力场方位一致。Kanagawa 等、修俊峰等发现，地形地貌对地应力的影响不仅表现在地形起伏上，而且与沉积或剥蚀的地貌单元有关。Voight 和 Goodman 等对剥蚀作用对地应力影响进行了研究，Voight 并且基于弹性理论研究了剥蚀作用和沉积作用对原地应力场影响的解析解。朱焕春等通过总结归纳油田的实测地应力资料，发现典型沉积岩区的地应力分布规律不同于其他区域。陈群策等利用地应力实测数据讨论了地形对岩体地应力的影响，认为河谷地形对局部地应力场的方向影响和控制作用较强。余大军等研究了在重力场条件下山体中初始地应力分布的特点，发现垂直向的应力计算值与实测值差距随着山体坡度的增加而越大。朱焕春等通过二滩、小湾等水电站的河谷应力分布规律研究发现，河谷应力场除了受岩组条件、地质构造条件和近代地壳运动特征等区域性地质条件之外，河谷发育特征（包括河谷形态和河谷发育史）对地应力场的分布也起着重要作用，并讨论了用河谷形态（高宽比）、河谷的发育时间以及区域的地应力场强弱（区域边界上的应力比）等来研究河谷应力场的影响。李宏等通过对锦屏一级水电站河谷地应力实测数据进行分析，发现谷底具有明显的分带性，实测结果受陡峭山体地貌和局部岩层条件、构造的影响较大。黄润秋等通过对二滩、小湾、溪洛渡、瀑布沟、龙羊峡、拉西瓦等大型水电站坝址区的河谷地应力分布规律进行系统的研究，发现坝区河谷应力场从宏观上可划分为 3 个带和 1 个谷底高应力区，在河床浅部受地表风化和卸荷作用，出现应力松弛而后应力集中的特征，且谷底部位应力受河谷形态控制，这与祁生文等利用数值模拟手段研究高地应力区河谷应力场分布特征结果一致。

在断层构造对岩体应力场的影响方面，国内外大量的地应力实测成果表明，不论断层构造规模大小，都能对其附近的应力状态产生一定的影响，且这种影响十分复杂。Brown 等通过在黑云母片麻岩立方块体上施加双轴和三轴荷载的方法研究了裂隙岩体中的应力分布规律。Carlsson 等通过对瑞典 Forsmark 地区的地应力和地质构造关系进行研究，发现小范围内的岩性变化对地应力的影响不显著，而较大的断层对主应力方向的影响较大，且主应力方位与相邻的断层趋于平行。Barton 等通过对穿过强烈破碎和断裂带的钻孔数据进行整理和分析，深入研究了地应力和裂隙及断裂透水能力的关系。Zoback 等采用水压致裂法对 Mojave 沙漠及 San Andreas 中部附近的断层进行了地应力测量，发现最大、最小水平主应力量值均随埋深的增加而增加，且距断层越远，应力值增加的速率越大，此外，在断层附近，剪应力值较低，随着与断层水平距离的增大，剪应力值也逐渐增加，最后趋于稳定。马启超通过对鲁布革水电站断层上、下盘的地应力实测值及计算结果进行分析，认为断层上盘是以岩体构造应力为主的应力分布特征，而断层下盘则是以岩体自重为主的应力分布特征，即断层作用使得两盘岩体中的主应力分别隶属于不同性质的应力状态。Sengupta 通过对印度 7 个水电站和 3 个矿区的地应力测试结果进行统计分析发现，断裂附近最大主应力方位与区域最大主应力方位的夹角范围为 $14° \sim 87°$，与断裂走向的夹角的变化则因断层不同而有差别，最大可达 $90°$，此外，主应力方位不但在断层附近有较大的变化，而且，断层两盘的主应力方位也存在明显的差异，最大相差可达 $90°$。孙宗颀等通过对中国近千口油田钻井在正断层和逆断层地区进行水压致裂地应力试验，发现压裂裂缝的方向基本是垂直于断层走向的，即最小主应力均是平行于断层迹线的水平应力。李群芳用有限元方法模拟分析了几种典型交汇方式的断裂周围应力场和位移场的三维空间分布。李晓昭等认为断层带是地下空间开挖后变形和应力传播的"屏障"，使得断层带与开挖空间之间应力和变形的积聚，从而导致断层带内张性裂隙的产生和地下水的透入，并在一定条件下，可以导致断裂破碎带内和断裂与开挖空间之间的围岩阻水能力丧失。孙礼健等、苏生瑞等分别采用有限元和离散元方法研究了断层几何形态、断层及围岩物理力学性质对其附近地应力场分布的影响，认为各因素改变引起的岩体应力场变化主要限于断层附近一定范围内，远离断层，逐渐趋于与区域应力场一致。卜万奎等针对含断层缺陷底板的受力特征，采用弹性力学理论研究了断层倾角对断层面上剪切应力、法向应力及断层活化的影响规律，并结合 RFPA 2D - Flow 软件，模拟了不同倾角的正断层在采动影响下底板的裂隙分布、渗流分布等变化特征。此外，在断层对区域稳定性影响的评价方面，我国也取得了大量的研究成果，并将其应用到实际工程中。美国、日本、加拿大、印度等国的一些学者还从不同角度出发进一步讨论了断层构造和地应力场的关系。

1.2.2　地应力场反演方法

初始地应力场是相对于工程建设而言的地应力场，一般假定其在工程施工中处于相对稳定状态，与时间无关。目前获取初始地应力场的方法主要有两类：一类是按照某种理论给出一个简单的应力场，如静水压力法和侧压系数法；另一类是以实测地应力值（或位移值）为依据，用某种数学理论或计算模式来构造初始地应力场，如边界荷载调整法、有限元模型回归法等。前一类方法相对简单，对于复杂的构造作用区无疑是不适用的。后一类方法适用范围较广，也是目前研究地应力场的主要方法，国内外岩体应力场的反演历程也是围绕该类方法展开的。

在初始地应力场的获取方面，国外学者主要采用位移反分析法来研究。1971 年，Kavanagh 等首次提出位移反分析法，该方法最初是利用有限元法依据位移测值来计算岩体力学性质参数。Goodman 在其岩石力学专著中阐述可依据位移量反算地应力。1976 年，Kirsten 在约翰内斯堡的岩土工程勘测研讨会上提出了量测变形反分析法。1983 年，日本学者樱井春辅基于弹性有限元基本方程，并结合洞室开挖卸荷引起围岩位移这一特征，提出了依据洞室围岩位移推求地应力场和力学参数的位移反分析逆算法或樱井法。意大利学者 Gioda 等通过对位移反演理论进行研究，提出了可同时确定地应力和地层特性参数的优化反演分析理论。

在国内，众多学者在初始地应力场方面也进行了深入的探讨，取得了一系列瞩目的成果，并将其应用于大量工程实践中。杨志法等提出用于计算地应力的位移图谱反分析法。冯紫良等提出了地应力位移反分析计算的有限单元法基本原理，包括弹性问题计算的基本关系式以及数值处理法等。杨林德建立了平面应变弹性问题和弹塑性问题优化反演计算的有限元法，较全面地阐述了反分析原理和工程应用情况。白世伟等提出边界荷载调整法，该方法的边界荷载调整没有规律可循，且计算过大，应用并不广泛。天津大学郭怀志、马启超等提出了采用有限元数学模型回归分析方法模拟岩体初始地应力，开拓了岩体地应力场计算分析的先河。朱伯芳通过对地应力场成因及主控因素进行分析研究，并对郭怀志的工作进行了改进，指出岩体的容重可以比较精确地确定，可以作为已知值。张有天等根据弹性力学原理，提出了地应力场的应力函数趋势分析方法，该方法简单、操作方便，但对于复杂地质情况难以获得满意的结果。肖明根据地形、地貌、地质条件，以实测地应力为依据，提出采用三维正交多项式拟合研究区域的应力函数。黄宏伟基于随机有限元和特征函数法提出了反演地应力场的随机逆反分析方法。庞作会等构建了复杂初始地应力场的力学模型，并通过求解构造应力在边界上的节点力来确定地应力，该模型中的地应力不必符合某种特定的分布，因而适用于求解任意分布的初始地应力场。刘允芳等认为地应力场主要成分为自重应力场和地质构造应力场，对于自重和地质构造运动分别运用独立模型进行模拟，提出了应力函数回归分析方法。蒋中明等提出了基于径向基函数的神经网络初始地应力场反分析方法，该方法避免了在反分析过程中出现过拟合现象，保证了反分析结果更加可靠。刘世君等提出了复杂初始地应力场的随机反分析模型，即采用具有多项式分布的边界荷载来模拟任意分布的复杂初始地应力场，并与有限元相结合，采用改进的能全局优化和智能搜索的加速遗传算法反演出边界荷载多项式系数。蔡美峰等提出了结构面节点偶对分析原理和方法，并采用三维有限元拟合方法用以模拟断层对地应力场分布的影响。王涛等采用正交回归设计和三维有限元相结合的数值模拟方法，对某电站地下厂房岩体三维地应力场进行了分析和评价。此外，随着计算机技术的发展，将灰色理论、神经网络法、遗传算法等应用于初始地应力场反分析领域也取得了丰硕的成果。白晨光等利用神经网络高度的非线性函数映射功能，将神经网络应用于地应力场的预测中。戚蓝等提出了初始地应力场系统分析理论与方法，将初始地应力场作为一个系统进行分析研究。石敦敦等提出综合应用 GA 算法与改进的 BP 神经网络的优化反演分析方法，并研究了该方法应用于位移反演岩体初始应力与材料参数的有效性。袁风波基于地应力实测数据的统计分析和确定性数值计算方法，通过综合集成神经网络的自学习功能和遗传算法的全局寻优能力，提出了岩体地应力场的一种非线性反演新方法。张振华采用神经网络和遗传算法建立了地表剥蚀和河流侵蚀分层及其厚度的确定方法，并提出了适合深切河谷区初始地应力场的三维非线性反演方法。另外，针对有限元计算网格模型的复杂性，薛娈鸾等提出采用复合单元法进行二次计算，但该方法使得计算量大幅增加。周华等、秦卫星等基于子模型法的思想，通过建立整体模型和子模型分两步推求初始地应力场，但该方法在一次反演时忽略了子模型边界附近局部构造的影响，加之高山峡谷区岩体的非线性力学特征明显，且子模型范围有限，极大地影响了地应力场的反演精度。初始地应力场反演方法及发展历程如图 1.1 所示。

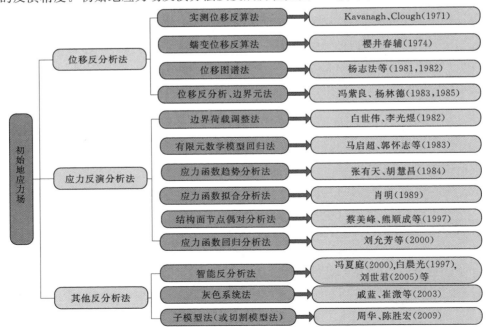

图 1.1　初始地应力场反演方法及发展历程

上述分析表明，当前岩体初始应力场反演方法已具有较成熟的理论和研究成果。但对于地质构造运动强烈的长大工程区，其建立的数值模型尺寸较大、网格复杂且单元数过多，计算量非常大，若采用以往的一次反演手段进行分析，数值计算效率较低，甚至导致反演失败。此外，由于水利水电工程属性的差异，不同工程的功能性要求、地质背景及反演分析资料相差明显。如工程尺度较大的超长深埋隧洞工程区，由于场地和测试经费的限制，类似长线路工程的地应力测点相对较少，测试部位一般沿洞轴线零星分布，且相邻测点间距较远（几百米至数千米），尤其是在工程勘探设计阶段。另外，由于超长深埋隧洞工程跨越多个不同的地质构造单元，受不同程度地质构造运动的影响，可能导致某些隧洞段附近的地应力分布差异较大，若对这些地应力分布差异明显的隧洞段不加以区分，而采用传统的方法进行反演分析，势必会造成局部隧洞段初始地应力场失真。可见，对于水利水电工程领域，有必要针对不同工程属性加以分类，并根据其功能性要求和反演资料，采用相应的反演方法进行分析具有重要意义和较高的工程应用价值。

1.3　主要研究内容

鉴于以上分析与认识，本书在前人研究的基础上，以国内外大量的地应力实测资料为依据，对复杂地质条件下地应力分布规律及反演分析方法进行研究，主要研究内容如下：

（1）岩性、地形地貌及断层构造与地应力分布的关联性研究。基于工程实例统计分析，阐述岩性对地应力影响的变化特征，建立弹性岩层中改进的 Sheorey 静弹性热力学模型地应力估算模式，获取地应力与岩石力学参数之间的变化规律，并依托福建赣龙梅花山隧道对其进行合理性验证；深入探讨剥蚀地貌与沉积地貌单元对岩体地应力分布的影响规律及差异性，结合河谷发育演化史，借助数值模拟手段，分析地形起伏特征对地应力大小、方向及分布的影响，并以南水北调西线工程阿达坝区为例，对其合理性进行验证；基于非连续接触理论，分析断层构造对地应力分布的影响，并对主要因素（如断层及岩石物理力学性质、边界应力比、断层几何形态等）及其影响效应进行研究，并以南水北调西线工程达曲—上杜柯段线路孔为例，对结果的合理性进行验证。

（2）综合反映正应力和剪应力权重的地应力场反演目标函数研究。借助开发的 3D Geostress 软件及围岩开挖等数值模拟手段，构建不同应力场类型下隧洞围岩典型破坏特征及对应的地应力场，并将其作为目标应力场，基于目标应力场的部分地应力数据，分别采用不同权重组合的反演目标函数对拟定的目标应力场进行反演分析，对比分析不同权重组合下隧洞围岩应力状态的变化特征，揭示正应力与剪应力权重组合对围岩应力状态的影响规律，阐明二者的权重分配关系，建立地应力场优化反演目标函数。

（3）复杂地质条件下岩体应力场非线性边界二次反演分析方法研究。基于对我国含岩性参数的实测地应力资料统计分析成果，研究和建立地应力随埋深和弹性模量变化的非线性分布模式，继而融合二次反演思想，提出复杂地质条件下岩体应力场非线性边界二次反演方法，并将其应用于南水北调西线工程——加塔坝址区工程，对其合理性进行校验。

（4）考虑不同工程特征的水利水电工程地应力场反演分析方法研究。基于对当前水利水电工程属性及赋存环境进行分析，以大型地下洞室群及超长深埋输水隧洞工程为依托，研究基于多源信息融合分析的大型地下洞室群地应力场反演分析法、考虑河谷剥蚀演化特征的地应力场反演分析法、考虑应力分区特征的超长线路工程地应力场精细反演分析法及考虑应力张量形式的大型地下洞室群地应力场精细反演方法（FLAC^{3D}和 3DEC 相结合），并将其分别应用于官地水电站、锦屏一级水电站、乌东德水电站、滇中引水工程香炉山隧洞等大型水利水电工程中，进一步验证上述方法的合理性及实用性。

第 2 章

岩性与地应力分布关系
及理论研究

2.1　引言

有关岩性对地应力的影响，国内外许多学者进行了大量的研究，并取得了丰硕的成果。但从目前的研究情况来看，岩性与地应力的研究还不够深入，有些认识仍需要进一步完善。Sheorey 建立的静弹性热力学模型在国际上认可度非常高，该模型较好地拟合了 Hoek 和 Brown 对世界不同地区平均水平地应力与垂直地应力比值随深度的变化关系，但该模型没有考虑岩石弹性模量与岩体弹性模量之间的区别，且无法解决水平最大、最小主应力的各自分布特征，极大地限制了该模型的应用范围。

本章首先采用工程实例分析法，较全面地阐述了岩性对地应力影响的变化特征，然后，结合对地壳表层水平地应力分布特征的认识，对 Sheorey 模型进行完善和发展，建立了岩体地应力与岩石力学性质之间的定量关系。最后，通过对福建赣龙梅花山隧道现场原位地应力测试试验及室内实验，对上述理论计算结果进行了合理性验证。研究成果为岩石力学性质对地应力影响的定量评估提供了一定的理论依据。

2.2　岩性对地应力影响的实例分析

有关岩性对地应力的影响很早就引起了国内外学者的关注，随着地应力测试技术的发展，人们积累了大量的地应力实测资料和工程实例，这为本章的研究奠定了基础。

笔者通过对南水北调西线工程 8 个线路孔地应力实测数据进行统计分析，绘制了不同岩性下最大、最小水平主应力与埋深变化的散点图，如图 2.1 和图 2.2 所示。由图 2.1 可知，不同岩性下的实测应力值离散性较大，在孔深约 350m 测点处，砂质板岩最大主应力为 25.82MPa，而砂岩为 13.87MPa，相差近 2 倍，对应的二者最小水平主应力之差约为 6.8MPa。图 2.2 为线路孔 XLZK09 和 XLZK20 的最大、最小水平主应力随埋深的变化关系。从图 2.2 中可见，在同一岩层中，两线路孔主应力均随埋深呈近似线性变化，但在岩层分界面处均出现应力"跳跃"现象，该应力值的变化趋势取决于岩性的力学性质。例

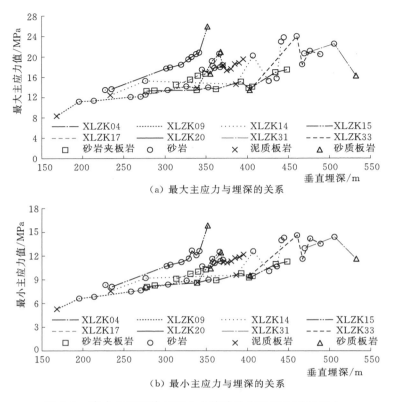

（a）最大主应力与埋深的关系

（b）最小主应力与埋深的关系

图 2.1　南水北调西线工程 8 个线路孔岩性变化时的最大、
最小主应力与埋深散点图

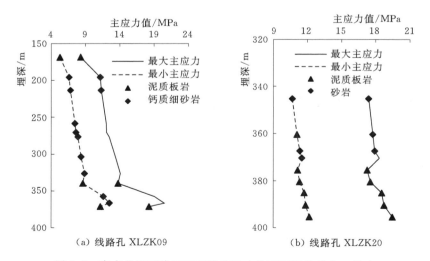

（a）线路孔 XLZK09

（b）线路孔 XLZK20

图 2.2　南水北调西线工程两线路孔中的不同岩性最大、最小
水平主应力与埋深的关系

如，在 XLZK09 中，测试段深度相差不到 20m 时，下层钙质细砂岩最大主应力比泥质板岩大 5.3MPa，最小主应力大 3MPa。而在线路孔 XLZK20 中，测试段深度相差 5m 时，下层泥质板岩的最大主应力反而比上层砂岩小 1.1MPa。可见，岩性对最大、最小水平主应力值均产生显著的影响，且地层岩性的不连续性，导致不同岩层的应力值在岩层分界面附近出现应力"跳跃"现象，尤其在复杂的岩层交互区域，应力变化特征极为复杂。

朱焕春等通过对世界范围内的 322 组实测地应力资料进行统计回归分析，发现：①岩浆岩中水平应力一般较高，且分散性大，最大、最小水平应力之差也较大；②沉积岩中水平应力一般较低，且主应力随埋深成良好的线性关系，最大、最小水平主应力之差较小；③变质岩中水平应力最大的特点是最大、最小水平应力较为分散，且在浅层其大小和水平差应力值总体上介于岩浆岩和沉积岩之间。

景锋等通过对我国大陆地壳浅层范围内的 413 组实测地应力资料进行统计分析，建立了我国三大类岩石的垂直应力、最大和最小水平主应力随埋深的散点分布图，并探讨了三大类岩石各主应力、水平剪应力及水平平均主应力与垂直应力之比随埋深的散点分布图。统计的世界范围及我国大陆的三类岩石水平主应力回归计算结果见表 2.1。

表 2.1   世界范围及我国大陆的三类岩石水平主应力回归系数统计表

岩性	应力类型	乘积项		常数项		统计数目	
		世界	我国	世界	我国	世界	我国
岩浆岩	σ_H	0.0311	0.0318	13.65	5.895	109	111
	σ_h	0.0131	0.0198	8.20	0.233		
沉积岩	σ_H	0.0219	0.024	7.89	4.913	122	232
	σ_h	0.0161	0.0183	3.83	1.567		
变质岩	σ_H	0.0209	0.0264	12.00	4.057	91	70
	σ_h	0.0132	0.0194	8.33	1.659		

由表 2.1 可知，我国三大类岩石的最大和最小水平主应力的回归应力变化梯度稍大于世界范围的统计结果，但常数项明显较小，表明在浅部我国的侧压系数较世界范围的小，除岩浆岩的最大水平主应力外，三大类岩石其余应力当埋深超过 1000～1400m 后，我国的大于全球地应力的统计结果。可见，尽管统计的世界范围和我国大陆不同岩性地应力分布规律存在一定的差异，但二者分布特征在总体上趋于一致性。可见，不同类岩石的主应力分布规律存在一定差别，这主要与各类岩石的地质成因密切相关。

在我国二滩水电站的地应力测试中，也发现岩性不同而引起的应力值不一样的情况。二滩水电站位于金沙江支流雅碧江下游，二滩至三滩峡谷内。坝址处山高坡陡、河谷深切。左岸谷坡 25°～40°，右岸 30°～45°，呈不对称 V 形，雅碧江顺 N60°W 方向流经坝区。在该电站应力测量中，2 号洞内岩石为中粒正长岩，4 号洞内的岩石为玄武岩，分别在这两个洞内布置测点。从两个洞中距岸坡深度相近的测点测量结果可以看出，正长岩内最大主应力为 20～25MPa，而玄武岩约为 30MPa。这种差异是由两种岩石力学性质不同造成的，即在近南北向外围应力场作用下，正长岩与玄武岩必将保持变形协调，弹性模量高的玄武岩在相同应变条件下能储备更多的弹性应变能，从而表现出较高的应力值。图 2.3 给出了坝址区实测的最大主应力与岩石弹性模量的关系，从二者分布趋势可知，弹性模量高的岩体赋存较高的应力。

图 2.4 为景锋等统计的埋深位于 1000m 以内的最大水平主应力与弹性模量散点分布图。由图 2.4 可知，随着岩石弹性模量的增大，地应力量值总体上亦随之增大。当 $E < 10\mathrm{GPa}$ 时，σ_H 一般在 10MPa 以内；当 $10\mathrm{GPa} < E < 20\mathrm{GPa}$ 时，σ_H 一般可为 10～20MPa；当 $20\mathrm{GPa} < E < 50\mathrm{GPa}$ 时，σ_H 一般可为 20～25MPa；当 E 超过 50GPa 时，σ_H 一般可为 25～35MPa。

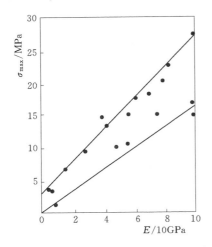

图 2.3　我国二滩水电站坝址实测 σ_H 与　　　　图 2.4　我国的岩石弹性模量与 σ_H
岩石实测杨氏模量的关系（据白世伟等）　　　　散点分布图（据景锋等，有修改）

高莉青等在文献［84］中介绍了塔吉克斯坦的坎达拉和别加尔矿区的岩体中最大水平应力与弹性模量的关系：当弹性模量 $E = (3～4) \times 10^4 \mathrm{MPa}$ 时，岩体主应力值一般不超过 40MPa；当 $E = (4～5) \times 10^4 \mathrm{MPa}$ 时，岩体主应力值一般为 40～60MPa；当 $E = (5～6) \times 10^4 \mathrm{MPa}$ 时，岩体主应力值则超过 60MPa。

Aitmatov 通过对中亚等地区的地应力测量结果进行分析得出，在坚硬岩石（$E = 50～110\mathrm{GPa}$）、中等坚硬岩石（$E = 20～50\mathrm{GPa}$）和软岩石（$E = 1.0～20\mathrm{GPa}$）中地应力存在较大的差异，且随岩石杨氏模量 E 的降低而相应减小。

文献［92］介绍了我国葛洲坝水电站岩体地应力随埋深的分布情况，如图 2.5 所示。由图 2.5 可知，由于岩性和不同岩层之间的相对刚度的差别的影响，地应力量值在不同岩层之间发生显著的变化，尤其是在遇到软弱夹层时，主应力值明显降低。

Plumb 通过对世界上沉积盆地中的 1000 组不同类型的最小主应力测试结果进行统计分析，发现岩性对最小水平应力与垂直应力之比的影响与盆地类型关系较大。统计结果表明，对于松弛状态的盆地，较软弱的岩石（如页岩）中的应力比刚性大的岩石（如砂岩）中高 4%～15%；在挤压状态的盆地中，较刚性的岩石具有较高的应力比，碳酸盐岩石中的比值比砂岩中的高 40%，砂岩中的比值比页岩中的高 20%。

图 2.6（a）为 Warpinski 等在 Colorado Mesaverde 沉积岩层中测得的最小水平主应力随垂直埋深的变化。由图 2.6（a）可知，上下层的砂岩和粉砂岩相比，页岩层中的应

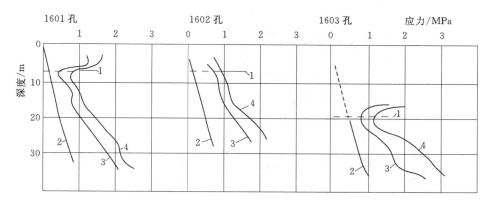

图 2.5　葛洲坝岩体应力沿深度分布

1—软弱夹层；2—垂直应力；3—最小水平主应力；4—最大水平主应力

力量值较高。Teufel 也得出了类似的结论，他利用水压致裂法和滞弹性应变恢复法测量了 2km 深处砂岩和页岩中的应力，发现砂岩中最小、最大水平主应力与上覆岩层自重的比值分别为 0.82 和 0.96，而位于砂岩间的页岩，则处于静水应力状态。依据实测地应力及泊松比资料，绘制曲线如图 2.6（b）所示，可见最小水平地应力与岩层泊松比呈正相关关系。不难发现，在低泊松比的岩石中，最小水平应力较低，而在高泊松比的岩石层中，最小水平应力较高。

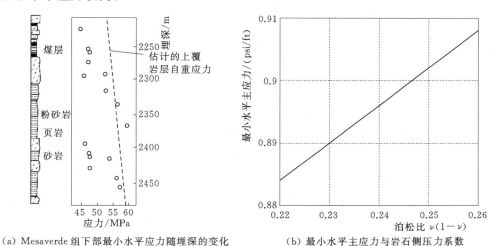

（a）Mesaverde 组下部最小水平应力随埋深的变化　　（b）最小水平主应力与岩石侧压力系数

图 2.6　岩性对地应力分布的影响实例

此外，岩性不但对地应力量值有影响，而且也影响着最大主应力方向的分布，在层状岩体中尤为明显。层状岩体一般是软、硬岩层相互间隔的，当岩层弹性模量相差较大时，高弹性模量的坚硬岩层内最大主应力方向一般与区域最大主应力方向一致，而低弹性模量的软弱岩层内由于产生"应力软化"效应，使得最大主应力方向与区域最大主应力方向不一致。

表 2.2 为美国尼亚加拉瀑布城水电站场区的水压致裂法地应力实测结果。由表 2.2 可

知，最大、最小水平主应力量值的变化趋势较一致，二者在岩层变化地段均发生不同程度的改变。例如，在 NF3 钻孔中，在测试段压裂深度 62～86.6m，最大主应力在白云岩处为 6MPa，砂岩处为 3.4MPa，页岩处为 10.4MPa，而最小主应力也发生类似的变化，但其量值相对较小。可见，岩层的不均性使得地应力随埋深出现明显的分段变化特征，且这种变化在 2m 的尺度也很明显。此外，岩性对地应力的方向也有明显的影响作用，比如在 NF3 钻孔中，在 2m 尺度范围的灰岩和白云岩最大主应力方向相差近 35°，而在 NF4 钻孔中，相邻的砂岩和页岩最大主应力方向相差近 50°。

表 2.2　　　　美国尼亚加拉瀑布城水电站场区水压致裂法地应力测量结果

钻孔编号	岩性	垂直埋深/m	最大主应力/MPa	垂直应力/MPa	最小主应力/MPa	最大主应力方向
NF3	灰岩	60	7.3	3	3.8	N24°W
	白云岩	62	6.0	—	3.5	N11°E
	砂岩	67.7	3.4		2.6	N9°W
		71.5	3.4	—	2.4	N64°E
	页岩	86.6	10.4		4.7	N80°E
	砂岩	94.4	6.2	3.1	4.1	N60°E
		98	6.8	—	5.3	—
	页岩	110.8	7.3	3.5	5.4	N23°E
		123.8	8.4	3.8	5.5	—
NF4	砂岩	64	6.3		3.1	N56°E
	页岩	73.1	11.2	2.4	6.5	N6°E
	砂岩	82.3	6.2		3.3	N31°E
		84.4	11.9	—	6.6	N51°E
		86.6	8.8		5.2	N66°
	页岩	106.1	6.6	3.5	4.5	N42°E
		110.3	9.2	3.6	5.9	N30°E

2.3　岩层中地应力估算模式及其与岩性的关系

本节主要研究地表近于水平或岩层埋深较大（不考虑地形起伏作用）岩层的地应力估算方法，并对岩石力学参数与地应力的关系进行分析。

2.3.1　计算原理

2.3.1.1　基本原理

迄今为止，人们已认识到地球的内部结构为一同心状圈层构造，由地表至地心依次分化为地壳、地幔和地核。地壳是地球表面以下、莫霍面以上的固体外壳，地壳的厚度是不均匀的，大陆部分平均厚度约 35km，其上层为沉积岩和花岗岩层，主要由硅-铝氧化物构成；下层为玄武岩或辉长岩类组成，主要由硅-镁氧化物构成。地幔是介于地表和地核之间的中间层，厚度将近 2900km，地幔又可分成上地幔和下地幔两层，且地幔物质具有一些可塑性，但没有熔成液体，其组成物质靠近地壳主要是硅酸盐类，而靠近地核主要是铁、镍金属氧化物。地核其物质组成以铁、镍为主，分为内核和外核，外地核可能由液态铁组成，内核是由刚性很高的、在极高压下结晶的固体铁镍合金组成。地球剖面组成部分如图 2.7 所示。

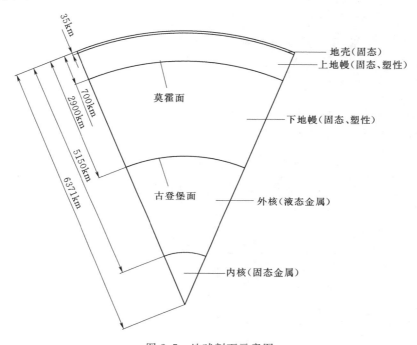

图 2.7 地球剖面示意图

若地壳可当作为一个充满不可压缩的液态固体球壳，则平衡方程为

$$\frac{\mathrm{d}\sigma_r}{\mathrm{d}r} - \frac{2(\sigma_\theta - \sigma_r)}{r} - \gamma = 0 \qquad (2.1)$$

式中：σ_r 为极坐标下的径向应力（或垂直应力）；σ_θ 为极坐标下的切向应力（或水平应力）；γ 为岩石重度。

σ_r、σ_θ 与径向位移 u 存在如下关系：

$$\left. \begin{array}{l} \sigma_r = \dfrac{E}{(1+\nu)(1-2\nu)}\left[(1-\nu)\dfrac{\mathrm{d}u}{\mathrm{d}r} + 2\nu\,\dfrac{u}{r}\right] \\[4mm] \sigma_\theta = \dfrac{E}{(1+\nu)(1-2\nu)}\left[\nu\,\dfrac{\mathrm{d}u}{\mathrm{d}r} + \dfrac{u}{r}\right] \end{array} \right\} \qquad (2.2)$$

Sheorey 根据地球的构造及物质组成，将地球假设为一个球形壳体，并将地壳、地幔和地核分别采用不同物态的物质分层考虑，并考虑了不同埋深处的地壳和地幔的岩层的弹性参数、地温梯度、密度和热膨胀系数对地应力的影响，建立了静弹性热应力模型。该模型的岩层结构如图 2.8 所示。其中，地壳和地幔各分为 6 层，各层的厚度及单位岩层压力见表 2.3。该模型的基本原理如下。

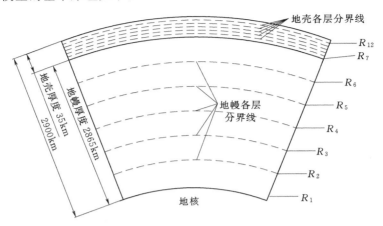

图 2.8 含 12 个环形岩层的地球球壳模型

表 2.3 球壳模型各向同性岩层的不同参数取值

类型	岩层编号 S_i	热膨胀系数 α /($\times 10^{-5}$/℃)	弹性模量 E /GPa	径向距离 R /($\times 10^3$km)	单位重度 γ /(MPa/m)	地温梯度 G /(℃/m)	泊松比 ν
地幔	1	2.4	760	3.47	0.052	0.008	0.27
	2	1.9	700	3.87	0.048	0.008	0.27
	3	1.6	610	4.37	0.045	0.008	0.27
	4	1.35	520	4.87	0.043	0.008	0.27
	5	1.25	360	5.37	0.040	0.008	0.27
	6	1.2	200	5.958	0.037	0.003	0.27
地壳	7	0.77	20	6.335	0.027	0.024	0.20
	8	0	30	6.34	0.027	0.024	0.20
	9	2.2	40	6.346	0.027	0.024	0.20
	10	1.5	45	6.352	0.027	0.024	0.20
	11	0.9	50	6.358	0.027	0.024	0.20
	12	0.6	50	6.364	0.027	0.024	0.20

对于岩层 S_i 的地温变化值可表示为

地壳（$i=7 \sim 12$）：

$$T_3 = G_3(R-r) \tag{2.3}$$

地幔（$i=6$）：

$$T_2 = G_3(R-R_7) + G_2(R_7-r) \tag{2.4}$$

地幔（$i=1 \sim 5$）：

$$T_1 = G_3(R-R_7) + G_2(R_7-R_6) + G_1(R_6-R) \tag{2.5}$$

式中：G_1、G_2、G_3 为与温度和深度相关的参数，$G_1 = 0.008$℃/m，$G_2 = 0.003$℃/m，$G_3 = 0.024$℃/m；R 为地球半径，$R = 6371$km，地表温度近似取 0℃。

对于不同埋深，径向应力 σ_{ri} 可依据上覆岩层的自重进行计算，可表示为

地壳（$i=7\sim12$）：

$$\sigma_{ri}=-\gamma(R-r) \tag{2.6}$$

地幔（$i=1\sim6$）：

$$\sigma_{ri}=-p_i+\gamma_i r \tag{2.7}$$

式中：$p_6=\gamma(R-R_7)+\gamma_6 R_7$；$p_i=p_6+\sum\limits_{j=i}^{5}(\gamma_j-\gamma_{j+1})R_{j+1}$。

由于地幔中的岩石处于塑性状态，可认为其满足静水压力条件，即 $\sigma_r=\sigma_\theta$。那么对于任一岩层 $S_i(i=1\sim5)$，考虑温度影响时，式（2.2）可变为

$$\left.\begin{aligned}\frac{\mathrm{d}u_i}{\mathrm{d}r}-\alpha_i T_1&=\frac{1}{E_i}(\sigma_{ri}-2\nu'\sigma_{\theta i})\\\frac{u_i}{r}-\alpha_i T_1&=\frac{1}{E_i}\big[(1-\nu')\sigma_{\theta i}-\nu'\sigma_{ri}\big]\end{aligned}\right\} \tag{2.8}$$

位移边界条件为

$$\left.\begin{aligned}(u)_{r=R_1}&=0\\(u_i)_{r=R_{i+1}}&=(u_{i+1})_{r=R_{i+1}}\end{aligned}\right\} \tag{2.9}$$

将式（2.5）、式（2.7）代入式（2.8），并积分可得

$$u_i=\frac{1-2\nu'}{E_i}\Big(-p_i r+\frac{\gamma_i}{2}r^2\Big)+\alpha_i\Big[t_1 r+G_1\Big(R_6 r-\frac{r^2}{2}\Big)\Big]+C_i \tag{2.10}$$

利用位移边界条件式（2.9）可以确定积分常数 $C_i(i=1,2,\cdots,5)$。

第 6 岩层的温度变化由式（2.4）确定，则其位移可根据式（2.10）得出

$$u_6=\frac{1-2\nu'}{E_6}\Big(-p_6 r+\frac{\gamma_6}{2}r^2\Big)+\alpha_6\Big[t_2 r+G_2\Big(R_7 r-\frac{r^2}{2}\Big)\Big]+C_6 \tag{2.11}$$

根据位移连续性条件 $(u_5)_{r=R_6}=(u_6)_{r=R_6}$，可确定计算常数 C_6。

对于地壳应力及位移情况，考虑温度影响时，式（2.2）可变为

$$\left.\begin{aligned}\sigma_r&=\frac{E_i}{(1+\nu)(1-2\nu)}\Big[(1-\nu)\frac{\mathrm{d}u_i}{\mathrm{d}r}+2\nu\,\frac{u_i}{r}-(1+\nu)\alpha_i T_3\Big]\\\sigma_\theta&=\frac{E_i}{(1+\nu)(1-2\nu)}\Big[\nu\,\frac{\mathrm{d}u_i}{\mathrm{d}r}+\frac{u_i}{r}-(1+\nu)\alpha_i T_3\Big]\end{aligned}\right\} \tag{2.12}$$

式中：ν 为地壳泊松比。将岩层上覆自重应力及式（2.3）代入式（2.12），并积分得

$$u_i=C_i r^{(-2\nu/1-\nu)}+\Big[\alpha_i G_3-\frac{\gamma(1-2\nu)}{E_i}\Big]\Big(Rr-\frac{1+\nu}{2}r^2\Big) \tag{2.13}$$

将式（2.9）代入式（2.13），可确定计算常数 C_7。利用位移边界条件可以确定积分常数 $C_i(i=8,9,\cdots,12)$。

将式（2.13）、式（2.3）代入式（2.12），并利用上覆岩层自重求解径向应力可得

$$\left.\begin{aligned}\sigma_{r12}&=-\gamma(R-r)\\\sigma_{\theta12}&=\frac{E_{12}}{1-\nu}C_{12}r^{-(1+\nu)/(1-\nu)}-\gamma R+\frac{r}{2}\big[\gamma(1+2\nu)+\alpha_{12}E_{12}G_3\big]\end{aligned}\right\} \tag{2.14}$$

利用计算机程序编程，将表 2.3 中的数据代入，并将地壳水平应力均值与垂直应力的

比值定义为 k，最终得出埋深为 H 处的 k 值表达式：

$$k = 0.25 + 7E\left(0.001 + \frac{1}{H}\right) \tag{2.15}$$

对于地壳表层岩体，Sheory 给出了 k 更为一般的形式：

$$k = \frac{\nu}{1-\nu} + \frac{\alpha EG}{(1-\nu)\gamma}\left(1 + \frac{1000}{H}\right) \tag{2.16}$$

式中：E 为水平方向平均弹性模量，MPa；其余符号意义同上。

依据式（2.16）绘制不同弹性模量下的 k 系数与埋深的变化曲线，如图 2.9 所示。由图 2.9 可知，该模型较好地拟合了 Hoek 和 Brown 对世界不同地区平均水平地应力与垂直地应力比值随深度的变化关系，从另一个侧面说明了将该模型应用于原位地应力预测的合理性及可行性。

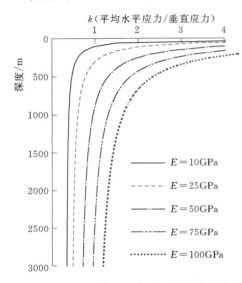

图 2.9　Sheorey 模型 k 值随埋深的变化关系

2.3.1.2　存在的不足

通过对式（2.16）进一步分析可知，该模型尚存在以下问题：

（1）模型中采用的是岩石弹性模量，那么在岩层地表浅部，该模型计算得到的 k 值明显偏大，而在地壳深处，k 值一般不会趋近于某一常数，与实际不符。因此，需要进一步明确岩石弹性模量与岩体弹性模量之间的关系。

（2）该模型未能给出最大、最小水平应力的预测方法，即没有考虑构造动力作用的引起的水平应力场的差异性。Sheorey 也意识到这一问题，并对这一问题进行了深入研究，但其研究工作还是没有很好地解决该问题。

（3）由于高山和峡谷等影响，地壳陆地表层的分布极不均匀，使得该模型的计算结果与实际研究区域的情况存在一定的差异，需要对该模型进行完善。

2.3.1.3　改进方法

朱焕春等的研究表明，在水平主应力随深度的线性表达式 $\sigma = aH + b$ 中，构造应力的贡献不仅只由 b 反映，而且对系数 a 也有很大贡献。可见，对于某一特定区域而言，构造应力大小可从系数 T、k 的值上体现。令 $\sigma_v = \gamma H$，则有

$$\frac{\sigma}{\sigma_V} = \frac{a}{\gamma} + \frac{b}{\gamma H} \tag{2.17}$$

鉴于 Sheorey 模型中未充分考虑后期地壳的构造运动作用，结合式（2.17）中的物理系数含义，需要对式（2.16）进行修正，以便满足一般区域下的 k 系数变化规律。通过对陆地地壳岩体构造应力的变化规律进行分析，同时为了能够反映构造运动作用下的不同区域水平应力分布的差异性，引入区域构造应力修正系数 ξ 和 η，建立了一般情况下的 k 系数估算公式：

$$k=\lambda+\frac{\alpha EG}{(1-\nu)\gamma}\Big(1+\frac{1000}{H}\Big)\xi+\eta \tag{2.18}$$

式中：λ 为侧压力系数，其值为 $\nu/(1-\nu)$；E 为对应某一埋深处岩石的平均水平弹性模量，MPa；ξ、η 分别为构造应力修正系数，同一断块内视为常数，该值可利用最小二乘法对该地区地应力实测值（实测点不少于 3 个）进行回归分析来确定；其余符号意义同前。

另外，由于 Sheorey 模型中采用的岩石模量与岩体的实际力学效应存在显著的差异，结合 Sheorey 模型的基本原理和对原地应力场的认识，笔者认为采用岩体弹性模量来代替岩石弹性模量更具有实际意义，则式（2.18）可变为

$$k=\lambda+\frac{\alpha E_m G}{(1-\nu)\gamma}\Big(1+\frac{1000}{H}\Big)\xi+\eta \tag{2.19}$$

当缺乏岩体弹性模量实测值时，可以依据室内实验数据及现有的研究成果综合确定。郭强和葛修润等从损伤力学的概念入手，建立了岩体弹性模量因子 E_m/E_i 与完整性指数 $RMDI$ 之间的定量关系：

$$\frac{E_m}{E_i}=0.73RMDI-0.079 \tag{2.20}$$

式中：E_m 为岩体弹性模量；E_i 为完整岩石岩性模量；$RMDI$ 为岩体完整性指数。

若资料中含有实测的岩石单轴抗压强度 σ_{ci} 和模数比 MR，则可利用式（2.21）对 E_i 进行预测估算：

$$E_i=MR\sigma_{ci} \tag{2.21}$$

式中：MR 为模数比，可按表 2.4 确定。

$RMDI$ 为岩体完整性指数，该指标以钻孔图像为基础，定量反映了岩体结构面对该段岩体完整性的影响。与 RQD 法相比，$RMDI$ 描述的方法具有以下优点：①在岩体软弱、破碎的情况下，钻孔壁仍然能够较好地保持原位地质信息，数据来源准确、客观；②突破了 RQD 法中岩块长度大于 10cm 的限制，考虑了结构面绝大部分主要参数对完整性的影响，与实际更接近；③结构面特征的提取和计算方法统一，不同操作者得到的结果差别很小，避免了判译的随意性。

依据定义，$RMDI$ 的计算数学表达式简述如下：

基于钻孔全景摄像技术的岩体破碎的定义准则为

$$f(z)=\begin{cases}0 & （破碎）\\ \delta & （非破碎）\end{cases} \tag{2.22}$$

式中：δ 为组成岩体块度的尺寸效应影响因子。

$RMDI$ 是指在给定范围内完整岩体所占的比例，用百分数表示，对于给定的深度范围 $[h_1, h_2]$，$RMDI$ 的表达式为

$$RMDI=\frac{\displaystyle\int_{h_1}^{h_2}f(z)\mathrm{d}z}{\Delta h} \tag{2.23}$$

表 2.4 模数比 *MR* 的量化取值

岩石类型	岩组/构造		MR			
			粗粒	中粒	细粒	极细粒
沉积岩	碎屑岩类		300~400（砾岩）	200~350（砂岩）	350~400（粉砂岩）	200~300（黏土岩）
			230~350（角砾岩）		350（杂砂岩）	150~250（页岩）
						150~200（泥灰岩）
	非碎屑岩类	碳酸盐类	400~600（粗晶石灰岩）	600~800（亮晶石灰岩）	800~1000（微晶石灰岩）	350~500（白云岩）
		蒸发岩类		350（石膏）	350（硬石膏）	
		有机质类				1000（白垩）
变质岩	无片状构造		700~1000（大理岩）	400~700（角页岩）	300~450（石英岩）	
				200~300（变质砂岩）		
	微片状构造		350~400（混合岩）	400~500（角闪岩）	300~750（片麻岩）	
	片状构造			250~1100（片岩）	300~800（千枚岩/云母片岩）	400~600（板岩）
火成岩	深成岩	浅色	300~550（花岗岩）、300~350（闪长岩）、400~450（花岗闪长岩）			
		黑色	400~500（辉长岩）、300~400（粗粒玄武岩）、350~400（长岩）			
	浅成岩		400（斑岩）		300~350（辉绿岩）	250~300（橄榄岩）
	喷出岩	熔岩		300~500（流纹岩）	350~450（石英安山岩）	
				300~500（安山岩）	250~450（玄武岩）	
		火山碎屑岩	400~600（集块岩）	500（火山角砾岩）	200~400（凝灰岩）	

对深度为 h 的钻孔，若其取值范围为固定值 $\Delta h(\Delta h < h)$，从点 z 开始，Δh 范围内的岩体完整性指数函数 $RMDI(z)$ 的表达式为

$$RMDI = \frac{\int_z^{z+\Delta h} f(z)\mathrm{d}z}{\Delta h} \tag{2.24}$$

2.3.2 基于改进模型的水平地应力估算模式

对于地形相对平坦或远离地形、地貌剥蚀及断裂破碎等区域的弹性岩层，由弹性理论可知，岩层中某一深度的地应力可简化为

$$\left.\begin{aligned}\sigma_V &= \gamma H \\ \sigma_H &= \lambda \sigma_V + \sigma_T \\ \sigma_h &= \lambda(\sigma_V + \sigma_T)\end{aligned}\right\} \tag{2.25}$$

式中：σ_H 为最大水平应力，MPa；σ_h 为最小水平应力，MPa；σ_T 为水平构造应力，MPa；其余符号意义同前。

联立式（2.19）、式（2.25）进行求解，可得

$$\left.\begin{aligned}\sigma_H &= \lambda \sigma_V + 2\alpha E_m G\xi(H+1000) + 2\eta(1-\nu) \\ \sigma_V &= \gamma H \\ \sigma_h &= \lambda \sigma_V + 2\lambda \alpha E_m G\xi(H+1000) + 2\eta\nu\end{aligned}\right\} \tag{2.26}$$

根据文献［98］，取 $\nu=0.2$，$\gamma=0.027\text{MPa/m}$，$G=0.024℃/\text{m}$，$\alpha=6.3\times10^{-6}/℃$，$\xi=1$，$\eta=0$，代入式（2.26），并绘制最大主应力与弹性模量的变化关系图，如图2.10所示。图2.10为我国大陆浅层埋深在1000m以内的最大水平主应力与弹性模量散点统计分布图。

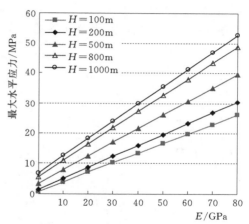

图2.10 最大水平主应力估算值与弹性模量的变化关系

若在同一构造作用下少数实测值（实测点少于3个），则对于不同岩性的地层，即假设深度为 H_1 的某岩层弹性参数为 E_{m1}、α_1、ν_1，实测应力值为 σ_{H1}、σ_{h1} 和 σ_{V1}，要求邻近点的计算深度为 H_2、岩层参数为 E_{m2}、α_2、ν_2 的应力值，可利用式（2.19）计算构造应力修正系数 ξ、η，则邻近点的主应力值可由式（2.27）计算：

$$\left.\begin{aligned}\frac{\sigma_{H1}}{\sigma_{H2}} &= \frac{\lambda_1 \sigma_{V1} + 2\alpha_1 E_{m1} G\xi(H_1+1000) + 2\eta(1-\nu_1)}{\lambda_2 \sigma_{V2} + 2\alpha_2 E_{m2} G\xi(H_2+1000) + 2\eta(1-\nu_2)} \\ \sigma_V &= \gamma H_2 \\ \frac{\sigma_{h1}}{\sigma_{h2}} &= \frac{\lambda_1 \sigma_{V1} + 2\lambda_1 \alpha_1 E_{m1} G\xi(H_1+1000) + 2\eta\nu_1}{\lambda_2 \sigma_{V2} + 2\lambda_2 \alpha_2 E_{m2} G\xi(H_2+1000) + 2\eta\nu_2}\end{aligned}\right\} \tag{2.27}$$

2.3.3 岩石力学参数对地应力的影响

影响地应力的因素较多，这里主要讨论岩石力学参数中的岩石（或岩体）弹性模量、泊松比对地应力的影响。

关于泊松比对岩体地应力的而影响，由式（2.26）可知，泊松比对最小水平应力的影响明显要大于对最大水平主应力的作用。一般而言，随着泊松比的增大，测压系数 $\lambda=\nu/(1-\nu)$ 的值也增大，最小水平地应力变大；而泊松比减小时，不难得出，最小水平地

应力也减小。可见，在高泊松比的岩石中，最小水平地应力较大，而在低泊松比的岩层中，最小水平地应力较低，这与图2.2的结论一致。

为了研究弹性模量对地应力分布特征的影响，忽略岩体结构因素的影响，令岩体为均质花岗岩，则岩体弹性模量 E_m 退化为岩石弹性模量 E_i，取 $\nu = 0.25$，$r = 0.026 \text{MPa/m}$，$\infty = 7 \times 10^{-6}/\text{℃}$，$G = 0.024 \text{℃/m}$，$\xi = 1$，$\eta = 0$，代入式（2.26）得

$$\left.\begin{aligned}
\sigma_H &= 0.026H/3 + 0.336E_i(0.001H + 1) \\
\sigma_V &= 0.026h \\
\sigma_h &= 0.026H/3 + 0.112E_i(0.001H + 1)
\end{aligned}\right\} \tag{2.28}$$

图2.11、图2.12分别为岩层最大、最小水平地应力及 k 系数随岩石（或岩体）弹性模量的关系。由图2.11和图2.12可知：①当埋深 H 一定时，随着岩石（或岩体）弹性模量的增大，最大、最小主应力及 k 系数均线性增大；②埋深 H 越大，最大、最小主应力随着岩石（或岩体）弹性模量增加，其变化速率越大，但 k 系数的变化速率减小；③当岩石（或岩体）弹性模量一定时，埋深 H 越大，最大、最小水平主应力越大，但 k 系数越小，即浅部岩层的 k 系比深部要大，这与实际情况一致。

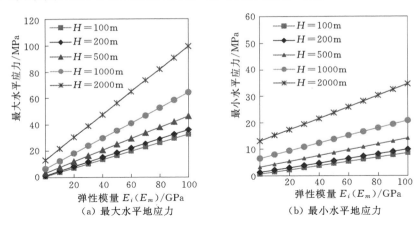

（a）最大水平地应力　　（b）最小水平地应力

图2.11　岩石（或岩体）弹性模量与水平主应力的关系

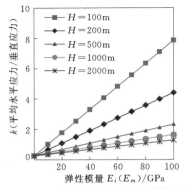

图2.12　岩石（或岩体）弹性模量
与 k 系数的关系

可见，在埋深相差不大的情况下（即 H 变化忽略不计），最大、最小水平主应力与岩石（或岩体）弹性模量呈线性关系。若埋深变化较大，依据式（2.28），地应力与岩石（或岩体）弹性模量的变化关系，还取决于岩石模量随深度的变化关系。郭强和葛修润等认为岩体弹性模量随埋深的增加而有变大的趋势，其变化特征与工程的特殊地质环境有关。因此，在埋深变化较大时，依据式（2.28），最大、最小水平主应力与岩石（或岩体）弹性模量一般呈非线性变化关系。

2.4 现场试验分析

为了进一步验证上述理论计算结果的可靠性和合理性，现结合福建赣龙梅花山隧道现场试验结果，对其进行进一步的研究和探讨。

2.4.1 福建梅花山隧道原位地应力及钻孔弹模试验分析

梅花山隧道全长 13780m，位于福建省连城、上杭县境内，进口位于连城县新泉镇向阳村，出口位于上杭县古田镇坪头村，桩号 DK215＋970～DK229＋750m，隧道最大埋深688.21m。隧道隧址区在大地构造上属于闽西南凹陷带，北东～北东东向及北北东向断裂最为发育，基本控制着本区构造格局。梅花山隧道轴线方向 NW23°～NW46°，与线位相关的主要构造为姑田背斜，位于赖坊—庙前断裂以东，背斜轴向约 NE20°，北端受后期SN 向构造的改造而偏转呈 SN 向。

为了获得工程区地应力的分布特征，采用国际岩石力学学会推荐的水压致裂法进行地应力测试，并采用国际岩石力学学会推荐的 5 种方法之一的 dt/dp 法进行了数据处理。在隧道 DK223＋100 处布置 2 个地应力测试孔，其中一个为水平孔、另一个为铅直孔，铅直孔自巷道底部向下，垂直埋深 443.9～481.9m，水平孔自巷道边墙向内钻进，岩层上覆埋深 439m，水平深度 1.9～33.9m。水平钻孔实测地应力结果见表 2.5，垂直钻孔的实测地应力及岩体弹性模量结果见表 2.6，水平孔及铅直孔各深度段主应力随深度的变化情况见图 2.13。

表 2.5 水平钻孔水压致裂部分成果表

深度/m	抗拉强度 T/MPa	σ_H/MPa	σ_h/MPa	σ_v/MPa	最大水平主应力方向
25.9	5.85	15.42	11.40	11.41	NW250°
29.90	8.77	16.26	11.03	11.41	NW230°
33.90	7.10	15.71	11.41	11.41	NW240°

注 σ_v 按上覆岩石埋深计算垂向主应力（重度 $\gamma=26$kN/m³），下同。

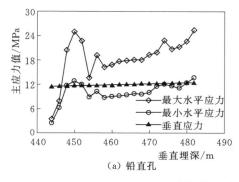

（a）铅直孔

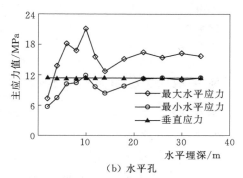

（b）水平孔

图 2.13 测试孔主应力值沿埋深的变化关系

表 2.6   铅直钻孔水压致裂成果表

测点序号	埋深 /m	岩体弹性模量 E_m/MPa	抗拉强度 T/MPa	σ_H /MPa	σ_h /MPa	σ_V /MPa	最大水平主 应力方向
1	443.9	38.53	3.91	3.48	2.46	11.54	
2	445.9	30.15	3.04	7.91	6.27	11.59	
3	447.9	37.92	1.38	20.48	11.78	11.65	
4	449.9	58.68	3.98	24.98	12.87	11.70	
5	451.9	42.95	7.03	22.75	12.02	11.75	
6	453.9	55.07	9.01	13.63	8.93	11.80	
7	455.9	64.45	4.68	19.21	10.31	11.85	
8	457.9	52.52	2.05	16.27	8.81	11.91	
9	459.9	43.21	2.46	16.87	9.08	11.96	
10	461.9	46.12	2.79	17.71	9.22	12.01	
11	463.9	51.59	5.10	17.90	9.45	12.06	
12	465.9	49.9	3.52	18.11	9.77	12.11	NW69°
13	467.9	33.72	4.70	18.08	9.67	12.17	
14	469.9	43.94	2.03	19.34	10.07	12.22	
15	471.9	53.43	0.87	19.90	11.58	12.27	
16	473.9	49.32	4.94	22.85	12.11	12.32	
17	475.9	55.46	5.56	20.76	11.67	12.37	NW65°
18	477.9	62.55	2.89	21.29	11.15	12.43	NW68°
19	479.9	64.48	6.30	22.62	12.44	12.48	NW66°
20	481.9	66.40	6.55	25.39	13.73	12.53	NW67°

地应力实测成果分析表明：①铅直孔 σ_H 方向为 N67°W，而北北东向断层内岩石受挤压破碎，与本区地质构造吻合；②水平孔及铅直孔的 σ_H、σ_h 值沿埋深变化均存在应力松弛区、应力集中区和应力平稳区，这与国内外已有的研究成果一致；③水平孔应力释放区 0～3.9m，铅直孔为 0～5.9m，铅直孔围岩的松弛范围比水平孔范围大，且铅直孔围岩应力值比水平孔应力值小得多，其原因是水平孔侧墙采用了光面爆破，其岩体损伤程度比未采用光面爆破的底板围岩要小得多；④在垂直埋深 457.9m 以下，地应力随深度正常增加，属于应力稳定区范围。

2.4.2 水平地应力估算及结果分析

根据铅直孔的测试结果可知，应力扰动区垂直埋深 443.9～455.9m，分析表明，该范围内的 7 个测点受爆破开挖卸荷的影响，其对地应力实测值产生一定的干扰，因此，在利用钻孔应力实测值对估算结果进行评价时，应该将其剔除。

若该区域尚未开展地应力测试，仅获得部分岩性参数值，可采用式（2.26）进行地应力估算，结合岩石参数试验结果，取 $\nu=0.25$，$\gamma=0.026$MPa/m，$\alpha=5\times10^{-6}/℃$，$G=$

$0.024℃/m$，$\xi=1$，$\eta=0$。地应力计算结果如表 2.7 和图 2.14 所示。

表 2.7　　　　　　　　　　地应力实测值与估算值结果对比

测点序号	孔深/m	E_m/GPa	实测地应力值/MPa				估算模式1		估算模式2	σ_{av} 计算相对误差/%	
			σ_H	σ_V	σ_h	σ_H	σ_h	σ_H	σ_h	模式1	模式2
8	457.9	52.52	16.27	11.91	8.81	22.35	10.09	19.61	10.60	29.34	20.45
9	459.9	43.21	16.87	11.96	9.08	19.13	9.03	—	—	8.51	—
10	461.9	46.12	17.71	12.01	9.22	20.18	9.40	17.71	9.86	9.85	2.40
11	463.9	51.59	17.90	12.06	9.45	22.15	10.06	19.43	10.56	17.76	9.67
12	465.9	49.9	18.11	12.11	9.77	21.59	9.89	18.95	10.38	12.92	5.19
13	467.9	33.72	18.08	12.17	9.67	15.93	8.01	13.98	8.41	−13.70	−19.3
14	469.9	43.94	19.34	12.22	10.07	19.57	9.24	17.18	9.70	−2.03	−8.62
15	471.9	53.43	19.90	11.58	11.58	22.96	10.38	20.15	10.90	5.93	−1.36
16	473.9	49.32	22.85	12.32	12.11	21.55	9.92	18.92	10.41	−9.97	−16.1
17	475.9	55.46	20.76	12.37	11.67	23.77	10.67	—	—	6.20	—
18	477.9	62.55	21.29	12.43	11:15	26.33	11.54	23.11	12.11	16.74	8.57
19	479.9	64.48	22.62	12.48	12.44	27.06	11.79	23.75	12.38	10.82	3.05
20	481.9	66.40	25.39	12.53	13.73	27.79	12.05	24.39	12.65	1.84	−5.32

注　1. "模式 1" 为不具备地应力测试条件下的地应力估算值。

　　2. "模式 2" 为利用少数地应力实测值进行计算的地应力估算值。

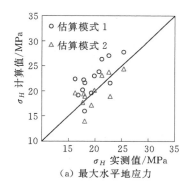
（a）最大水平地应力

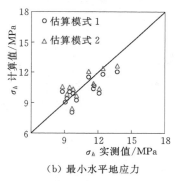
（b）最小水平地应力

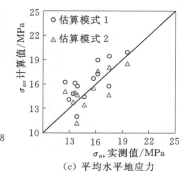
（c）平均水平地应力

图 2.14　地应力估算值与实测值的对比

　　若该工程具备地应力测试条件，但由于场地及经费等原因，只能进行少数的地应力测试，为了获得较准确的地应力值，可采用式（2.27）进行估算。假设仅有测点 9、测点 17 进行了地应力测试，现利用这两测点对其余部位地应力值进行估算。计算参数取值同上，地应力计算结果与实测值对比见表 2.7 和图 2.14。

　　图 2.14 中的最大、最小水平主应力及平均水平应力与实测数据总体上吻合较好，表明采用式（2.26）和式（2.27）估算地应力是可行的，进一步说明了本章理论计算方案的可靠性及合理性。此外，与不具备地应力实测条件下获得的估算结果相比，含有少数实测

值情况下的估算方法得到的估算值与实测值误差更小。

　　值得说明的是，理论计算值与实测值存在一定的离散性，主要是受到局部地质构造的影响，在误差范围内可以满足工程精度要求。

2.4.3　水平地应力与岩体弹性模量的关系

　　在进行花岗岩中水平地应力大小与岩体弹性模量关系分析时，滤掉了应力扰动区内的应力值明显偏离正常变化范围的 6 个点（埋深 443.9~455.9m），分析表明，这 6 个测点爆破开挖后岩体损伤程度及岩性变化与地应力变化不同步，其对地应力与岩体弹性模量的关系分析产生一定的干扰，因此将其剔除。

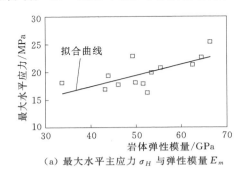 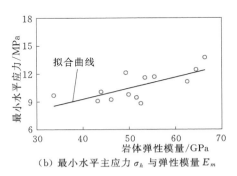

（a）最大水平主应力 σ_H 与弹性模量 E_m　　　　（b）最小水平主应力 σ_h 与弹性模量 E_m

图 2.15　花岗岩中水平主应力与岩体弹性模量的变化关系

表 2.8　　　　　　　花岗岩中最大、最小水平主应力与岩体弹性模量间的关系

研究对象	拟合方程	相关性系数 r	显著性检验临界值 $r_{0.05}(11)$
σ_H 与 E_m	$\sigma_H = 0.200E_m + 9.42$	0.681	0.553
σ_h 与 E_m	$\sigma_h = 0.118E_m + 4.57$	0.692	

　　图 2.15 和表 2.8 给出了花岗岩中水平主应力 σ_H 和 σ_h 值与岩体弹性模量 E_m 之间的关系。研究结果表明：①不同深度下实测 σ_H 和 σ_h 值与 E_m 之间均成正相关关系，相关性系数均大于对应的显著性检验临界值，表明两者之间确实存在线性相关关系；②由于实际的岩体并非完全的弹性体，加之局部地质构造缺陷的作用，σ_H 和 σ_h 值与 E_m 的关系存在一定的离散性。可见，在埋深不大的情况下，岩体弹性模量与地应力存在显著的线性关系，采用岩体弹性模量来反映地应力的特征具有实际意义，这与 2.3 节理论分析结果一致。

第3章

地形地貌对地应力影响的
理论及数值模拟研究

3.1 引言

　　地表形态的改变，会直接引起该区域岩体应力场的分布特征。关于地形起伏区对岩体地应力场影响的系统性研究并不多见，一些学者从不同的角度、采用不同的方法进行了有意义的探讨。此外，还有一些学者对河谷应力场的应力分区特征进行了研究。可见，在同一地貌单元下的地形起伏区，目前主要采用平面应变假设进行分析，且河谷的几何形态采用简化的 V 形，不能全面地反映实际河谷在三维应力状态下的弹塑性变形特征；另外，现有的研究成果较少从影响地应力的成因角度入手，且对不同地貌单元下的岩体应力状态分布特征缺乏系统的分析。此外，在河谷几何形态对岩体地应力的影响方面，缺乏系统性研究和分析，有必要对其做进一步的探讨。

　　本章通过理论分析、实测数据统计分析及三维数值模拟相结合的手段，系统地研究了不同地形地貌成因及地形起伏形态对岩体地应力状态的影响，得出了不同地貌单元及地形起伏区岩体的一般分布规律，并以南水北调西线工程阿达坝区为例，对地形起伏区应力场的分布特征进行了合理的验证。

3.2 不同地貌单元下地应力分布特征的理论研究

3.2.1 地表剥蚀区

　　地貌学的研究表明，在岩层地质历史演化过程中，地表剥蚀厚度是相当大的。许多实例表明，在一次地壳旋回中，地表隆起区的剥蚀厚度可达数千米的量级，这使现今地表保持较高的水平。如天山地区，新生代以来地壳上升幅度可达上万米，地表剥蚀厚度达数千米。剥蚀地区岩体地应力的变化及其分布与剥蚀卸荷作用密切相关。苏联 T. A. MapKoB 对高水平应力形成的原因进行了系统的研究，认为地壳上部高水平应力与地壳上升运动和剥蚀作用有关。Voight 曾就剥蚀作用对地应力分布的影响进行过研究，Goodman 在他的著作中介绍了这一研究成果。在前人研究的基础上，下文对剥蚀区岩层的应力状态分布特征进行系统的分析和探讨。

设某一地区地表相对平坦，岩体视为均匀、连续、各向同性的弹性介质，且地质史上该区域未曾受到其他因素的作用，水平主应力仅由自重应力分量和水平构造应力组成。此后，该地区地壳整体抬升，地表受剥蚀作用，剥蚀厚度为 Δh，剥蚀前后的物质组成不变，如图 3.1 所示。由于地层为一半无限空间体，且岩体为均质、各向同性的弹性体，根据弹性理论可知，岩体在剥蚀过程中存在以下关系：

$$\varepsilon_x = \varepsilon_y = 0 \tag{3.1}$$

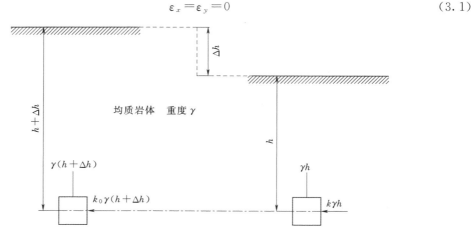

图 3.1 地表剥蚀作用对岩体地应力的影响示意图

剥蚀前，埋深为 $h + \Delta h$ 处的岩体主应力为

$$\left.\begin{aligned}\sigma_{V0} &= \gamma(h + \Delta h) \\ \sigma_{h0} &= k_0 \sigma_{V0}\end{aligned}\right\} \tag{3.2}$$

剥蚀后，埋深为 h 处的岩体主应力为

$$\left.\begin{aligned}\sigma_V &= \gamma h \\ \sigma_h &= k \sigma_V\end{aligned}\right\} \tag{3.3}$$

式中：ε_x、ε_y 分别为相互垂直的水平方向压应变；σ_{V0}、σ_V 分别为剥蚀前后的垂直应力；σ_{h0}、σ_h 分别为剥蚀前后的平均水平应力；γ 为岩石的重度；k_0、k 分别为剥蚀前后的侧压力系数，即对应平均水平应力与垂直应力的比值，且有 $k_0 = f_0(h)$，$k = f(h)$。

根据半无限平面体的弹性理论，剥蚀后埋深为 h 处（由 $h + \Delta h$ 剥蚀到 h）的水平向应力状态满足

$$\sigma_h = \sigma_{h0} - \frac{\nu}{1-\nu}\gamma \Delta h \tag{3.4}$$

将式（3.1）、式（3.2）代入式（3.3），并进行整理可得

$$k = k_0 + \left(k_0 - \frac{\nu}{1-\nu}\right)\frac{\Delta h}{h} \tag{3.5}$$

$$\sigma_h = k_0 \gamma h + \left(k_0 - \frac{\nu}{1-\nu}\right)\gamma \Delta h \tag{3.6}$$

由于岩体中水平应力由自重应力分量及水平构造应力共同组成的，结合式（3.5）、式（3.6）可知，$k_0 > \nu/(1-\nu)$。因此，在埋深不大的情况下，平均水平应力及侧压力系数均增大，即有 $\sigma_h > \sigma_{h0}$，$k > k_0$；当埋深较大时，$\Delta h/h$ 较小，此时 $k \to k_0$，且 σ_h 与 σ_{h0} 的差距也进一步缩小。

为了便于理解，现根据实测应力值将式（3.5）、式（3.6）具体化，并绘制成曲线进行分析。鉴于岩浆岩一般形成于地表以下深处（数千米以下），目前出露地表的主要是由于地壳垂直运动及后期地表剥蚀作用引起的。因此，采用浅层地表岩浆岩的统计结果为对象进行研究具有可靠的意义。图 3.2 是我国岩浆岩的侧压力系数随深度变化的内外包线，其回归公式如式（3.7）所示。对于各向同性的均质岩层而言，地应力随深度一般呈线性分布，结合现今我国大部分地区岩浆岩的统计结果，令 $k_0 = f_0(h) = 181/h + 0.73$，岩浆岩泊松比 $\nu = 0.25$，平均重度 $\gamma = 0.0271\text{MPa/m}$，代入式（3.5）、式（3.6），得到我国岩浆岩地区测压系数及平均水平应力的表达式。

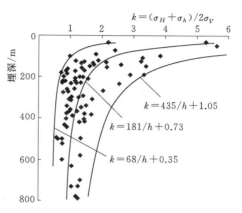

图 3.2　岩浆岩水平平均应力与垂直应力之比随埋深分布图（据景锋等）

$$k' = \frac{181}{h} + 0.73 \tag{3.7}$$

$$k = \frac{181}{h} + \left(\frac{181}{h} + 0.4\right)\frac{\Delta h}{h} + 0.73 \tag{3.8}$$

$$\sigma_h = 0.0198h + \left(\frac{4.905}{h} + 0.0108\right)\Delta h + 4.905 \tag{3.9}$$

结合式（3.8）、式（3.9），分别绘制不同剥蚀厚度下对应的侧压力系数及平均水平应力随埋深的变化曲线，如图 3.3 所示。由图 3.3 可知：①与剥蚀前（$\Delta h = 0$）相比，剥蚀后的侧压力系数及平均水平应力均增大，且剥蚀厚度越大，增加的量值越明显，二者的差距越大，这在浅部岩层较为明显；②随着埋深增大，剥蚀后的侧压力系数及平均水平应力逐渐与剥蚀前的值趋于一致，这与 Hoek 和 Brown、朱焕春等、景锋等学者的统计结果一致；③对于均质岩体，剥蚀区平均水平应力随埋深并非线性关系，这与不考虑剥蚀作用的弹性计算结果不一致，进一步体现了剥蚀作用在浅部的影响效应。

剥蚀作用在岩体力学作用方式上表现为卸荷过程，其破坏模式如图 3.4 所示。由图 3.4 可知，剥蚀作用使得莫尔圆不断向左平移，表明剥蚀作用一般导致岩体在浅部发生破坏，这与图 3.3 所反映的浅部平均水平应力较高相吻合。可见，在剥蚀作用下，深部岩体上升到浅部的同时，岩体力学状态发生了一定程度的变化，局部岩体会发生一定的破坏作用，但这种剥蚀效应主要集中在岩层浅部，而深部岩层的岩体应力状态受其影响较小。

3.2.2　地表沉积区

地表沉积作用与剥蚀作用类似，但作用的力学过程与之相反，地表接受沉积过程中下

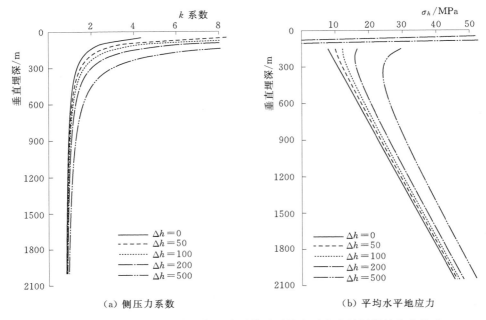

（a）侧压力系数　　　　　　　（b）平均水平地应力

图 3.3　不同剥蚀厚度对应的侧压力系数及平均水平应力随埋深的变化关系

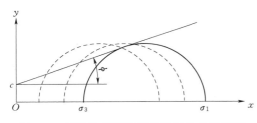

图 3.4　剥蚀作用下的岩体破坏条件示意图

伏岩体地应力状态也会发生变化。新生代以来，我国大陆的沉积地区主要分布在东北、华北、西南及西北地域，其中，西南及东北地区的沉积平原面积占我国大陆面积的 1/4～1/3。一般而言，大范围的沉积作用形成的地表较为平坦，当基岩面的起伏相对于沉积厚度小得多时，可认为在沉积过程中，下覆基岩不发生水平向位移。为了研究地表沉积作用对岩体应力状态的影响，假设某一地区地表相对平坦，岩体视为均匀、连续、各向同性的弹性介质，且地质史上该区域未曾受到其他因素的作用，水平主应力仅由自重应力分量和水平构造应力组成。此后，该地区地表接受沉积作用，沉积厚度为 Δh，沉积的物质重度为 γ'，如图 3.5 所示。

由于地层为一半无限空间体，且岩体为均质、各向同性的弹性体，则在接受 Δh 厚度的沉积作用时引起的岩体应力变化为

$$\Delta\sigma_x = \Delta\sigma_y = \frac{\nu'}{1-\nu'}\gamma'\Delta h \tag{3.10}$$

式中：γ' 为沉积物质的重度；ν' 为沉积物质的泊松比；$\Delta\sigma_x$、$\Delta\sigma_y$ 分别为两水平方向的应力增量（本章取平均水平主应力 σ_h 进行研究）；其余符号意义同前。

沉积作用前，埋深为 h_0 处的岩体应力状态为

$$\left.\begin{array}{l}\sigma_{v0} = \gamma h_0 \\ \sigma_{h0} = k_0\sigma_{v0}\end{array}\right\} \tag{3.11}$$

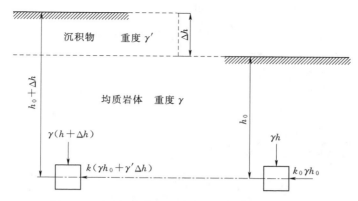

图 3.5　地表沉积作用对岩体地应力的影响示意图

沉积作用后，埋深为 $h_0+\Delta h$ 处的岩体应力状态为

$$\left.\begin{array}{l}\sigma_v=\gamma h_0+\gamma'\Delta h\\\sigma_h=k_0\gamma h_0+\gamma'\Delta h\nu'/(1-\nu')=k\sigma_V\end{array}\right\} \tag{3.12}$$

令 $h=h_0+\Delta h$，并将 $h_0=h-\Delta h$ 代入式（3.11）可得

$$k=\frac{k_0\gamma h-\left(k_0\gamma-\dfrac{\nu'}{1-\nu'}\gamma'\right)\Delta h}{\gamma h-(\gamma-\gamma')\Delta h}=k_0-\frac{\left(k_0-\dfrac{\nu'}{1-\nu'}\right)\gamma'\Delta h}{\gamma h-(\gamma-\gamma')\Delta h} \tag{3.13}$$

$$\sigma_h=k_0\gamma h-\left(k_0\gamma-\frac{\nu'}{1-\nu'}\gamma'\right)\Delta h \tag{3.14}$$

　　由于构造运动的存在，水平应力包括自重应力分量及水平构造应力，且沉积物质的泊松比 ν' 与岩体泊松比差别不大，一般有 $k_0>\nu'/(1-\nu')$，即 $k\neq k_0$。可见，沉积作用可以在一定程度上改变岩体的应力状态，在沉积作用发生后，同一埋深水平应力会相应地减小，且岩体侧压系数也会变小，$\sigma_h<\sigma_{h0}$，$k<k_0$。随着埋深的增大，沉积前后主应力及侧压力系数差距会减小，在埋深较大时有 $\sigma_h\rightarrow\sigma_{h0}$，$k\rightarrow k_0$。

　　值得说明的是，沉积作用前的 k_0 取值是埋深 h_0 函数，且和岩体的形成历史有关，其取值主要分为以下两种情况：

　　（1）沉积作用发生前，该地区经历了地表剥蚀作用，且剥蚀厚度为 Δz，则根据第 3.2.1 节可知，沉积前埋深为 h_0 岩体中的测压系数可表达为

$$k_0=k'+\left(k'-\frac{\nu}{1-\nu}\right)\frac{\Delta z}{h_0} \tag{3.15}$$

式中：k' 为剥蚀作用前埋深 $h_0+\Delta z$ 处的地应力侧压力系数，该值一般大于 $\nu/(1-\nu)$。可见，此时 $k_0=f_0(h_0)$。

　　（2）沉积作用发生前，该地区经历了沉积作用和间断的构造运动，且不受剥蚀作用的影响，则根据弹性理论可知，先期沉积作用下，埋深为 h_0 的岩体侧压力系数可表达为

$$k_0=\frac{\nu}{1-\nu}+\frac{T(h_0)}{\gamma h_0} \tag{3.16}$$

式中：$T(h_0)$ 为先期沉积作用下的水平构造应力作用，该值一般大于 $\nu/(1-\nu)$，可见，

在这种情况下，$k_0 = f_0'(h_0)$。

由此可知，一旦知道了沉积作用前岩体的形成经历，结合现场实测资料，就可以确定 k_0 与 h_0 的确定性关系，按照式（3.13）、式（3.14）估算岩体的侧压力系数及平均水平地应力的分布规律。

为了便于理解，现根据实测应力值将式（3.13）、式（3.14）具体化，并绘制成曲线进行分析。鉴于沉积岩一般形成于地表附近，后期可能受地表剥蚀作用，但在大部分油田地区，新生代以来的地表主要以沉积作用为主。因此，采用浅层地表沉积岩的统计结果为对象进行研究。图 3.6 是我国沉积岩的侧压力系数随深度变化的内外包线，其回归公式见式（3.17）。

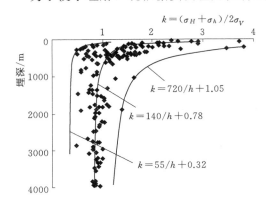

图 3.6　沉积岩水平平均应力与垂直应力之比随埋深分布图（据景锋等）

$$k' = \frac{140}{h} + 0.78 \tag{3.17}$$

假定该区域在沉积作用之前未发生剥蚀作用或先期仍以沉积作用为主，可令 $k_0 = f_0(h) = 140/h + 0.78$，沉积物质泊松比 $\nu' = 0.32$，沉积物质平均重度 $\gamma' = 0.02\text{MPa/m}$，沉积岩平均重度 $\gamma = 0.0263\text{MPa/m}$，代入式（3.13）、式（3.14），从而获得沉积作用下的侧压力系数及平均地应力表达式：

$$k = \frac{140}{h} - \frac{\left(\dfrac{2.8}{h} + 0.0062\right)\Delta h}{0.0263h - 0.0063\Delta h} + 0.78 \tag{3.18}$$

$$\sigma_h = 0.0205h - \left(\frac{3.682}{h} + 0.0111\right)\Delta h + 3.682 \tag{3.19}$$

结合式（3.18）、式（3.19），分别绘制不同沉积厚度下相应的侧压力系数及平均水平应力随埋深的变化曲线，如图 3.7 所示。由图 3.7 可知：①沉积作用使得岩体地应力侧压力系数及平均水平应力值降低，分别低于地表沉积作用前的 k_0、σ_{h0} 值，且沉积厚度越大，侧压力系数与 k_0、σ_{h0} 值差别越大，这在浅部岩体中较为明显；②随着埋深的增大，沉积区岩体的测压系数及平均水平地应力分布曲线与沉积前的曲线趋于一致，这表明沉积作用效应主要集中在岩层浅部，而深部岩层的岩体应力状态受其影响较小；③沉积区岩体的侧压力系数分布与埋深不呈单调变化，而出现随深度先增大后减小的现象，这与 Hoek 和 Brown、朱焕春及景锋等学者的统计结果不一致；④对于均质岩体，沉积区平均水平应力随埋深并非线性关系，这与不考虑沉积作用的弹性计算结果不一致，进一步体现了沉积作用对浅部的影响效应。

与剥蚀作用的结果相反，沉积作用在岩体力学作用方式上表现为加载过程，其破坏模式如图 3.8 所示。由图 3.8 可知，沉积作用使得莫尔圆不断向右平移，表明沉积作用在浅部岩体一般不会发生挤压破坏，这与图 3.7 所反映的浅部平均水平应力偏小相吻合。此外，沉积作用水平应力的各向异性主要是由水平构造运动引起的，沉积作用不会导致偏应

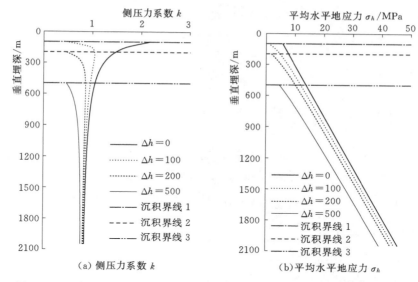

图 3.7　不同沉积厚度对应的侧压力系数及平均水平应力随埋深的变化关系

力张量的增大。

　　为了进一步加深对沉积地貌的岩体地应力分布的认识，对我国华北及东北主要沉积区的实测地应力值进行了统计分析，共筛选出了 111 组有效数据。平均水平地应力及侧压力系数值与埋深的关系见图 3.9 所示。显然，沉积区岩体的应力实际分布状况及变化特征与图 3.7 及式（3.18）、式（3.19）所

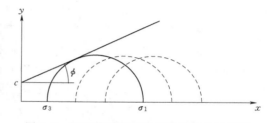

图 3.8　沉积作用下的岩体破坏条件示意图

揭示的规律较吻合，进一步说明了沉积作用下计算得到的岩体应力分布规律具有良好的可靠性和实用性。

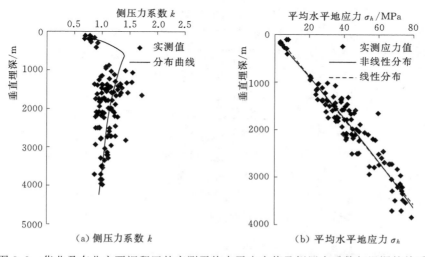

图 3.9　华北及东北主要沉积区的实测平均水平应力值及侧压力系数与埋深的关系

33

总的来说，式（3.8）、式（3.9）与式（3.18）、式（3.19）都是在地表相对平坦、弹性理论基础上推导出来的，图 3.3 与图 3.7 较好地说明了二者之间的差异。可见，不同地貌单元下岩体的应力分布特征存在显著的区别，地质的不同作用方式对地应力的影响较为重要，因此在岩体应力场分析时，尤其是在浅部，地貌的作用不可忽略。

3.3　河谷几何形态对岩体地应力场影响分析

为了较系统地研究和分析地形起伏区下的地应力场分布特征，现以河谷地形为代表，采用 FLAC^{3D} 计算软件构建"梯形断面"河谷模型，近似模拟河谷的几何形态，并结合河谷发育演化史，研究了地形起伏特征对岩体地应力的大小、方向及分布的影响。

3.3.1　计算原理及方法

FLAC^{3D} 可以模拟岩土或其他材料的三维力学行为。其主要特点为：①通过对三维介质的离散，使所有外力与内力集中于三维网格节点上，进而将连续介质运动定律转化为离散节点上的牛顿定律；②时间与空间的导数采用沿有限空间与时间间隔线性变化的有限差分来近似；③将静力问题当作动力问题来求解，运动方程中的惯性项用来作为达到所求静力平衡的一种手段。FLAC^{3D} 的基本计算原理为有限差分法，在计算过程中，程序能随意中断与进行，随意改变计算参数与边界条件，因此，较适合处理复杂的非线性岩体开挖卸荷效应和流变问题。由于从单元应变计算应力过程中无须进行反复迭代，这比通常用于有限元程序中的隐式算法有着明显的优越性。对于病态系统-高度非线性问题、大变形、物理系统不稳定等，显式算法要有效的多；因而，非常适合于模拟岩土介质的力学行为。

3.3.1.1　拉格朗日法

FLAC^{3D} 采用了研究流体质点运动的拉格朗日法。该方法源于流体力学，主要研究每个流体质点随时间而变化的状态，即质点在任一段时间内的运动轨迹、速度、压力等特征。将拉格朗日法移植到固体力学中，计算域内的网格节点就相当于流体质点，然后按时步采用拉格朗日法来研究网格节点的运动。由于显式拉格朗日有限差分法无须形成总体刚度矩阵，可在每个计算时步内通过更新节点坐标的方式，将位移增量加到节点坐标上，以材料网格的移动和变形模拟大变形，即在每步过程中，本构方程仍是小变形理论模式，但在经过许多时步计算后，网格移动和变形结果等价于大变形模式。

3.3.1.2　三维空间离散与空间差分

FLAC^{3D} 首先将求解区域离散为一系列如图 3.10 所示的四面体单元，变量均在四面体上进行计算。如果单元网格是五面体或六面体，则单元的应力、应变取值为其内四面体的体积加权平均。采用下列插值函数：

$$\Delta v_i = \sum_{n=1}^{4} \Delta v_i^n N^n$$

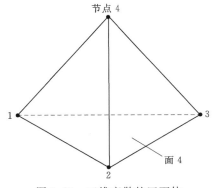

图 3.10　三维离散的四面体

$$N^n = c_0^n + c_1^n x_1' + c_2^n x_2' + c_3^n x_3' \tag{3.20}$$

$$N^n(x_1'^j, x_2'^j, x_3'^j) = \delta_{nj}$$

式中：x_i、Δv_i 分别为四面体中节点的坐标和速度增量；δ_{nj} 为克罗内克尔张量，其中当 $n = j$ 时为 1，否则为 0。

由高斯定律，可将四面体的体积分转化为面积分。对于常应变四面体单元，设任一点的速率分量为 v_i，则可由高斯公式得

$$\int_v v_{i,j} \, \mathrm{d}V = \int_s v_i n_j \, \mathrm{d}s \tag{3.21}$$

$$v_{i,j} = -\frac{1}{3V} \sum_{i=1}^{4} v_i^l n_j^{(l)} S^{(l)} \tag{3.22}$$

式中：V 为四面体的体积；S 为四面体各面的面积；n_j 为四面体各外表面的单位法向向量分量；l 为节点 l 的变量；(l) 为面 l 的变量。

于是应变率张量可表示为

$$\xi_{ij} = \frac{1}{2}(v_{i,j} + v_{j,i}) \tag{3.23}$$

$$\xi_{ij} = -\frac{1}{6V} \sum_{l=1}^{4} (v_i^l n_j^{(l)} + v_j^l n_i^{(l)}) S^{(l)} \tag{3.24}$$

应变增量张量为

$$\Delta \in_{ij} = -\frac{\Delta t}{6V} \sum_{l=1}^{4} (v_i^l n_j^{(l)} + v_j^l n_i^{(l)}) S^{(l)} \tag{3.25}$$

旋转率张量为

$$\omega_{ij} = -\frac{1}{6V} \sum_{l=1}^{4} (v_i^l n_j^{(l)} - v_j^l n_i^{(l)}) S^{(l)} \tag{3.26}$$

而由本构方程和以上若干式可得应力增量为

$$\Delta \sigma_{ij} = \Delta \check{\sigma}_{ij} + \Delta \sigma_{ij}^C \tag{3.27}$$

$$\Delta \check{\sigma}_{ij} = H_{ij}^*(\sigma_{ij}, \xi_{ij} \Delta t) \tag{3.28}$$

$$\Delta \sigma_{ij}^C = (\omega_{ik} \sigma_{kj} - \sigma_{ik} \omega_{kj}) \Delta t \tag{3.29}$$

对于小应变，式（3.27）中的第二项可忽略不计。这样就由高斯定律将空间连续变量转化为离散的节点变量，可由节点位移与速度计算空间单元的应变与应力。

3.3.1.3　运动方程

对于固定时刻 t，节点运动方程可表示为

$$\frac{\partial v_i^l}{\partial t} = \frac{F_i^l(t)}{m^l} \tag{3.30}$$

式中：$F_i^l(t)$ 为在 t 时刻 l 节点的在 i 方向的不平衡力分量；m^l 为 l 节点的集中质量，在分析动态问题时采用实际的集中质量，而在分析静态问题时则采用虚拟质量以保证数值稳定。对于每个四面体，其节点的虚拟质量为

$$m^l = \frac{a_1}{9V} \max\{[n_i^{(i)} s^{(l)}]^2\}, \quad i = 1, 3 \tag{3.31}$$

式中：$a_1 = K + (4/3)G$；K 为体积模量；G 为剪切模量。

任一节点的虚拟质量为包含该节点的所有四面体对该节点的贡献之和。将式（3.31）左端用中心差分来近似，则可得

$$v_i^l\left[t+\frac{\Delta t}{2}\right]=v_i^l\left[t-\frac{\Delta t}{2}\right]+\frac{F_i^l(t)}{m^l}\Delta t \tag{3.32}$$

3.3.1.4　应变、应力及节点不平衡力

FLAC^{3D}由速度来求某一时步的单元应变增量，如式（3.33）所示：

$$\Delta\varepsilon_{ij}=\frac{1}{2}\left[v_{i,j}+v_{j,i}\right]\Delta t \tag{3.33}$$

有了应变增量，即可由本构方程求出应力增量：

$$\Delta\sigma_{ij}=H_{ij}\left(\sigma_{ij},\Delta\varepsilon_{ij}\right)+\Delta\sigma_{ij}^C \tag{3.34}$$

式中：H 为已知的本构方程，$\Delta\sigma_{ij}^C$ 为大变形情况下对应力所做的旋转修正：

$$\Delta\sigma_{ij}^C=\left(\omega_{ik}\sigma_{kj}-\sigma_{ik}\omega_{kj}\right)\Delta t \tag{3.35}$$

即

$$\omega_{ij}=\frac{1}{2}\left(v_{i,j}-v_{j,i}\right)$$

各时步的应力增量叠加即可得到总应力，然后即可由虚功原理求出下一时步的节点不平衡力。每个四面体对其节点不平衡力的贡献可按式（3.36）计算：

$$p_i^l=\frac{1}{3}\sigma_{ij}n_j^{(l)}s^{(l)}+\frac{1}{4}\rho b_i V \tag{3.36}$$

式中：ρ 为材料密度；b_i 为单位质量体积力。任一节点的节点不平衡力为包含该节点的所有四面体对该节点的贡献之和。

得到节点不平衡力后即可进入下一时步的迭代计算，直到不平衡力足够小或趋于某一数值，说明计算已达到平衡状态，或产生了塑性流动。

3.3.1.5　阻尼力

用运动方程求解静力问题时，必须采用机械衰减的方法来获得非惯性静态或准静态解，FLAC^{3D}中采用了动态松弛法，通过在运动方程中设置阻尼项使系统运动衰减至平衡状态，阻尼力的大小一般与不平衡力的大小成正比。

FLAC^{3D}计算过程如图 3.11 所示。

由上述可知，无论是动力问题，还是静力问题，FLAC^{3D}程序均由运动方程采用显式法进行求解，因此很容易模拟动力问题，如振动、失稳、大变形等。对显式法而言，非线性本构关系与线性本构关系并无算法上的差别，对于已知的应变增量，可方便地求出应力增量，并得到不平衡力，就同实际中的物理过程一样，可以跟踪系统的演化过程。在计算过程中，程序能随意中断与进行，随意改变计算参数与边界条件，因此，较适合处理复杂非线性岩体

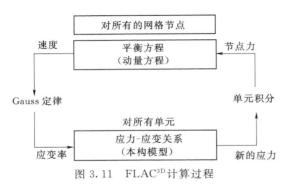

图 3.11　FLAC^{3D}计算过程

开挖、卸荷效应问题。

3.3.2　模型建立及边界条件

为了提高计算效率，采用河谷的一半进行分析，计算模型如图3.12所示。令河谷坡高 $FI=GJ=h$，半宽 $KF=LG=w/2$，坡度 $\angle MKF=\theta$。依据一般的河谷几何参数选取不同的坡高、谷宽及坡度，河谷坡度的范围为 $30°\sim80°$，坡高的研究范围为 $200\sim400\mathrm{m}$，谷宽范围为 $300\sim500\mathrm{m}$。

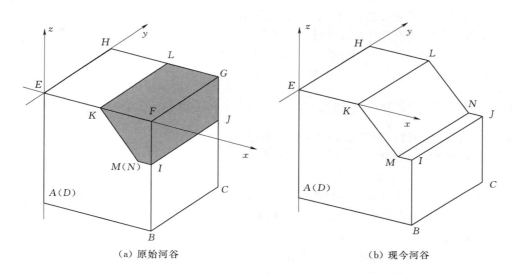

(a) 原始河谷 　　　　　　　　　(b) 现今河谷

图 3.12　计算模型

在数值模拟中，岩石材料采用理想弹塑性模型，屈服准则采用 Mohr-Coulomb 强度准则，模型岩石物理力学指标见表3.1。

表 3.1　　　　　　　　　　　模型岩石物理力学指标

岩性	密度/(g/cm³)	抗拉强度/MPa	变形模量/GPa	泊松比	摩擦角/(°)	黏聚力/MPa
微风化花岗岩	2.65	1.5	20	0.26	54.5	1.7

由于研究的是河谷现今的地应力场分布特征，当从成因角度进行数值模拟时，可以不去追溯其真正的原始地应力场和原始地形形态，而用一个等效的原始地应力场及原始地形代替。假设河谷形成前的原始地形相对平坦，初始区域地应力场的分布关系满足：

X 轴方向：
$$\sigma_1=K_1H+T_1 \tag{3.37}$$

Z 轴方向：
$$\sigma_2=\gamma H \tag{3.38}$$

Y 轴方向：
$$\sigma_3=K_2H+T_2 \tag{3.39}$$

依据文献［15］统计结果，近似取 $K_1=0.031$，$T_1=5.89\mathrm{MPa}$；$K_2=0.020$，$T_2=0.23\mathrm{MPa}$ 作为本次计算中初始地应力场的计算参数值。然后，用等效"分布开挖"的方法模拟河谷的形成，从而得出给定条件下的河谷地应力场。

3.3.3 数值模拟方案

河谷地应力场是在区域地应力场的基础上由于地表剥蚀、河流侵蚀等地质作用，并伴随河流下切过程，在谷底和岸坡一定范围内发生应力调整而形成的局部地应力场。从河谷的发育演化机理来看，可以把河谷的形成过程等效为边坡的"分步开挖"。在水电站建设期间，区域地质构造运动及河谷下切剥蚀、卸荷作用常常假定是不变的，而施工引起的坡度变化会对河谷地应力产生一定的影响。鉴于此，对河谷形态及区域应力场进行了一定的简化，以获得在区域应力场作用下仅有坡度变化时的地应力场分布特征。

由河谷几何形态引起的坡度变化主要有以下 3 种工况：①坡高不变，坡度变化仅由谷宽引起；②谷宽不变，坡度变化仅由坡高引起；③坡度变化由坡高及谷宽共同引起。工况③是前两种工况的综合效应，故只需对前两种工况进行研究。

3.3.4 坡度对地应力分布的影响

3.3.4.1 谷宽一定时，坡度变化仅由坡高引起

在本次计算中，设计了 4 种坡度，分别为 $30°$、$40°$、$50°$、$60°$，谷宽取 300m、400m 和 500m。

计算结果表明，当谷宽取不同值时，同一坡度 θ 的最大主应力等值线形态及主应力分布特征基本一致，且谷底应力量值和应力集中范围均随谷宽的增大而显著增大。

图 3.13 是谷宽为 500m、坡度为 $30°$ 和 $60°$ 时河谷岩体中最大主应力等值线图。由图 3.13 可知，随着坡度的增大，σ_1 等值线形态总体上变化相近，但在谷坡局部位置上存在一定的差异。在谷坡上方浅部（应力释放区）：当 $\theta = 30°$、$40°$ 时，σ_1 等值线在坡面附近向上弯曲，σ_1 值呈"时大时小"的特征；而当 $\theta = 50°$、$60°$ 时，σ_1 等值线形态向下弯曲，σ_1 值从坡面向坡里逐渐增加。可见，由于坡度的变化，河谷卸荷作用导致谷坡应力释放的能量及过程存在差异。为了区分这种差异，将应力释放区进一步划分为"应力不稳定释放区"和"应力稳定释放区"。应力不稳定释放区是指在谷坡上方浅部，第一主应力随着水平埋深的增大而出现"时大时小"的区域，该区域由于谷坡卸荷作用使应力场能量释放不稳定。若谷坡上方浅部的第一主应力随着水平埋深的增大而逐渐增大，即由于谷坡卸荷作用使得应力场能量释放较为平稳，则该区域为应力稳定释放区。本次计算结果表明，在 $40° \sim 50°$ 之间存在某个坡度，当小于该坡度时属于"应力不稳定释放区"，而大于该坡度时属于"应力稳定释放区"。在谷坡下方，σ_1 等值线向下弯曲，且随着坡度的增大，靠近坡脚附近处的等值线密度加大，表明该部位应力集中程度加剧，但其影响的范围及 σ_1 增大的量值没河谷谷底明显。此外，谷底应力集中区范围及 σ_1 值均随着坡度的增大而增大，等值线密度显著加大。可见，河谷坡度的增大不仅加剧了谷底应力集中现象，且在一定程度上加大了谷坡不同部位岩体应力场的差异性。

图 3.14 是谷宽为 500m 时不同坡度下河谷岩体中 σ_1 与垂直埋深的变化关系。由图 3.14 可知，不同坡度的谷底最大主应力随垂直埋深的变化曲线形态基本一致，坡度越大，同一埋深下的谷底 σ_1 量值也相应地越大，谷底应力集中程度显著增强。

图 3.15 是谷宽为 500m、坡度为 $30°$ 和 $60°$ 时河谷岩体主应力方向分布图。由图 3.15

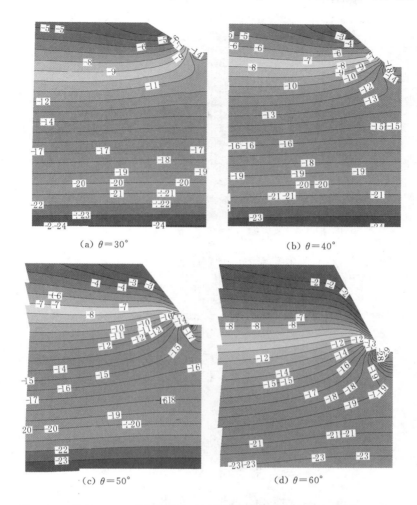

(a) θ＝30°　　(b) θ＝40°

(c) θ＝50°　　(d) θ＝60°

图 3.13　谷宽 500m 时不同坡度下河谷岩体中 σ_1 等值线图（单位：MPa）

可知，谷坡和谷底应力状态存在明显的差异，且坡度越大，差异越明显。在谷坡附近，主应力方向发生了明显的变化，主要表现在：最大主应力方向随着坡度的增大偏转加剧，并与河谷的坡面大致平行，这与区域应力场特征显著不同；随着水平埋深的增大，主应力方向逐渐与区域地应力场一致。在谷底，除了坡脚附近主应力方向偏转较大外，其余部位主应力方向与河谷走向基本垂直。

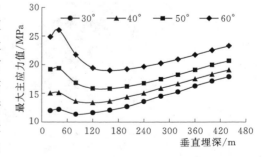

图 3.14　谷宽为 500m 不同坡度下河谷 σ_1 与垂直埋深关系

3.3.4.2　坡高一定时，坡度变化仅由谷宽引起

在给定的计算条件下，设计了 6 种坡度，分别为 30°、40°、50°、60°、70°、80°，坡高取 200m、300m 和 400m。

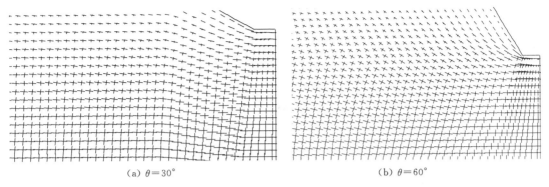

(a) $\theta=30°$　　　　　　　　　　　　　　(b) $\theta=60°$

图 3.15　谷宽 500m 时不同坡度下河谷岩体主应力矢量图

在本次计算中，当坡高取不同值时，同一坡度 θ 的 σ_1 等值线形态及主应力分布特征基本一致，且谷底的应力量值及应力集中范围均随坡高的增大而增大。

图 3.16 是坡高为 300m、坡度分别取 30°、40°、50°、80°时河谷岩体最大主应力等值线图。当 $\theta=30°\sim80°$时，结论与 3.3.4.1 类似，即存在某一坡度，可将谷坡上方浅部进

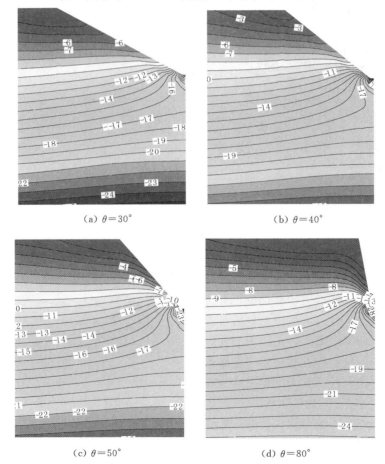

(a) $\theta=30°$　　　　　　　　　　　　　　(b) $\theta=40°$

(c) $\theta=50°$　　　　　　　　　　　　　　(d) $\theta=80°$

图 3.16　坡高 300m 时不同坡度下河谷岩体中 σ_1 等值线图（单位：MPa）

一步分为"应力不稳定释放区"及"应力稳定释放区"。此外，随着坡度的增大，谷底应力集中区范围及 σ_1 值均增大。

图 3.17 是坡高 300m 时不同坡度下河谷岩体中 σ_1 与垂直埋深的变化关系，由图 3.17 可知，不同坡度的谷底 σ_1 量值随垂直埋深的变化曲线形态基本一致。坡度越大，同一垂直埋深下的谷底 σ_1 量值也相应地越大，谷底应力集中程度显著增强。值得注意的是，当埋深超过 300m 时，各坡度的 σ_1 量值相差很小，这表明河谷的卸荷作用影响较小，超过该深度后，主应力变化特征逐渐与区域构造应力场趋于一致。

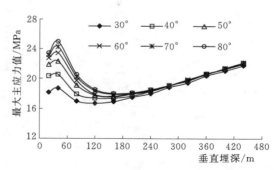

图 3.17　坡高 300m 时不同坡度下河谷
σ_1 与垂直埋深关系

在主应力方向的分布方面，谷坡和谷底存在明显的差异，其随坡度的变化特征与 3.3.4.1 的结果相近。

3.3.4.3　坡度对谷底应力集中区最大主应力峰值的影响

一般而言，谷底应力集中现象较谷坡明显，常伴随出现"应力包"现象，如图 3.14、图 3.17 所示。谷底应力集中区最大主应力峰值影响"应力包"的形状及分布范围，其在一定程度上可反映应力集中程度的大小。可见，研究谷底应力集中区 σ_1 峰值的变化特征有助于加深对应力集中区的认识。结合 3.3.4.1 和 3.3.4.2 的模拟结果，当坡高或谷宽一定时，谷底应力集中区 σ_1 峰值（以下简称"谷底 σ_1 峰值"）与坡度关系如图 3.18 所示。

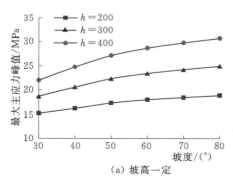
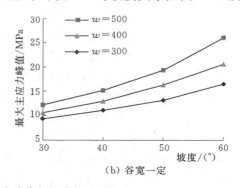

（a）坡高一定　　　　　　　　　　　（b）谷宽一定

图 3.18　谷底最大主应力峰值与坡度的关系

由图 3.18 可知，当坡高或谷宽一定时，谷底最大主应力峰值均随坡度的增加而增大，但二者变化的速率存在一定的差异。当坡高一定时，谷底最大主应力峰值与坡度变化曲线呈"上凸形"特征，表明谷底 σ_1 峰值的变化速率随着坡度的增大而减小，与此不同的是，谷宽一定时，谷底 σ_1 峰值与坡度变化曲线呈"下凹形"，这表明谷底 σ_1 峰值的变化速率随着坡度的增大而增大。此外，曲线的"上凸形"或"下凹形"特征随坡高或谷宽的增大而更加明显。鉴于谷底 σ_1 峰值与河谷坡度的分布特征，分别采用坡度的三角函数对其进行回归分析，如图 3.19 所示。

回归结果表明：当坡高一定时，谷底 σ_1 峰值与坡度正弦呈良好的线性关系，见

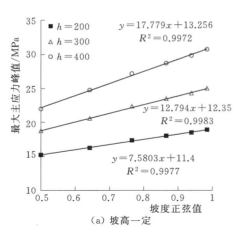
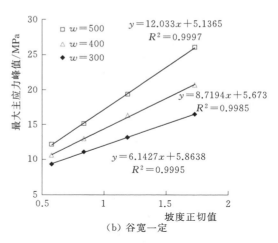

（a）坡高一定　　　　　　　　　　（b）谷宽一定

图 3.19　谷底最大主应力峰值与坡度三角函数的关系

式（3.40）；当谷宽一定时，谷底 σ_1 峰值与坡度正切呈良好的线性关系，见式（3.41）。

$$\sigma_1 = K\sin\theta + A \quad (30°{\leqslant}\theta{\leqslant}80°, R^2{\geqslant}0.9972) \tag{3.40}$$

$$\sigma_1 = K\tan\theta + B \quad (30°{\leqslant}\theta{\leqslant}60°, R^2{\geqslant}0.9985) \tag{3.41}$$

3.3.5　谷宽和坡高对地应力分布的影响

3.3.5.1　谷宽对地应力分布的影响

为研究谷宽对河谷岩体地应力场的影响，设计了 4 种谷宽，w 分别取 200m、300m、400m、500m，坡度 θ 取 30°、40°、50°及 60°。

计算结果表明，当 θ 取不同值时，同一谷宽 w 最大主应力等值线形态及主应力分布特征基本一致，且谷底应力量值和应力集中范围均随坡度增大而显著增大。

图 3.20 是坡度 θ 为 60°时不同谷宽下河谷岩体中 σ_1 与垂直埋深的变化关系。由图 3.20 可知：不同谷宽下的河谷最大主应力随垂直埋深的变化曲线形态基本一致，谷宽越大，同一埋深下的谷底 σ_1 量值也相应地越大，谷底应力集中程度显著增强；此外，在坡度一定时，谷宽越大，河谷岩体中 σ_1 的应力集中范围越大，σ_1 曲线的非线性及线性的临界拐点埋深值也越大。这主要是由于河谷开挖效应引起的，岩体应力状态影响范围主要集中在浅部，与第 3.2.1.2 节理论分析结果相吻合。

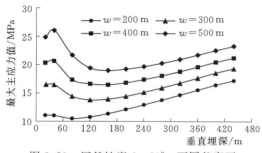

图 3.20　河谷坡度 $\theta = 60°$，不同谷宽下的河谷最大主应力与垂直埋深关系

在主应力方向的分布方面，谷坡和谷底应力状态存在明显的差异，且谷宽越大，影响的范围越大，二者差异越明显。在谷坡附近，主应力方向发生了明显的变化，σ_1 方向随着谷宽的增大其影响范围较大，并与河谷的坡面大致平行，随着水平埋深的增大，主应力方向逐渐与区域地应力场一致。在谷底，除了坡脚附近主应力方向的偏转幅度其影响范围较大外，其余部位

σ_1 方向与河谷走向基本垂直。

3.3.5.2　坡高对地应力分布的影响

为研究坡高对河谷岩体地应力场的影响，设计了 4 种坡高，h 分别取 100m、200m、300m、400m，坡度 θ 取 30°、40°、50°、60°、70° 及 80°。

本次计算中，当 θ 取不同值时，同一坡高 h 的 σ_1 等值线形态及主应力分布特征基本一致，且谷底应力量值和应力集中范围均随坡度的增大而显著增大。

图 3.21 是坡度 θ 为 80° 时不同坡高下河谷岩体中 σ_1 与垂直埋深的变化关系。由图 3.21 可知：不同坡高下的河谷最大主应力随垂直埋深的变化曲线形态基本一致，坡高越大，同一埋深下的谷底 σ_1 量值也相应地越大，谷底应力集中程度显著增强；此外，在坡度一定时，坡高越大，河谷岩体中 σ_1 应力集中范围越大，σ_1 曲线的非线性及线性临界拐点埋深值相应的往深部移动。这主要是由于河谷开挖引起的剥蚀卸荷效应，其影响范围主要集中在河谷浅部，与第 3.2.1 节理论分析结果一致。

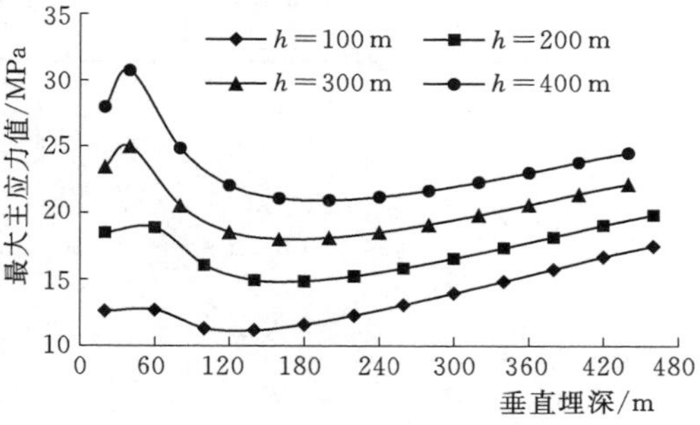

图 3.21　河谷坡度 $\theta = 80°$，不同坡高下的河谷最大主应力与垂直埋深关系

另外，在主应力方向的分布方面，谷坡和谷底应力状态存在明显的差异，且坡高越大，影响的范围越大，二者差异越明显，其随坡高的变化特征与第 3.3.5.2 节的结果相近。

3.4　工程实例

3.4.1　阿达坝区地应力场反演分析

南水北调西线工程——阿达坝区河谷为峡谷，高程 3443.2～3460.2m，相对高差 600～1000m，山顶浑圆。河流两岸坡度一般为 25°～45°，局部可达 50°，左岸较陡，沟谷形态为不对称 V 形，坝段内地形切割较深。坝段基岩岩性为中细粒花岗闪长岩，构造不发育。坝址区地层为燕山早期岩浆岩侵入三叠系侏倭组（T_3zw）中形成的中酸性—酸性岩浆岩侵入体，侵入体周围出露三叠系上统侏倭组。第四系以冲积砂砾石为主，河床覆盖层厚度 0～20m，坝肩覆盖层较薄，强、中风化带深度约 50m。

依据区域地形地貌、新构造运动形式、河谷阶地及夷平面测年等成果，将该区域新构造运动分为 4 个主要构造运动时期，相应地将坝区地层剥蚀过程分为 4 个阶段，近似模拟河谷在剥蚀卸荷过程中应力场变化特征。结合坝区地质条件及实测点的分布情况，本次计算区域为：以河谷为中心区域，垂直于河谷走向为 x 沿河谷走向为 Y 轴，竖直向上为 z 轴；x 轴、y 轴的计算范围为 2000m×1000m，z 轴方向一直延伸到自然边坡坡顶。测点平面布置见图 3.22，共划分单元 318970 个、节点 63850 个，河谷剥蚀模型如图 3.23 所示，坝区各岩层材料力学参数见表 3.2。根据钻孔岩芯完整性程度、裂隙发育状况及深度分布，优选 6 组代表性测试段作为坝区地应力场拟合目标，见表 3.3。

表 3.2　　　　　　　　　　　　　　坝 区 岩 体 力 学 参 数

类别	地质特征	密度 /(g·cm³)	变形模量 E_0/GPa	泊松比 ν	抗剪（断）强度	
					摩擦角/(°)	摩擦角/(°)
Ⅰ	新鲜花岗闪长岩	2.75	30	0.22	58.8	2.2
Ⅱ	微风化花岗闪长岩	2.65	20	0.26	54.5	1.7
Ⅲ	中风化花岗闪长岩	2.50	10	0.30	46.4	1
Ⅳ	强风化花岗闪长岩	2.35	6	0.36	33.0	0.5

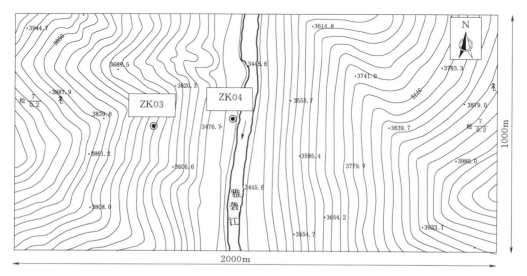

图 3.22　地应力测点平面布置图

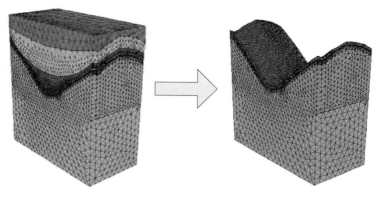

图 3.23　河谷剥蚀模型网格图

结合现场地应力实测成果，采用 FLAC³ᴰ计算程序及多元回归分析理论对坝轴，区进行回归分析。通过应力场平衡计算，得到计算坐标系下各测点的回归应力值，测点的地应力实测值与应力分量计算值及主应力值对比分别见表 3.3 和图 3.24。

表 3.3　　　　　　　测点位置地应力实测值与计算值对比

测点序号	取值类型	应力分量值/MPa						倾角及方位角/(°)			
		σ_x	σ_y	σ_z	τ_{xy}	τ_{yz}	τ_{xz}	α_1	α_2	α_3	β
1-3	实测值	4.58	3.61	3.00	0.28	0.00	0.00	—	—	—	15
	回归值	4.72	3.96	2.83	−0.13	0.41	−0.23	9.16	15.04	72.26	13.41
1-4	实测值	4.96	3.87	3.48	0.31	0.00	0.00	—	—	—	15
	回归值	5.14	3.97	3.22	−0.09	0.16	−0.43	12.42	7.98	75.19	7.82
2-2	实测值	9.62	6.67	1.65	0.85	0.00	0.00	—	—	—	79
	回归值	10.43	7.22	2.12	0.05	−0.36	−0.04	0.35	−4.05	85.95	89.04
2-3	实测值	9.86	6.68	1.78	0.92	0.00	0.00	—	—	—	79
	回归值	10.39	7.32	2.25	0.09	−0.15	0.28	−1.92	−1.83	87.31	88.36
2-4	实测值	10.38	7.32	1.90	0.89	0.00	0.00	—	—	—	79
	回归值	10.49	7.16	2.39	−0.03	−0.03	0.48	3.39	0.31	86.56	89.44
2-5	实测值	12.02	8.21	2.03	0.70	0.00	0.00	—	—	—	79
	回归值	10.56	7.08	2.47	−0.02	0.26	0.77	−5.39	3.22	83.72	89.30

注　1. $\alpha_1 \sim \alpha_3$ 分别为第一、第二、第三主应力的水平面倾角，正为上倾，负为下倾。

　　2. β 为第一水平主应力的方位角，以正北顺时针转为正。

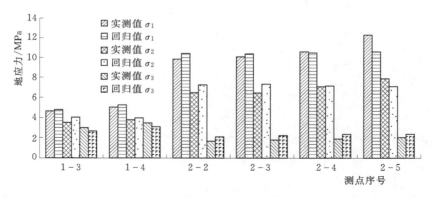

图 3.24　测点地应力实测值与回归值主应力对比直方图

由表 3.3 及图 3.24 可知，大部分测点的主应力计算值与实测值在数值上相近，且应力分量平均绝对误差为 0.46MPa，误差较小；在主应力方向上，各测点的最大水平主应力方位角与实测值吻合较好。可见，本章采用的反演方法能较好地模拟坝区地应力场的分布特征。

3.4.2　不同坡度下坝区地应力场分布特征

通过对现场测试成果和 FLAC³ᴰ 计算结果进行分析可知，阿达坝址区由于河谷坡度不同而导致了岩体在不同部位地应力场分布的差异性，具体简述如下。

3.4.2.1　两岸坡体最大主应力沿水平埋深变化规律

钻孔横剖面（$y=650\text{m}$）上的最大主应力等值线如图 3.25 所示，分别提取剖面上高程为 3655m 和 3693m 上 A～F、I～N 这 12 个点的主应力值见表 3.4。由表 3.4 可知，谷坡浅表部最大主应力值较小，且右岸大于左岸，这是由于左岸较陡，应力降低现象明显；随着水平埋深的增加，左岸的 σ_1 值大于右岸，这是由于左岸上覆岩体重力增加较快引起的；此外，高程越大，最大主应力值越小。这与数值模拟结果相吻合。

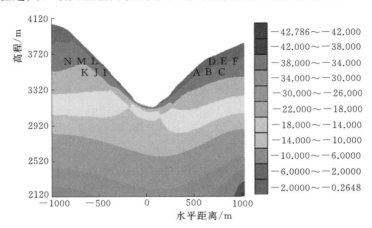

图 3.25　钻孔横剖面 σ_1 等值线图（单位：MPa）

表 3.4　　　　　　　　　高程 **3655m 和 3693m 截面坡体最大主应力计算值**

高程/m	位置	点位	水平埋深/m	最大主应力/MPa
3655	右岸	A	10	1.795
		B	30	1.848
		C	60	2.917
	左岸	I	10	1.189
		J	30	1.853
		K	60	3.483
3693	右岸	D	10	1.389
		E	30	1.693
		F	60	2.667
	左岸	L	10	0.858
		M	30	1.653
		N	60	3.201

3.4.2.2　两岸坡体最大主应力沿垂直埋深变化规律

图 3.26 是河谷两坡面上、高程为 3671m 处的岩体 σ_1 值随垂直埋深的变化曲线，由图 3.26 可知，随着垂直埋深的增大，谷坡最大主应力值逐渐增大，且右岸在浅表部最大主应力值大于左岸，当超过一定埋深后，右岸主应力值小于左岸，该分布特征与数值模拟结果相一致。

3.4.2.3　谷底岩体最大主应力沿水平埋深变化规律

图 3.27 中，谷底高程 3300m 处的岩体 σ_1 值的变化曲线从左岸向右岸穿越了河谷应

力集中区，其量值在河谷中部达到峰值，并向左右两岸以较大应力梯度降低，此后则脱离应力集中区而逐渐趋于平稳。此外，位于左岸一侧的主应力值较大，主应力曲线关于河谷中部呈现明显的不对称性。这由于坡度不同导致谷底的应力集中程度分布存在一定的差异，与上述数值模拟结果一致。

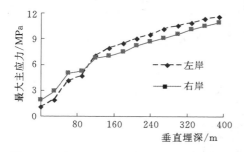

图 3.26　高程 3671m 处 σ_1 随垂直埋深变化

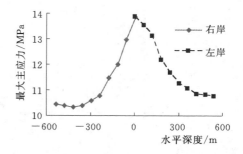

图 3.27　谷底高程 3300m 处 σ_1 随水平埋深变化

基于非连续接触模型的断层
对地应力影响研究

4.1　引言

　　断层是地壳地层中普遍存在的一种地质构造现象，是在构造应力作用下岩层发生破裂而保留下来的构造形迹。现有的研究成果表明，若岩体中存在断层等不连续面，不论其产状、形态及规模等差异，都能对其附近的地应力状态产生一定的影响，且这种影响是十分复杂的。鉴于前人在进行断层对地应力场影响的研究中，多采用有限单元法、离散元法，然而，断层不是一个简单的错动面，而是具有相对厚度的软弱断层带，且断层带和围岩之间存在明显的擦痕。为了较合理地反映断层与围岩的相互作用，党亚民等、郑勇等、雷显权等采用基于有限元法的非连续接触模型来模拟断层与地壳应力场的作用，其不足之处在于将断层及围岩视为线弹性材料，采用的弹性本构模型不能反映二者的塑性变形特征，且未系统地研究断层性质、几何形态、倾角及边界条件等因素对地壳应力场的影响。此外，鉴于现场实测资料的有限性和局限性，关于断层规模对地应力影响的定量研究鲜有涉及。

　　本章在前人研究的基础上，采用非连续接触面模型，深入研究了断层构造对地应力场分布规律的影响，为进行断层地质构造下的岩体初始应力场分布的研究提供借鉴。

4.2　非连续接触模型基本原理及对比分析

　　对于一些含有节理、断层等接触构造的岩体，这些不连续面的存在破坏了岩体的连续性，使得岩体应力场在构造附近发生显著地变化。为了合理地反映这些不连续面的影响，采用接触面单元对其进行描述，构建非连续接触面模型，并将非连续接触面模型与连续接触模型进行对比，进一步说明了将非连续接触面模型应用于不连续面模拟时的合理性及有效性。

4.2.1　计算原理

　　接触面单元是由含 3 节点的三角形单元组成的。通过将三角形面积分配到每个节点中去，每个节点都有一个相关的表示面积，且任何一个四边形面积都可用两个三角形接触面单元来定义，并在接触面单元的顶点生成节点。当另一个网格面和接触面单元相互连接时，接触面节点就会自动产生。接触面单元及节点及其所表示的面积如图 4.1 所示。

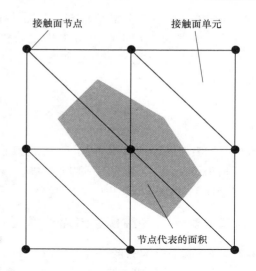

图 4.1 接触面节点及其相关面积分布示意图（据陈育民等）

值得说明的是，接触面是单面的，能够在指定面上进行拉伸，从而导致接触面和与之相连的其他任何面相互刺入变得较为敏感。在每一时步计算过程中，首先获得接触面节点和实体单元外表面（目标面）的绝对法向刺入量和相对剪切速度，然后利用接触面的本构模型来计算法向力和剪切力。当接触面处于弹性阶段时，$t+\Delta t$ 时刻下的接触面法向应力 $F_n^{(t+\Delta t)}$ 及剪切力 $F_{si}^{(t+\Delta t)}$ 为

$$F_n^{(t+\Delta t)} = k_n u_n A + \sigma_n A \qquad (4.1)$$

$$F_{si}^{(t+\Delta t)} = F_{si}^t + k_s \Delta u_{si}^{(t+0.5\Delta t)} A + \sigma_{si} A \qquad (4.2)$$

式中：u_n 为接触面节点贯入到目标面的法向绝对位移；Δu_{si} 为相对剪切位移增量矢量；σ_n 为接触面初始化引起的附加法向应力；k_n、k_s 分别为接触面单元的法向刚度和切向刚度；A 为接触面节点的代表面积。

图 4.2 是接触面单元计算原理示意图，当接触面发生相对滑动时，可以根据库仑抗剪强度准则计算接触面滑动时所需的最大切向应力 F_{smax}，即有

$$F_{smax} = c_{fi} A + \tan\varphi_{fi}(F_n - uA) \qquad (4.3)$$

式中：c_{fi} 为接触面的黏聚力；φ_{fi} 为接触面内摩擦角；u 为孔隙压力。

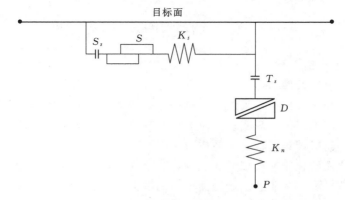

图 4.2 接触面单元计算原理示意图（据陈育民等）

S—滑块；D—膨胀角；T_s—抗拉强度；S_s—抗剪强度；K_n—法向刚度；K_s—剪切刚度

由英尔-库仑滑动准则可知，当接触面上的剪应力满足 $|F_s| < F_{s\max}$ 时，接触面处于弹性状态；当接触面上的剪应力满足 $|F_s| = F_{s\max}$ 时，接触面处于塑性状态；当发生滑动时，接触面上的剪应力保持不变 $|F_s| = F_{s\max}$，但剪切位移会引起有效的法向应力增加，即有

$$\sigma_n' = \sigma_n + \frac{(|F_s|_o - F_{s\max})k_n}{k_s A}\tan\psi \tag{4.4}$$

式中：ψ 为接触面的膨胀角；$|F_s|_o$ 为修正前的剪应力。

值得说明的是，若接触面上的拉应力超过了接触面的抗拉强度，接触面发生破坏，那么接触面伤的剪应力及法向应力变为 0。

4.2.2　非连续接触模型与连续模型对比分析

4.2.2.1　网格模型的差异

与连续模型相比，非连续接触模型考虑了围岩与断层带之间的不连续运动接触关系，通过接触单元将断层带与围岩联系起来，使得二者在接触位置可以发生不连续错动，这与现实中的断层运动特征相吻合，如图 4.3（a）所示；然而，对于连续模型，由于断层带与围岩在结合处具有公共节点，因此，二者之间会产生相应的变形但不会发生错动，如图 4.3（b）所示。

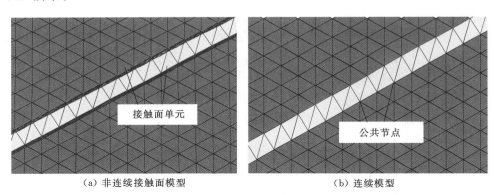

（a）非连续接触面模型　　　　　　　　　　　　（b）连续模型

图 4.3　非连续接触模型与连续模型网格示意图

4.2.2.2　地应力分布的差异

在模型参数和边界条件均不变的情况下，分别对连续模型和非连续接触面模型进行计算。数值计算结果表明，无论是采用连续模型还是非连续模型，断层带及围岩周围的应力状态具有以下共性：①端部出现明显的应力集中现象；②弱化了断层带端部局部区域内的最大主应力值；③断层带具有较高的剪应力。

图 4.4 是连续模型和非连续接触面模型计算获得的最大主应力和剪应力云图。通过对比两模型的计算结果可知，非连续接触面模型的端部及附近的最大主应力及剪应力明显大于连续接触面模型的计算结果，即非连续接触面模型比连续模型更加突出了断层对其附近地应力状态的影响作用。可见，非连续接触面模型能较好地模拟断层带对其附近地应力的

影响，克服了连续模型单独使用软弱带模拟断层而不考虑其错动所引起的"应力削弱"问题。

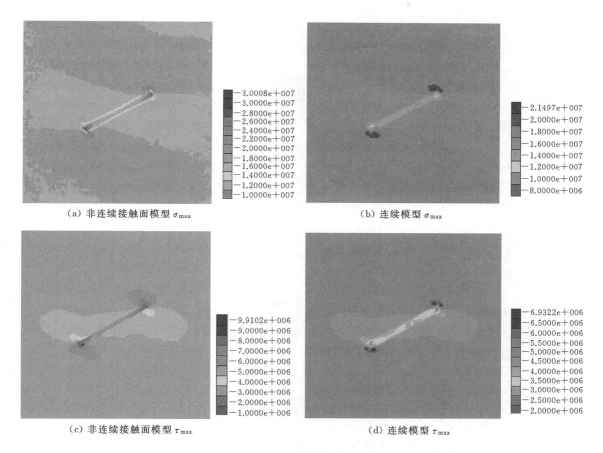

（a）非连续接触面模型 σ_{max} （b）连续模型 σ_{max}

（c）非连续接触面模型 τ_{max} （d）连续模型 τ_{max}

图 4.4　非连续接触面模型与连续模型对应的最大主应力及剪应力云图

4.2.2.3　断层带走滑变形特征的差别

在野外观察时，常常可以看到断层带两侧出现不规则的"擦痕"及"阶步"，这是由断层带与围岩之间发生不连续错动引起的。在数值模拟过程中，断层的走滑量可以通过计算断层两侧与其接触的围岩单元节点在断层走滑方向上的位移来反映，同时依据断层与位移关系来推测断层的走滑性质。雷显权等曾采用有限元方法模拟了连续模型和非连续接触模型断层走滑方向上的位移沿垂直于断层测线的变化关系，如图 4.5 所示。由图 4.5 可知，两种模型均反映出断层发生了左旋走滑作用，但二者的走滑量值相差较大，如非连续模型断层走滑量为 1.73cm，而连续模型的走滑量仅为 0.32cm。值得注意的是，非连续接触模型中的断层走滑量主要是由不连续错动引起的，而连续模型的断层带仅有连续变形部分，不包含错动部分。该模拟结果与上述计算结果在规律上较一致。可见，非连续接触面模型通过接触单元合理地反映了断层带与地层的相互错动关系，进一步表明采用该模型模拟断层的合理性。

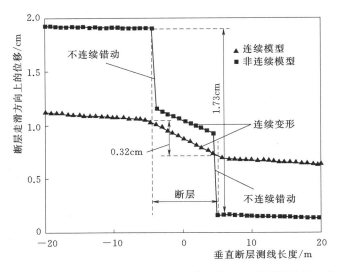

图 4.5　不同模型下断层走滑方向上位移沿垂直断层测线的变化

（据雷显权等，有修改）

4.3　断层构造对地应力场影响的数值模拟分析

4.3.1　基本假设

为了研究断层构造对地应力场的影响，作出以下假设：①岩石为均匀各向同性材料；②断层为完全弹性材料；③断层带与岩体依靠不连续接触面衔接；④测量到的应力为受断裂影响而产生的局部应力；⑤边界应力为区域应力，作用方向垂直于边界；⑥断层仅仅受到现代构造应力场作用、古构造应力场对断层产生的残余应力忽略不计。

4.3.2　模型的建立及边界条件

采用二维平面模型，模型为长、宽均为 5km；在模型中考虑一条独立的"非贯通型断层"，断层带长、宽分别为 2km 和 100m。采用弱介质法描述断层，即把断层用力学性质相对于周围岩体较低、可塑性较强的岩石代替。有限差分模型如图 4.6 所示。区域最大主应力 σ_1 方向为东西向，最小主应力 σ_2 方向为南北向，且 $\sigma_1=16\text{MPa}$，$\sigma_2=10\text{MPa}$，模型的右边界及底部约束，岩体和断层力学参数见表 4.1、表 4.2。过断层中点及两侧垂直于断层布置 3 条检测线，沿着断层走向布置 2 条检测线，如图 4.7 所示，计算结束后沿检测线采集有关数据进行分析。

表 4.1　　　　　　　　　　　　　　岩性及断层物理力学性质

岩性描述	容重/(kg/m³)	弹性模量/GPa	泊松比	黏聚力/MPa	内摩擦角/(°)
岩体	2650	20	0.26	1.7	54.5
断层	2350	3	0.35	0.1	20

表 4.2　　　　　　　　　　　　　　　接触面物理力学性质

法向刚度/GPa	切线刚度/GPa	黏聚力/MPa	内摩擦角/(°)
3	1.5	0.05	15

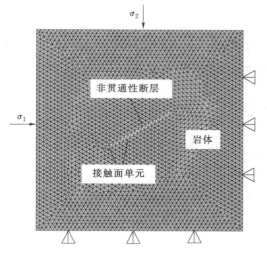
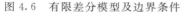

图 4.6　有限差分模型及边界条件

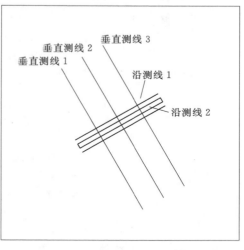

图 4.7　模型的几何形状及检测线

4.3.3　数值模拟方案

为了研究断层附近地应力变化规律，引起断层附近地应力场变化的因素及其对地应力影响的幅度。通过依次改变以下因素来进行研究：①断层弹性模量；②断层泊松比；③断层的黏聚力；④断层的内摩擦角；⑤断层规模；⑥断层的走向与区域最大水平主应力的夹角；⑦边界应力比；⑧断层几何形态。

在工程及实验常见的范围内选取不同的参数值：断层弹性模量研究范围为 0.5～15GPa，断层泊松比为 0.27～0.39，断层的黏聚力为 0.05～5.0MPa，断层的内摩擦角为5°～40°，断层的走向与区域最大水平主应力的夹角为 0°～90°，边界应力比为 1～2；岩体弹性模量为 5～100GPa，岩体泊松比为 0.15～0.30，岩体黏聚力为 0.2～50MPa，岩体内摩擦角为 20°～80°。

4.3.4　主要影响因素分析

野外地质观察表明，断层不是一个简单的错动面，而是一个相对围岩稍弱的断层带，断层带和围岩之间通过接触面衔接。因此，断层运动所引起其附近应力场的变化不仅与外界荷载条件有关，而且也受到断层自身及围岩物理力学性质的影响。本节主要从影响断层附近地应力场分布的主要因素出发，系统地分析了各因素对断层的影响，这对于探讨断层附近地应力的变化及机理具有显著的意义。

4.3.4.1　断层力学性质的影响

1. 断层弹性模量

假定区域主应力 $\sigma_1 = 16$MPa，$\sigma_2 = 10$MPa，区域最大主应力与断层夹角为 30°，岩石和接触面力学性质及断层泊松比、黏聚力和内摩擦角保持不变，分析断层弹性模量对断层附近地应力的影响。计算结果表明，随着断层弹性模量的增大，断层端部应力集中减小，断层附近最大主应力和剪应力也减小，且变化幅度较大（见图 4.8）。此外，断层附近地应力方向受扰动范围和偏离幅度也随断层弹性模量的增大而减小。可见，断层弹性模量是影响地应力的敏感因素。

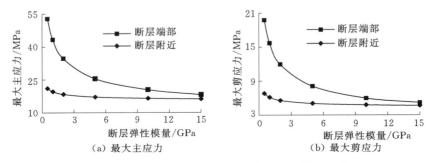

（a）最大主应力　　　　　　　　　　（b）最大剪应力

图 4.8　断层端部及附近地应力与断层弹性模量的关系

2. 断层泊松比

假定区域 $\sigma_1 = 16\text{MPa}$，$\sigma_2 = 10\text{MPa}$，区域最大主应力与断层夹角为 $30°$，岩石和接触面力学性质保持不变，断层弹性模量为 3GPa，分别分析泊松比为 0.27、0.3、0.33、0.36 及 0.39 时断层附近地应力的变化。结果表明，随着断层泊松比的增大，断层端部应力集中减小，断层附近最大主应力及剪应力也相应减小，但变化幅度较小（见图 4.9）。可见，断层泊松比不是影响地应力的敏感因素。

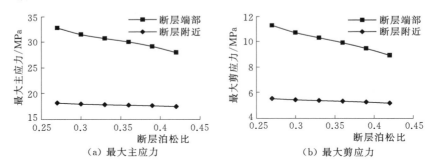

（a）最大主应力　　　　　　　　　　（b）最大剪应力

图 4.9　断层端部及附近地应力与断层泊松比的关系

3. 断层内摩擦角

分析结果表明，与其他影响因素相比，断层内摩擦角对断层附近地应力的影响较大。当内摩擦角小于 $15°$ 时，随着断层内摩擦角的增大，断层端部及附近主应力、剪应力值均减小，且变化幅度较大；当内摩擦角大于 $15°$ 时，随着断层内摩擦角的增大，断层附近主应力及应力集中现象不明显，主应力及剪应力值基本不变（见图 4.10）。可见，断层内摩擦角（$15°$ 以内）是影响地应力的敏感因素。

4. 断层黏聚力

数值模拟结果表明，断层的黏聚力对断层附近地应力的大小和方向影响较小，随着黏

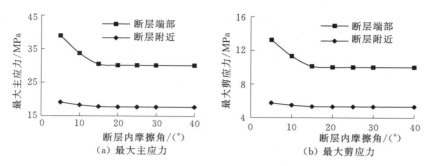

图 4.10　断层附近地应力与断层内摩擦角的关系

聚力的增大,断层附近最大主应力和剪应力变化幅度较小,即断层黏聚力不是影响地应力的敏感因素。

4.3.4.2　岩石力学性质的影响

1. 岩石弹性模量

假定区域最大主应力 $\sigma_1 = 16\text{MPa}$,最小主应力 $\sigma_2 = 10\text{MPa}$,区域最大主应力与断层夹角为 $30°$,断层力学性质、接触面力学性质及岩石泊松比、黏聚力和内摩擦角保持不变,分析岩石弹性模量对断层附近地应力的影响。数值计算结果表明,随着岩石弹性模量的增大,断层附近的应力集中明显加大;断层端部及附近的最大主应力和剪应力值也增大(见图 4.11)。进一步研究表明,地应力方向受扰动的范围和偏离的幅度也随着岩体弹性模量的增大而变大。可见,岩石弹性模量是影响地应力的敏感因素。

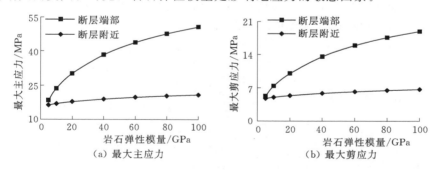

图 4.11　断层附近地应力与岩石弹性模量的关系

2. 岩石泊松比

类似地,通过改变岩石泊松比来分析其对断层附近地应力的影响。结果表明,当岩石泊松比为 $0.1 \sim 0.4$ 时,断层端部最大主应力为 $28.96 \sim 32.33\text{MPa}$,断层附近的最大主应力值为 $17.58 \sim 18.07\text{MPa}$,变化幅度较小(见图 4.12)。可见,岩石泊松比不是影响地应力的敏感因素。

3. 岩石内摩擦角

分析结果表明,岩石的内摩擦角($15° \sim 25°$)对

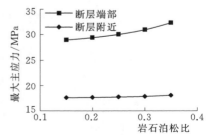

图 4.12　断层附近及端部主地应力
与岩石泊松比的关系

断裂附近应力的变化有一定影响，断层端部及附近的最大主应力、剪应力均随着岩石内摩擦角的增大而增大，见图 4.13。值得说明的是，断层附近的最大主应力变化幅度较小，主应力量值为 17.52～17.74MPa。当超过 25°时，断层端部及附近地应力基本不变化。

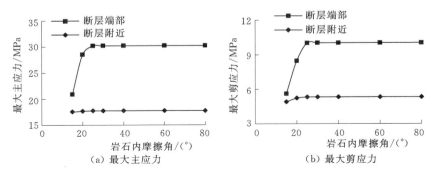

（a）最大主应力　　　　　（b）最大剪应力

图 4.13　断层附近地应力与岩石内摩擦角的关系

4. 岩石黏聚力

随着黏聚力的增大，断裂附近最大主应力及剪应力的量值略微增加，且当黏聚力较大（大于 2MPa）时，主应力量值随黏聚力的增加基本不变。

4.3.4.3　断层性质及产状的影响

1. 断层与区域最大主应力方向夹角

假定区域最大主应力 $\sigma_1 = 16\text{MPa}$，最小主应力 $\sigma_2 = 10\text{MPa}$，断层及岩石的力学性质、接触面力学性质均保持不变，分别分析断层与区域最大主应力方向夹角 $\theta = 0°$、15°、30°、45°、60°、75° 及 90°时断层附近地应力的变化。

研究结果表明，当夹角 $\theta < 45°$时，随着 θ 的增加，断层附近最大水平主应力值增大，断层端部的应力集中程度也加大，且变化的幅度较大；当 $\theta > 45°$时，随着 θ 的增加，断层附近最大水平主应力值减小，断层端部的应力集中程度也减小，但变化的幅度较小（见图 4.14）。此外，断层端部和附近应力方向随着 θ 的变化而极其复杂。

2. 断层倾角

以正断层和逆断层为例，研究断层倾角对断层附近地应力的影响。在埋深 1000m 状态下建立的断层模型长×宽×高＝100m×50m×80m，计算模型网格划分及施加作用力如图 4.15 所示。令 $\sigma_1 = 26\text{MPa}$，

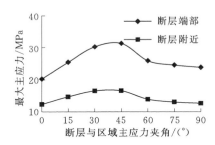

图 4.14　断层附近地应力与断层与区域最大主应力方向夹角之间的关系

$\sigma_2 = 20\text{MPa}$，$\sigma_3 = 16\text{MPa}$，计算中采用的岩性及接触面力学参数取值见表 4.3、表 4.4。

表 4.3　　　　　　　　　　　　　岩性及断层物理力学性质

分区	岩性描述	容重/(kg/m³)	弹性模量/GPa	泊松比	黏聚力/MPa	内摩擦角/(°)
1	断层破碎带	2350	3	0.35	0.1	20
2	花岗闪长岩	2650	20	0.26	1.7	54.5

注　岩性参数来源于南水北调西线工程泥曲河—杜柯河段。

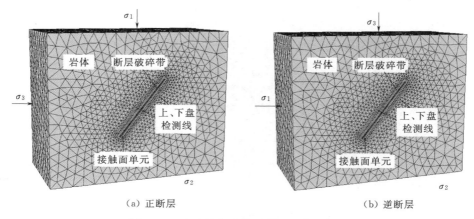

（a）正断层　　　　　　　　　　　　　　　（b）逆断层

图 4.15　非连续接触模型有限差分网格图

表 4.4　　　　　　　　　　　　　　　接触面模型力学参数表

参数	法向刚度/GPa	切向刚度/GPa	内摩擦角/(°)	黏聚力/MPa
取值	2	1	15	0.05

　　结合断层在一般情况下的分布特征，取正断层倾角分别为 $40°\sim80°$、逆断层倾角分别为 $10°\sim50°$，研究断层倾角变化时的地应力变化特征。研究结果表明，随着正断层的倾角增大，断层的端部最大主应力及剪应力减小（见图 4.16 和图 4.17）；与此不同的是，随着逆断层的倾角增大，断层的端部最大主应力及剪应力增大（见图 4.18 和图 4.19），这主要是由于二者的受力状态不同引起的。

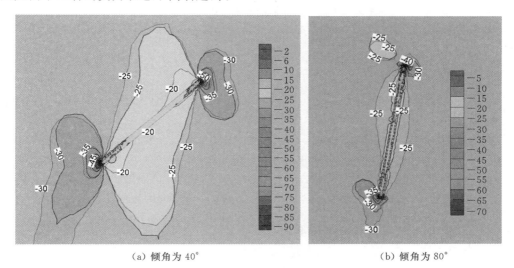

（a）倾角为 $40°$　　　　　　　　　　　　（b）倾角为 $80°$

图 4.16　正断层倾角为 $40°$、$80°$时的最大主应力等值线图（单位：MPa）

3. 垂直断层走向的地应力变化

　　图 4.20 为垂直断层走向的最大主应力及剪应力随断层距离的变化关系。由图 4.20 可知，断层中部应力值较低，随着远离断层，最大主应力及剪应力值逐渐增大，并与区域应

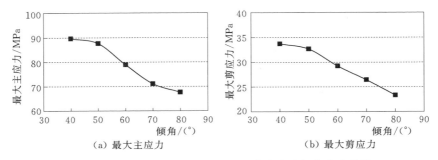

图 4.17　正断层端部最大主应力、剪应力随倾角变化曲线

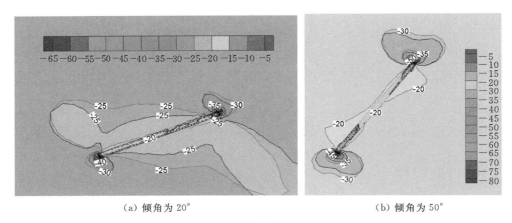

（a）倾角为 20°　　　　　　　　　　　　（b）倾角为 50°

图 4.18　逆断层倾角为 20°、50°时的最大主应力等值线图（单位：MPa）

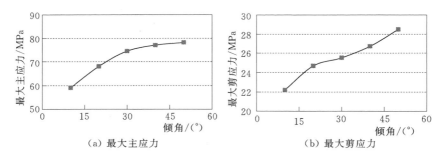

图 4.19　逆断层端部最大主应力、剪应力随倾角变化曲线

力场趋于一致。可见，断层附近的中部为弱地应力区，端部为应力集中区，远离断层逐渐与区域应力场一致。

　　4. 断层的性质

　　图 4.21 为沿断层走向的正断层和逆断层两盘最大差应力随断层距离的变化关系。由图 4.21 可知，正断层上盘最大主应力要小于下盘，当超过一定埋深时，正断层上盘最大主应力要大于下盘；此外，倾角越大，正断层两盘主应力差越小。

　　与此不同的是，逆断层上盘最大主应力要大于下盘，当超过一定垂直埋深时，逆断层

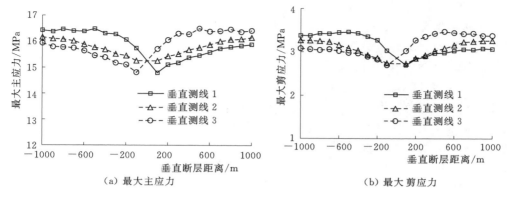

（a）最大主应力　　　　　　　　　（b）最大剪应力

图 4.20　垂直断层走向的最大主应力及剪应力随断层距离的变化

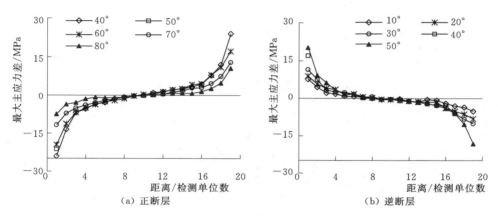

（a）正断层　　　　　　　　　　（b）逆断层

图 4.21　沿侧线方向不同类型断层上、下盘最大主应力差与断层距离的变化曲线

上盘最大主应力要小于下盘；此外，倾角越大，逆断层两盘的最大主应力差越大。可见，正断层和逆断层的变化特征几乎相反，这主要是由于二者的运动状态相反，且所处的应力状态不同引起的。此外，在边界应力不变的情况下，正断层两盘的主应力差值及端部主应力要高于逆断层，如图 4.22 所示。

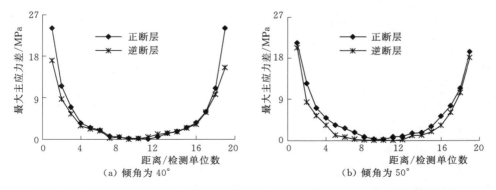

（a）倾角为 40°　　　　　　　　　（b）倾角为 50°

图 4.22　不同角度下的正、逆断层两盘最大主应力差的绝对值与断层距离的变化

4.3.4.4　断层几何形态的影响

在大多数情况下，地壳中的断层常呈折线状或不规则的弧形。因此，研究断层几何形态对其附近地应力场的影响具有重要意义。本节通过对弧形断层和折线断层进行分析，研究断层几何形态对应力场的影响。

1. 弧形断层

弧形断层圆心角 α 为 90°时的几何模型如图 4.23 所示，在弦长不变的情况下，通过改变圆心角 α 来研究断层弧度对断层地应力的影响。假定区域最大主应力 $\sigma_1 = 16$MPa，最小主应力 $\sigma_2 = 10$MPa，断层及岩石的力学性质、接触面力学性质均保持不变，分别分析圆心角 α 为 60°、90°、120°、150°及 180°时断层附近地应力的变化。研究结果表明：当圆心角 $\alpha < 90°$时，随着 α 增加，断层附近最大主应力增大，断层端部的应力集中程度也加大，但变化速率较小；当 $\alpha > 90°$时，随着 α 的增加，断层附近最大主应力减小，断层端部的应力集中程度也减小，且变化速率较大（见图 4.24、图 4.25）。此外，随着 α 的变化，断层端部和附近应力方向变化极其复杂。

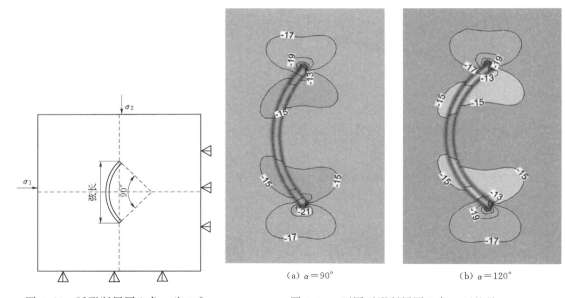

图 4.23　弧形断层圆心角 α 为 90°
时的示意图

(a) $\alpha = 90°$　　　　　　(b) $\alpha = 120°$

图 4.24　不同弧形断层圆心角 α 下的最
大主应力等值线图（单位：MPa）

2. 折线断层

图 4.26 为折线断层与最大主应力方向夹角 β 分别为 15°、45°及 60°时的示意图。假定区域 $\sigma_1 = 16$MPa，$\sigma_2 = 10$MPa，断层及岩石的力学性质、接触面力学性质均保持不变，分别分析夹角为 15°、45°及 60°时的断层附近地应力变化特征。分析结果表明，断层不同段的走向与区域最大水平主应力方向的夹角 β 较大时，断层附近的最大主应力集中程度较大，最大主应力在 β 较小段附近集中程度较小（见图 4.27）。此外，最大主应力方向在端部和几何拐点处均发生较大幅度的变化（见图 4.28），而远离断层时的最大主应力方向逐渐与区域应力场方向一致。

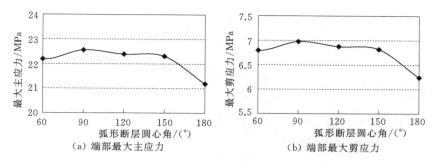

（a）端部最大主应力　　　　　　　（b）端部最大剪应力

图 4.25　弧形断层端部最大主应力及剪应力随圆心角 α 的变化关系

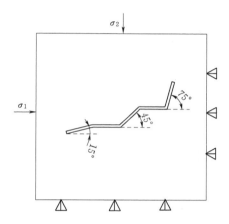

图 4.26　折线断层与最大主应力方向
夹角 β 变化时的示意图

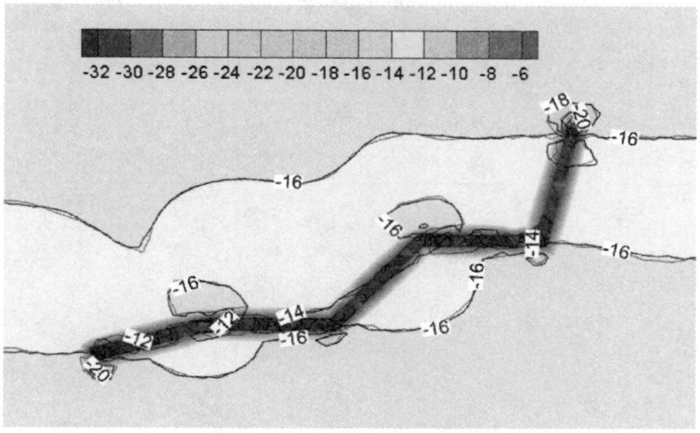

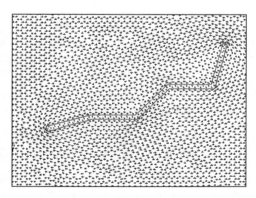

图 4.27　折线断层附近的最大主应力
等值线图（单位：MPa）

4.3.4.5　断层规模的影响

断层对地应力的影响与断层规模有关，据 Zoback 等、李方全等统计结果可知，郯庐断裂带规模较大，其长度约为 San Andreas 的 3 倍，郯庐断裂在距其 100km 的地区剪应力趋于稳定，而 San Andreas 断裂在距其 15～20km 之外，其剪应力已基本不变。基于此，本节讨论了断层长度、宽度对断层附近地应力的影响，并提出了采用"断层面积"来定量衡量断层规模具有显著的意义。

假定区域 $\sigma_1=16\text{MPa}$，$\sigma_2=10\text{MPa}$，断层

图 4.28　折线断层附近的主应力矢量图

及岩石的力学性质、接触面力学性质均保持不变，分别分析当断层宽度或长度不变时的断层附近地应力变化特征。

（1）当断层宽度 $w=100\text{m}$，断层长度 l 分别取 500m、1000m、1500m、2000m、2500m、3000m、4000m 时，分析断层长度对断层附近地应力变化特征。

图 4.29 为断层宽度 $w=100\mathrm{m}$、断层长度 l 分别为 1000m、2000m、3000m 时其附近最大主应力等值线图。由图 4.29 可知，当断层宽度一定时，断层长度越大，断层端部及其附近的应力量值越大，断层附近受影响的范围越大。

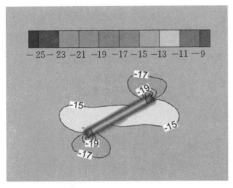

(a) $l=1000\mathrm{m}$ (b) $l=2000\mathrm{m}$

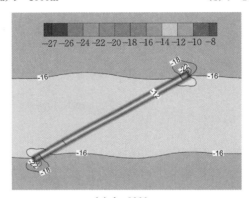

(c) $l=3000\mathrm{m}$

图 4.29　断层宽度 $w=100\mathrm{m}$、断层长度 l 变化时其附近最大
主应力等值线图（单位：MPa）

（2）当断层长度 $l=2000\mathrm{m}$，断层宽度 w 分别取 50m、100m、150m、200m、250m、300m、400m，研究断层宽度对断层附近地应力变化特征。

图 4.30 为断层长度 l 取 2000m、断层宽度 w 分别为 50m、100m、200m 时其附近最大主应力等值线图。分析结果表明，当断层长度一定时，断层宽度越大，断层端部及其附近的应力量值越大，断层附近受影响的范围越明显。

（3）既然断层长度 l 与宽度 w 均与断层附近地应力量值及影响范围呈明显的正相关关系，那么断层面积 $A(A=wl)$ 也应对断层附近地应力分布产生影响。

图 4.31 为断层端部最大主应力及剪应力与断层面积的变化关系，由图 4.31 可知，断层端部最大主应力和剪应力与断层的面积近似呈线性增长关系，线性相关系数接近 1。可见，用断层的面积来定量描述断层规模对地应力的影响具有可靠的意义。进一步分析表明，随着断层规模（断层面积）的加大，断层附近地应力场的扰动范围明显增加，断层端部的应力集中程度及量值显著增大。

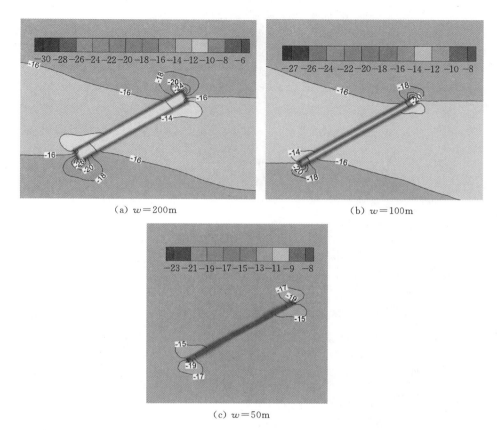

（a）$w=200\mathrm{m}$　　（b）$w=100\mathrm{m}$

（c）$w=50\mathrm{m}$

图 4.30　断层长度 $l=2000\mathrm{m}$、断层宽度 w 变化时其附近
最大主应力等值线图（单位：MPa）

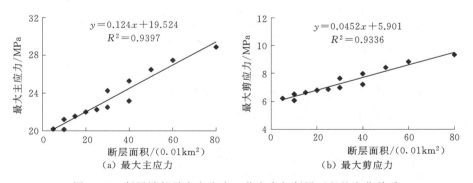

（a）最大主应力　　（b）最大剪应力

图 4.31　断层端部最大主应力、剪应力与断层面积的变化关系

4.3.4.6　边界条件的影响

假定 $\sigma_2=10\mathrm{MPa}$，断层及岩石的力学性质、接触面力学性质均保持不变，最大主应力 $\sigma_1=16\mathrm{MPa}$，分析边界应力比 $k(k=\sigma_1/\sigma_2)$ 从 1.0 增大到 2.0 时断层附近主应力及剪应力的变化特征（见图 4.32）。数值模拟结果表明，随着 k 值增大，断层端部的应力集中程度和断层附近的最大主应力及剪应力均变大，且变化幅度较大。此外，最大主应力及剪

应力随 k 值的变化近似呈线性关系。保持 k 值不变，同比例增大边界应力也有相同的结论。

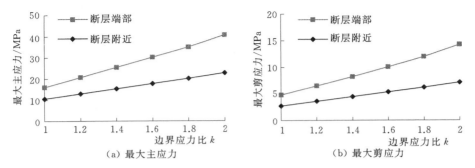

（a）最大主应力　　　　　　　　　　　（b）最大剪应力

图 4.32　断层端部及附近最大主应力、剪应力随边界应力比 k 的变化关系

4.4　工程实例

为了解输水线路地应力的分布情况，中国科学院武汉岩土力学研究所于 2004 年 5 月 20 日至 10 月 5 日对达贾线路上勘探孔 XLZK04 采用水压致裂法进行了现场地应力试验，确定了线路测试孔地应力的大小和方向。鉴于输水线路区域存在噶那嘿—塔玛波纳断层（F_1），其对地应力的分布特征会产生一定的影响，为此，需要建立数值计算模型，在现有地应力数据的基础上采用反演方法来确定断层附近地应力的变化特征，从而为输水线路断层附近地应力的分布特征提高借鉴。

4.4.1　达曲河—泥曲河段模型的建立及边界条件

XLZK04 线路孔位于达曲—上杜柯段、达曲河—泥曲河段，区内出露地层有三叠系、第三系、第四系及少量岩浆岩。三叠系属两个地层单元，其中巴颜喀拉地层分区主要为中统甘德组（T_2g）和上统巴颜喀拉群下岩组（T_3by_1）。T_2g 在线路区自南向北分布广泛，为一套稳定的浅变质长石砂岩夹少量板岩，T_3by_1 为泥质碎屑岩系，岩性以板岩为主，砂岩次之，夹少量不纯灰岩。第四系，分布于河流沟谷及河床漫滩、阶地上。线路区跨越巴颜喀拉褶皱系中巴断褶带和南巴复向斜带总体构造方向为 NW～SE 向。线路区主要断层为噶那嘿—塔玛波纳断层（F_1），倾向约 230°，倾角 65°，断层带宽约 50m，并见有 15m 宽的糜棱岩带，糜棱岩中见硅化灰岩挤压凸镜体，且有擦痕，带内岩石强烈片理化，方解石脉发育。该断层具有明显的压扭性特征，断层线呈舒缓波状弯曲，断层南西盘向北斜冲。该断层对区内沉积建造、岩浆活动具有一定的控制作用，经历了前期张性和后期压扭性的构造转化，其构造特征非常复杂。

达曲河—泥曲河段计算坐标系以实际大地坐标（666298.41，3577579.97，0）为坐标原点，x 轴正向为 N66°E，y 轴正向为 N24°W，z 轴方向为铅直向上。结合线路孔附近地质条件及实测点分布情况，为消除人工边界误差在重要结构部位的影响，确定计算区域为：在平面上，x 轴、y 轴的计算范围为 5000m×5000m；在铅直方向，模型高 2000m。

为了便于反演，在建立计算模型时主要考虑了 F_1 断层影响，忽略局部地质构造作用。岩体力学参数取值见表4.5、表4.6。

表4.5　　　　　　　　　　　　　　　泥曲河—杜柯河段计算参数表

分区	岩性描述	容重/(kg/m³)	弹性模量/GPa	泊松比	黏聚力/MPa	内摩擦角/(°)
1	断层破碎带	2450	3	0.3	0.4	38
2	砂板岩	2580	10	0.26	1.0	43

表4.6　　　　　　　　　　　　　　　接触面模型力学参数表

参数	法向刚度/GPa	切向刚度/GPa	内摩擦角/(°)	黏聚力/MPa
取值	2	1	15	0.05

在地表及钻孔测试点处剖分较细，在模型中下部即远离线路孔部位网格剖分比较粗，计算中采用 Mohr-Columb 本构，共划分四面体单元 405850 个，节点 81008 个（见图4.33）。为了便于对计算结果进行描述，沿断层走向横剖面上设置了 5 条检测线（见图4.34），研究地应力随深度变化的分布特征。

计算模型的边界条件确定：主要考虑重力作用，同时在 XZ 面（$Y=0$）及 YZ 面（$X=0$）上施加均匀法向压应变，底部和其他两个侧面施加法向约束。

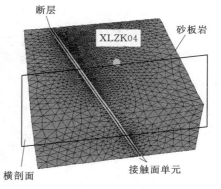

图4.33　非连续接触模型有限差分网格图

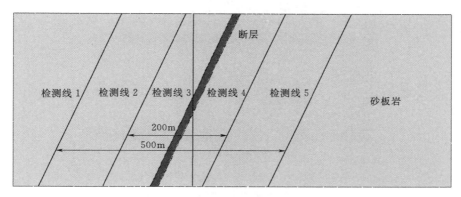

图4.34　沿断层走向横剖面上的检测线分布图

4.4.2　计算结果分析

按照上述边界条件计算得到的应力场和应变场为输水线路勘探孔 XLZK04 附近的地应力场和应变场。计算地应力场时，不断调整法向压应变的大小，并将其施加到模型进行正算，直到钻孔埋深 450m 处的应力和该点实测的水平主应力相符为止。线路孔 XLZK04 在埋深 450m 处的计算值与实测值对比见表4.7。

表 4.7　　　　　　　　钻孔埋深 450m 处的主应力计算值及实测值对比表

比较项	最大水平主应力/MPa	最小水平应力/MPa	垂直应力/MPa	主方向	应变 ε/(×10⁻⁵)	
					XZ 面	YZ 面
实测值	17.38	11.27	11.23	NE66°	—	—
计算值	18.57	11.79	10.66	NE65°		
边界条件	—	—	—	NE66°	2.016	67.44

图 4.35 为垂直断层走向的横剖面上最大主应力、中间主应力及最小主应力等值线图，图 4.36 为该横剖面上测线 3 的上、下盘主应力随埋深的分布规律。由图 4.36 可知，该区域断层上盘和下盘地应力分布存在一定的差异，上盘最大、最小主应力均小于下盘，且上、下盘主应力分布不同。这表明，断层的存在破坏了岩体的连续性，导致断层破碎带及附近应力值较小，且上下盘分别位于不同的应力场。进一步分析表明，上盘位于局部应力场，下盘位于区域地应力场。

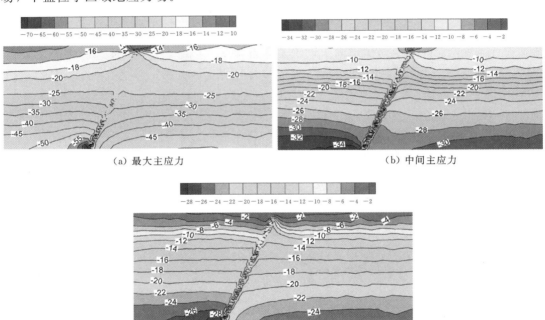

（a）最大主应力　　　　　　　　　　　（b）中间主应力

（c）最小主应力

图 4.35　沿横剖面上测线 3 的主应力等值线图（单位：MPa）

图 4.37 为横剖面上测线 1 及测线 5 的上、下盘主应力随埋深的分布规律。由图 4.37 可知，在水平距离断层 500m 的情况下，随着埋深的增加而增大，最大、最小主应力均增大，且断层上盘的主应力要小于下盘，当超过一定埋深后，断层上盘的主应力明显高于下盘，且差距逐渐增大，这主要是由于断层上盘在深部位置出现应力集中现象。此外，侧压力系数随着埋深增大而减小，当超过一定埋深后，侧压力系数增大较小，基本位于 2.0 左右，且上、下盘曲线基本重合，这表明距离断层 500m 时断层上、下盘应力场受断层局部影响较小。

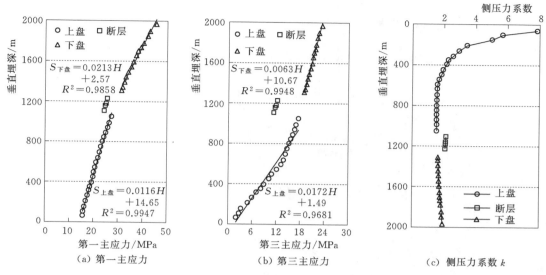

图 4.36 沿横剖面上测线 3 的上、下盘主应力随埋深的分布规律

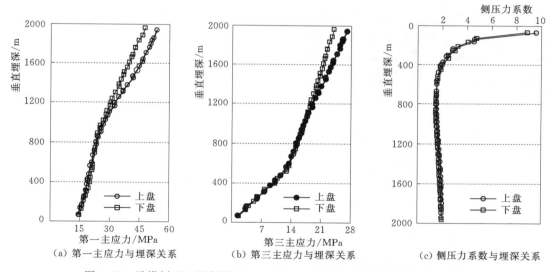

图 4.37 沿横剖面上距断层 500m 时的上、下盘主应力随埋深的分布规律

图 4.38 为横剖面上测线 2 及测线 4 的上、下盘主应力随埋深的分布规律。由图 4.38 可知，在水平距离断层 200m 的情况下，上、下盘主应力随深度的变化与图 4.37 相似，但两盘的主应力差异较明显，这主要是受断层局部影响导致上盘深部应力集中现象明显，此外，侧压力系数随着埋深增大而减小，当超过一定埋深后，侧压力系数增大较小，基本上位于 2.0 左右，且上下盘数值相差较小。

由此可见，断层的存在不仅弱化了断层附近地应力量值，而且造成了断层上、下盘应力场的差异性，比如在线路孔 XLZK04 附近，断层上盘位于局部应力场，而下盘位于区

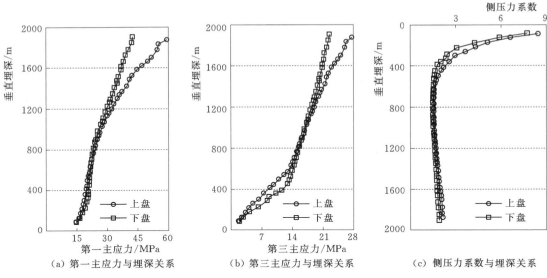

（a）第一主应力与埋深关系　　　（b）第三主应力与埋深关系　　　（c）侧压力系数与埋深关系

图 4.38　沿横剖面上距断层 200m 时的上、下盘主应力随埋深的分布规律

域应力场，这种差异性与马启超的研究结论一致。对比图 4.37、图 4.38 可知，远离断层区域，两盘主应力差异明显减小，且两盘侧压力系数较接近，表明断层在空间方位上的影响是局部的和有限的。此外，计算结果还表明，断层破碎带应力值较低，且在构造应力场作用下断层两盘出现剪切滑移现象，进一步说明采用基于 FLAC³ᴰ 的非连续接触模型模拟断层分布特征的有效性及合理性。数值计算获得的初始地应力场可为输水线路的设计和施工提供依据。

第 5 章

考虑权重效应的地应力场反演
修正目标函数及影响分析

5.1　引言

目前，国内外模拟岩体应力场的方法主要包括位移反分析方法和应力反演分析方法，对于构造运动较为强烈、地质条件较为复杂、地应力场非线性特征较为突出区域，常常采用应力场反演分析法。然而，在采用应力反演法进行分析时，现有的研究成果在地应力场反演目标函数的选取方面，较常采用离差平方和来度量两个应力张量之间的接近程度，由于应力张量中的剪应力分量较之正应力分量要小得多，采用该方法势必会导致剪应力分量拟合处于次要甚至被忽略不计的地位，从而容易产生对隧洞围岩破坏特征的误判。可见，如何构建合理反映正应力与剪应力影响的应力场反演目标函数，直接影响着应力场反演准确性以及对围岩破坏特征的识别，迄今为止，在该方面系统性研究尚不够深入，有必要作进一步的研究。

本章基于多元回归分析理论，通过理论分析和数值模拟相结合的手段，构建综合反映正应力和剪切应力权重的地应力场反演修正目标函数，深入探讨正应力与剪应力权重效应对围岩应力状态的影响规律，为复杂条件下岩体应力场的获取提供依据。

5.2　地应力场反演理论及存在的问题

在力学范畴内，岩土工程反演理论属于正演理论的反问题，即反演是研究由实测数据推断物理系统模型参数的理论和方法。此处模型参数指能用来完全描述一个物理系统的一组数值或函数。岩土工程反演问题的原理和求解特征如下。

5.2.1　基本原理

正演是由模型参数值根据物理规律的数学公式预测可观测数据值的过程，反演理论与正演理论的研究方法相同，建立求解这类问题的方法时也需预先确定基本未知数，然后建立求解基本未知数的方程组。不同之处是在进行反演理论研究时一般都有先验信息，并有预期要求确定的主要参数。反演理论研究的目标未知数可分为初始地应力、结构荷载和材料特性参数 3 类。本节中的反演问题主要以初始地应力为目标未知数进行研究。

按照数学描述，不妨设研究的物理模型为 m，ε 为物理模型中可直接测量物理量的观测数据。将一定的方程模式写成映射 R，把"参数集合"m 映射成"结果集合"ε。则有

$$\varepsilon = R(m) \tag{5.1}$$

从数学观点而言，由给定的 m 值计算 ε 的过程称为正演；而由 ε 反推 m 的过程称为反演。此外，当 R 为线性映射时，属于线性反演问题；当 R 为非线性映射时，属于非线性反演问题。若模型与观测数据用连续函数表示，则是连续反演；若用离散数据表示，则是离散反演。

反演问题同正演问题有着密切的联系，在反演过程中，始终认为正问题是已知的，若正问题遇到困难而无法解决时，则反演理论也无能为力。值得说明的是，在许多反演求解中需要进行正演计算，因此，在求解反演问题之前，首先必须假设相应的正演问题已经获得解决。

此外，反演的稳定性是要加以注意的另一个问题。稳定性可用观测数据 ε 有微小扰动 $\Delta\varepsilon$ 时，反演求得的解与真实解间的差 Δm 的大小来判断。

5.2.2　反演问题的求解

现代反演理论采用信息论思想讨论反演问题的求解，一般认为反演问题的求解实质上就是对通过观测得到的可测数据、参数实验信息、基于物理理论获得的理论信息以及先验信息的综合利用。

反演问题的求解也可看成是对模型空间的搜索。在模型空间中搜索出一个其映射象为观测数据的点，即为求得反演问题的一个解。由于某些反演问题的解非唯一性，可能搜索得到一个点集。无论是搜索一个点，还是一个点集，均是进行反演问题的求解。从模型空间搜索角度来看，各种反演方法的差异取决于搜索方式的不同。

5.2.3　地应力场反演目标函数及不足

在岩土工程中，当工程区域内已有初始地应力实测资料时，通常取应力作为观测数据进行地应力场反演。如前所述，由于场地及经费等原因，这些地应力实测数据往往是有限的，必须尽量保证测点处的反演计算值与实测值之间的最优逼近。对于实际工程的设计和施工来说，这种逼近要求总体上最优，因此，所构建的最优逼近目标函数采用以下形式：

$$f(x) = \min \sum_{i=1}^{n} \sum_{j=1}^{6} \left[\sigma_j^i(x) - \sigma_j^i \right]^2 \tag{5.2}$$

式中：$\sigma_j^i(x)$ 为数值模型在参数组 x 下的测点计算应力值向量；σ_j^i 为实测应力值向量；i 为测点序号；n 为测点个数；j 为测点 6 个应力分量。

可见，当前的地应力场反演目标函数较常用的方法是采用离差平方和来度量两个应力张量之间的接近程度，由于应力张量中的剪应力分量较之正应力分量要小得多、甚至有量级上的差别，采用该方法势必会导致剪应力分量拟合处于次要甚至被忽略不计的地位，从而容易产生对隧洞围岩破坏特征的误判，因此，需要对现有的反演目标函数进行优化，充

分反映剪应力的影响作用。

5.3　基于权重效应的多元回归分析优化方法

5.3.1　多元回归分析法的基本原理

根据地质力学分析，地应力场的主要组成成分为自重应力场和构造应力场，地应力场分析依据这一观点建立数学计算模型，利用有限元法分别模拟自重应力场与构造应力场，并基于回归分析法将两部分模拟结果用于测试结果的拟合分析。

根据多元回归分析原理，将地应力回归计算值作为因变量，把有限元模拟计算获得的自重应力场和构造应力场相应于实测点的应力计算值作为自变量，则回归方程的形式为

$$\hat{\sigma}_k = \sum_{i=1}^{n} L_i \sigma_k^i \tag{5.3}$$

式中：k 为观测点的序号；$\hat{\sigma}_k$ 为第 k 观测点的回归计算值；L_i 为相应于自变量的多元回归系数；σ_k^i 为相应应力分量计算值的单列矩阵；n 为工况数。假定有 m 个观测点，则最小二乘法的残差平方和为

$$S_{残} = \sum_{k=1}^{m} \sum_{j=1}^{6} (\sigma_{jk}^* - \sum_{i=1}^{n} L_i \sigma_{jk}^i)^2 \tag{5.4}$$

式中：σ_{jk}^* 为 k 观测点 j 应力分量的观测值；σ_{jk}^i 为 i 工况下 k 观测点 j 应力分量的有限元计算值。根据最小二乘法原理，使 $S_{残}$ 为最小值的法方程式为

$$
\begin{bmatrix}
\sum_{k=1}^{m}\sum_{j=1}^{6}(\sigma_{jk}^1)^2 & \sum_{k=1}^{m}\sum_{j=1}^{6}\sigma_{jk}^1\sigma_{jk}^2 & \sum_{k=1}^{m}\sum_{j=1}^{6}\sigma_{jk}^1\sigma_{jk}^n \\
对 & \sum_{k=1}^{m}\sum_{j=1}^{6}(\sigma_{jk}^2)^2 & \sum_{k=1}^{m}\sum_{j=1}^{6}\sigma_{jk}^2\sigma_{jk}^n \\
& \vdots & \\
称 & & \sum_{k=1}^{m}\sum_{j=1}^{6}(\sigma_{jk}^n)^2
\end{bmatrix}
\begin{Bmatrix} L_1 \\ L_2 \\ \vdots \\ L_n \end{Bmatrix}
=
\begin{Bmatrix}
\sum_{k=1}^{m}\sum_{j=1}^{6}\sigma_{jk}^*\sigma_{jk}^1 \\
\sum_{k=1}^{m}\sum_{j=1}^{6}\sigma_{jk}^*\sigma_{jk}^2 \\
\vdots \\
\sum_{k=1}^{m}\sum_{j=1}^{6}\sigma_{jk}^*\sigma_{jk}^n
\end{Bmatrix}
\tag{5.5}
$$

解此法方程式，得 n 个待定回归系数 $L = (L_1, L_2, \cdots, L_n)^T$，则计算域内任一点 P 的回归初始应力，可由该点各工况有限元计算值叠加而得

$$\sigma_{jp} = \sum_{i=1}^{n} L_i \sigma_{jp}^i \tag{5.6}$$

式中：j 为对应初始应力 6 个分量，$j = 1, 2, \cdots, 6$。

根据计算结果，将计算域内的地应力场视为自重应力场和边界施加构造应力场的线性叠加，通过分解、模拟自重应力场及边界荷载应力场，最后组合成计算地应力场。

5.3.2　反演目标函数优化方法

基于式（5.3）、式（5.4），将正应力和剪切应力分别进行整理，可得

$$S_{残} = \sum_{k=1}^{m} \sum_{j=1}^{6} (\sigma_{j,k}^* - \hat{\sigma}_{j,k})^2 = \sum_{k=1}^{m} \Big[\sum_{i=1}^{3} (\sigma_{i,k}^* - \hat{\sigma}_{i,k})^2 + \sum_{j=1}^{3} (\tau_{j,k}^* - \hat{\tau}_{j,k})^2 \Big] \qquad (5.7)$$

令正应力 $\sigma_i (i=1,2,4)$ 权重为 w，剪切应力 $\tau_j (j=1,2,3)$ 的权重为 $1-w$，将其带入公式（5.7）可得

$$
\begin{aligned}
S_{残} &= \sum_{k=1}^{m} \Big[w \sum_{i=1}^{3} (\sigma_{i,k}^* - \hat{\sigma}_{i,k})^2 + (1-w) \sum_{j=1}^{3} (\tau_{j,k}^* - \hat{\tau}_{j,k})^2 \Big] \\
&= w \sum_{k=1}^{m} \Big[\sum_{i=1}^{3} (\sigma_{i,k}^* - \hat{\sigma}_{i,k})^2 + \frac{1-w}{w} \sum_{j=1}^{3} (\tau_{j,k}^* - \hat{\tau}_{j,k})^2 \Big] \\
&= w \sum_{k=1}^{m} \Big[\sum_{i=1}^{3} (\sigma_{i,k}^* - \hat{\sigma}_{i,k})^2 + \sum_{j=1}^{3} \Big(\sqrt{\frac{1-w}{w}} \tau_{j,k}^* - \sqrt{\frac{1-w}{w}} \hat{\tau}_{j,k} \Big)^2 \Big]
\end{aligned} \qquad (5.8)
$$

为了便于统一形式，令 $\sigma_{i,k}^* = \sigma_{i,k'}^*$，$\hat{\sigma}_{i,k} = \hat{\sigma}_{i,k'}$，$\sqrt{\dfrac{1-w}{w}} \tau_{j,k}^* = \tau_{j,k'}^*$，$\sqrt{\dfrac{1-w}{w}} \hat{\tau}_{j,k} = \hat{\tau}_{j,k'}$，$S_{残}' = \dfrac{S_{残}}{w}$ 可得

$$
\begin{aligned}
S_{残}' &= \sum_{k=1}^{m} \Big[\sum_{i=1}^{3} (\sigma_{i,k'}^* - \hat{\sigma}_{i,k'})^2 + \sum_{j=1}^{3} (\tau_{j,k'}^* - \hat{\tau}_{j,k'})^2 \Big] \\
&= \sum_{k=1}^{m} \Big[\sum_{j=1}^{6} (\sigma_{j,k'}^* - \hat{\sigma}_{j,k'})^2 \Big]
\end{aligned} \qquad (5.9)
$$

根据多元回归分析法原理，将式（5.3）代入式（5.9）可得

$$
\begin{aligned}
S_{残}' &= \sum_{k=1}^{m} \Big[\sum_{i=1}^{3} (\sigma_{i,k'}^* - \hat{\sigma}_{i,k'})^2 + \sum_{j=1}^{3} (\tau_{j,k'}^* - \hat{\tau}_{j,k'})^2 \Big] \\
&= \sum_{k=1}^{m} \Big[\sum_{j=1}^{6} \Big(\sigma_{j,k'}^* - \sum_{i=1}^{n} L_i \sigma_{j,k}^i \Big)^2 \Big]
\end{aligned} \qquad (5.10)
$$

可见，利用式（5.10）即可实现不同权重下的地应力场反演分析。

5.4　不同权重影响效应分析

5.4.1　模型的构建及岩体力学参数

为了验证不等权重下的地应力场反演目标函数在数值分析中的反演分析效果，建立一直径为 10m、埋深 400m 的圆形准三维隧洞数值分析模型，如图 5.1 所示。隧洞模型的原点位于隧洞中心位置，隧洞剖面所在面为 XZ 平面，Z 轴正向为高程方向，模型底部高程为 -200m；X 方向指向右侧方向为正，Y 轴垂直 XZ 平面向内，遵从右手法则。隧洞模型三维尺寸为 400m$\times 1$m$\times 600$m（$X \times Y \times Z$）。隧洞模型中，共划分六面体单元数为 11154，节点数为 22698。

隧洞围岩的岩体物理力学参数见表 5.1。本计算模型中，各岩土体均采用以 Mohr-Coulomb 准则为屈服函数的理想弹塑性模型。在计算中，目标应力场采用侧压力系数法分别构建自重应力场和构造应力场，反演方法采用多元回归分析法，反演目标函数选用式（5.10）进行反演分析。反演的实际测点为 8 个，分别位于隧洞正上方 80m、60m、

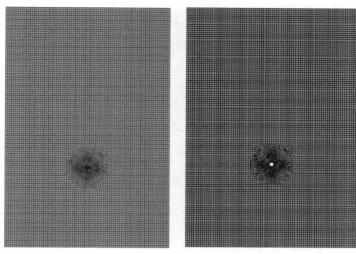

（a）开挖前　　　　　　　　　（b）开挖后

图 5.1　隧洞有限差分网格模型

40m，隧洞正下方 40m、60m、80m，以及隧洞左侧 40m 的上下方各 5m 的位置，其位置见表 5.2。

表 5.1　　　　　　　　　　　　　岩 性 物 理 力 学 性 质

岩性描述	容重/(kg/m³)	弹性模量/GPa	泊松比	黏聚力/MPa	内摩擦角/(°)
岩体	2650	15.5	0.24	2.0	40

表 5.2　　　　　　　　　　　　　反演的实测点位置坐标

编号	坐标 x	坐标 y	坐标 z	编号	坐标 x	坐标 y	坐标 z
1	0	0.5	80	5	0	0.5	-60
2	0	0.5	60	6	0	0.5	-80
3	0	0.5	40	7	40	0.5	5
4	0	0.5	-40	8	0	0.5	-5

5.4.2　模拟方案

为了研究正应力、剪应力权重分配对地应力场反演精度的影响，分别构建自重应力场和构造应力场作为目标应力场，正应力权重 $w=0.1$、0.3、0.5、0.7、0.9，采用多元回归分析法对目标应力场进行反演分析，并在此基础上，对隧洞进行开挖模拟，进一步探讨正应力、剪应力不同权重组合对岩体地应力场反演精度及隧洞开挖后的围岩应力状态影响。

目标应力场构建方案为：①自重应力场侧压力系数 $\lambda=\sigma_{xx}/\sigma_{zz}$ 为 0.8，最大主应力方向与竖直面的夹角 θ 为 5°、15°、30°；②构造应力场侧压力系数 $\lambda=\sigma_{xx}/\sigma_{zz}$ 为 1.2，最大主应力方向与水平面的夹角 θ 为 5°、10°、20°。

5.4.3　计算结果分析

　　表 5.3 给出了自重应力场下的正应力与剪切应力不等权重时实测应力与反演分析计算值的对比情况。表 5.4 给出了自重应力场下的主应力与剪切应力不等权重时实测应力与反演分析计算值的对比情况。图 5.2 分别给出了自重应力场和构造应力场下最大主应力倾角 θ 为 5°、正应力权重 w 为 0.1 和 0.7 时的最大主应力云图。图 5.3～图 5.6 分别给出了隧洞开挖后自重应力场和构造应力场下最大主应力倾角 θ 为 5°、正应力权重 w 为 0.1 和 0.7 时的最大主应力云图及矢量图、位移场和塑性区分布图。图 5.7～图 5.9 分别给出了隧洞开挖后自重应力场和构造应力场下的不同的正应力权重与反演获得的正应力及最大主应力偏转角 θ 间的误差关系。图 5.10 和图 5.11 分别给出了隧洞开挖后自重应力场和构造应力场下的不同的正应力权重与隧洞开挖后的最大主应力、围岩最大位移及塑性区之间的关系。

表 5.3　　　　　实测应力分量与反演应力分量对比表（自重应力场 $\lambda=0.8$）

方案	类别	测点 1	测点 2	测点 3	测点 4	测点 5	测点 6	测点 7	测点 8
实测数 $\lambda=0.8$ $\theta=5°$	σ_{xx}	−7.528	−8.028	−8.488	−10.401	−10.707	−11.140	−9.125	−9.300
	σ_{zz}	−8.330	−8.808	−9.147	−11.289	−11.818	−12.387	−10.434	−10.654
	τ_{xz}	0.078	0.089	0.116	0.180	0.198	0.204	0.119	0.170
反演计算值 $w=0.1$	σ_{xx}	−8.702	−8.867	−9.003	−9.677	−9.811	−9.975	−9.308	−9.372
	σ_{zz}	−8.393	−8.913	−9.348	−11.485	−11.904	−12.424	−10.232	−10.439
	τ_{xz}	0.107	0.105	0.104	0.095	0.093	0.086	0.091	0.091
反演计算值 $w=0.3$	σ_{xx}	−8.702	−8.866	−9.003	−9.677	−9.811	−9.975	−9.308	−9.372
	σ_{zz}	−8.394	−8.914	−9.350	−11.486	−11.906	−12.426	−10.228	−10.436
	τ_{xz}	0.058	0.057	0.057	0.052	0.050	0.047	0.049	0.049
反演计算值 $w=0.5$	σ_{xx}	−8.703	−8.867	−9.003	−9.677	−9.810	−9.975	−9.308	−9.373
	σ_{zz}	−8.388	−8.907	−9.341	−11.476	−11.897	−12.417	−10.254	−10.460
	τ_{xz}	0.024	0.023	0.023	0.021	0.021	0.019	0.020	0.020
反演计算值 $w=0.7$	σ_{xx}	−8.703	−8.867	−9.003	−9.676	−9.809	−9.974	−9.308	−9.373
	σ_{zz}	−8.378	−8.897	−9.327	−11.458	−11.883	−12.402	−10.297	−10.501
	τ_{xz}	0.000	−0.001	−0.001	−0.001	−0.001	−0.001	0.000	0.000
反演计算值 $w=0.9$	σ_{xx}	−8.705	−8.868	−9.003	−9.675	−9.808	−9.972	−9.309	−9.374
	σ_{zz}	−8.362	−8.880	−9.304	−11.430	−11.860	−12.378	−10.365	−10.565
	τ_{xz}	−0.013	−0.013	−0.013	−0.012	−0.011	−0.011	−0.011	−0.011
实测数 $\lambda=0.8$ $\theta=15°$	σ_{xx}	−7.551	−8.052	−8.507	−10.419	−10.727	−11.158	−9.213	−9.399
	σ_{zz}	−8.379	−8.854	−9.194	−11.318	−11.840	−12.408	−10.415	−10.627
	τ_{xz}	0.270	0.322	0.386	0.596	0.634	0.661	0.446	0.515

续表

方案	类别	测点 1	测点 2	测点 3	测点 4	测点 5	测点 6	测点 7	测点 8
反演计算值 $w=0.1$	σ_{xx}	−8.736	−8.902	−9.040	−9.720	−9.854	−10.020	−9.344	−9.409
	σ_{zz}	−8.453	−8.977	−9.430	−11.587	−11.990	−12.515	−10.057	−10.275
	τ_{xz}	0.432	0.428	0.425	0.392	0.379	0.354	0.366	0.368
反演计算值 $w=0.3$	σ_{xx}	−8.735	−8.901	−9.040	−9.722	−9.856	−10.022	−9.343	−9.408
	σ_{zz}	−8.477	−9.002	−9.463	−11.629	−12.024	−12.550	−9.955	−10.179
	τ_{xz}	0.307	0.304	0.302	0.278	0.269	0.251	0.260	0.261
反演计算值 $w=0.5$	σ_{xx}	−8.735	−8.901	−9.040	−9.722	−9.856	−10.022	−9.343	−9.408
	σ_{zz}	−8.476	−9.001	−9.462	−11.628	−12.023	−12.549	−9.958	−10.182
	τ_{xz}	0.199	0.197	0.196	0.181	0.175	0.163	0.168	0.169
反演计算值 $w=0.7$	σ_{xx}	−8.736	−8.902	−9.040	−9.721	−9.854	−10.021	−9.344	−9.409
	σ_{zz}	−8.460	−8.984	−9.439	−11.599	−12.000	−12.525	−10.028	−10.248
	τ_{xz}	0.105	0.104	0.103	0.095	0.092	0.086	0.089	0.089
反演计算值 $w=0.9$	σ_{xx}	−8.739	−8.904	−9.041	−9.718	−9.852	−10.017	−9.346	−9.411
	σ_{zz}	−8.424	−8.946	−9.388	−11.534	−11.949	−12.471	−10.183	−10.394
	τ_{xz}	0.025	0.024	0.024	0.022	0.022	0.020	0.021	0.021
实测数 $\lambda=0.8$ $\theta=30°$	σ_{xx}	−7.569	−8.072	−8.514	−10.428	−10.743	−11.171	−9.414	−9.628
	σ_{zz}	−8.386	−8.855	−9.206	−11.324	−11.835	−12.399	−10.252	−10.448
	τ_{xz}	0.827	0.992	1.162	1.798	1.891	1.982	1.385	1.504
反演计算值 $w=0.1$	σ_{xx}	−8.793	−8.961	−9.103	−9.793	−9.926	−10.094	−9.402	−9.467
	σ_{zz}	−8.550	−9.079	−9.578	−11.775	−12.129	−12.659	−9.454	−9.704
	τ_{xz}	1.369	1.358	1.350	1.247	1.203	1.124	1.159	1.167
反演计算值 $w=0.3$	σ_{xx}	−8.786	−8.956	−9.101	−9.799	−9.933	−10.103	−9.069	−9.340
	σ_{zz}	−8.638	−9.173	−9.705	−11.935	−12.256	−12.793	−9.398	−9.463
	τ_{xz}	1.025	1.017	1.010	0.934	0.901	0.842	0.867	0.874
反演计算值 $w=0.5$	σ_{xx}	−8.785	−8.956	−9.101	−9.800	−9.935	−10.105	−9.006	−9.281
	σ_{zz}	−8.653	−9.189	−9.726	−11.961	−12.276	−12.814	−9.397	−9.463
	τ_{xz}	0.706	0.700	0.696	0.643	0.620	0.580	0.597	0.602
反演计算值 $w=0.7$	σ_{xx}	−8.787	−8.957	−9.101	−9.798	−9.932	−10.101	−9.149	−9.416
	σ_{zz}	−8.620	−9.154	−9.679	−11.901	−12.229	−12.765	−9.399	−9.464
	τ_{xz}	0.410	0.407	0.404	0.374	0.360	0.337	0.347	0.350
反演计算值 $w=0.9$	σ_{xx}	−8.795	−8.962	−9.103	−9.791	−9.925	−10.092	−9.403	−9.468
	σ_{zz}	−8.526	−9.054	−9.545	−11.733	−12.095	−12.625	−9.555	−9.799
	τ_{xz}	0.133	0.132	0.131	0.121	0.117	0.109	0.113	0.114

表 5.4　　实测应力分量与反演应力分量对比表（构造应力场 $\lambda=1.2$）

方案	类别	测点 1	测点 2	测点 3	测点 4	测点 5	测点 6	测点 7	测点 8
实测数 $\lambda=1.2$ $\theta=5°$	σ_{xx}	−11.531	−12.286	−12.978	−15.914	−16.400	−17.073	−13.739	−13.980
	σ_{zz}	−8.414	−8.922	−9.328	−11.419	−11.879	−12.418	−10.553	−10.777
	τ_{xz}	−0.088	−0.106	−0.118	−0.187	−0.190	−0.201	−0.194	−0.065
反演计算值 $w=0.1$	σ_{xx}	−13.597	−13.762	−13.898	−14.576	−14.711	−14.876	−14.207	−14.272
	σ_{zz}	−8.462	−8.985	−9.411	−11.556	−11.994	−12.517	−10.521	−10.721
	τ_{xz}	−0.161	−0.161	−0.161	−0.151	−0.145	−0.135	−0.136	−0.138
反演计算值 $w=0.3$	σ_{xx}	−13.598	−13.763	−13.899	−14.575	−14.709	−14.875	−14.208	−14.273
	σ_{zz}	−8.446	−8.968	−9.388	−11.528	−11.971	−12.493	−10.590	−10.786
	τ_{xz}	−0.140	−0.140	−0.139	−0.130	−0.125	−0.117	−0.118	−0.120
反演计算值 $w=0.5$	σ_{xx}	−13.599	−13.763	−13.899	−14.574	−14.709	−14.874	−14.208	−14.274
	σ_{zz}	−8.438	−8.960	−9.377	−11.514	−11.960	−12.482	−10.623	−10.817
	τ_{xy}	−0.110	−0.110	−0.109	−0.102	−0.098	−0.092	−0.093	−0.094
反演计算值 $w=0.7$	σ_{xx}	−13.599	−13.763	−13.899	−14.574	−14.709	−14.874	−14.208	−14.274
	σ_{zz}	−8.436	−8.957	−9.374	−11.509	−11.957	−12.478	−10.634	−10.828
	τ_{xy}	−0.076	−0.076	−0.076	−0.071	−0.068	−0.063	−0.064	−0.065
反演计算值 $w=0.9$	σ_{xx}	−13.598	−13.763	−13.899	−14.574	−14.709	−14.874	−14.208	−14.273
	σ_{zz}	−8.440	−8.961	−9.379	−11.516	−11.962	−12.484	−10.617	−10.812
	τ_{xy}	−0.036	−0.036	−0.035	−0.033	−0.032	−0.030	−0.030	−0.031
实测数 $\lambda=1.2$ $\theta=10°$	σ_{xx}	−11.553	−12.312	−13.016	−15.951	−16.427	−17.097	−13.692	−13.927
	σ_{zz}	−8.463	−8.973	−9.374	−11.496	−11.962	−12.501	−10.680	−10.913
	τ_{xz}	−0.278	−0.338	−0.388	−0.603	−0.624	−0.658	−0.527	−0.411
反演计算值 $w=0.1$	σ_{xx}	−13.605	−13.770	−13.906	−14.585	−14.720	−14.886	−14.218	−14.284
	σ_{zz}	−8.483	−9.007	−9.420	−11.565	−12.023	−12.547	−10.798	−10.988
	τ_{xz}	−0.487	−0.485	−0.483	−0.449	−0.432	−0.404	−0.412	−0.417
反演计算值 $w=0.3$	σ_{xx}	−13.608	−13.772	−13.907	−14.582	−14.717	−14.882	−14.220	−14.286
	σ_{zz}	−8.444	−8.966	−9.364	−11.495	−11.968	−12.489	−10.966	−11.146
	τ_{xz}	−0.390	−0.388	−0.386	−0.359	−0.345	−0.323	−0.330	−0.334
反演计算值 $w=0.5$	σ_{xx}	−13.609	−13.773	−13.907	−14.581	−14.716	−14.881	−14.221	−14.286
	σ_{zz}	−8.431	−8.952	−9.346	−11.471	−11.949	−12.469	−11.023	−11.201
	τ_{xz}	−0.288	−0.286	−0.284	−0.264	−0.254	−0.237	−0.243	−0.246
反演计算值 $w=0.7$	σ_{xx}	−13.608	−13.772	−13.907	−14.581	−14.716	−14.881	−14.221	−14.286
	σ_{zz}	−8.434	−8.955	−9.350	−11.477	−11.953	−12.474	−11.009	−11.188
	τ_{xz}	−0.183	−0.182	−0.181	−0.168	−0.162	−0.151	−0.155	−0.157
反演计算值 $w=0.9$	σ_{xx}	−13.606	−13.771	−13.906	−14.583	−14.718	−14.884	−14.220	−14.285
	σ_{zz}	−8.458	−8.980	−9.384	−11.520	−11.987	−12.510	−10.906	−11.090
	τ_{xz}	−0.074	−0.074	−0.073	−0.068	−0.066	−0.061	−0.063	−0.063

续表

方案	类别	测点 1	测点 2	测点 3	测点 4	测点 5	测点 6	测点 7	测点 8
实测数 $\lambda=1.2$ $\theta=20°$	σ_{xx}	−11.540	−12.299	−13.018	−15.952	−16.419	−17.090	−13.493	−13.697
	σ_{zz}	−8.464	−8.980	−9.368	−11.492	−11.972	−12.516	−10.858	−11.108
	τ_{xz}	−0.834	−1.006	−1.164	−1.805	−1.878	−1.976	−1.465	−1.397
反演计算值 $w=0.1$	σ_{xx}	−13.553	−13.716	−13.849	−14.518	−14.654	−14.818	−14.166	−14.232
	σ_{zz}	−8.393	−8.911	−9.278	−11.385	−11.894	−12.411	−11.409	−11.568
	τ_{xz}	−1.424	−1.415	−1.408	−1.305	−1.256	−1.174	−1.205	−1.216
反演计算值 $w=0.3$	σ_{xx}	−13.562	−13.722	−13.851	−14.510	−14.645	−14.808	−14.172	−14.236
	σ_{zz}	−8.289	−8.801	−9.129	−11.197	−11.745	−12.255	−11.861	−11.995
	τ_{xz}	−1.110	−1.102	−1.096	−1.015	−0.978	−0.914	−0.939	−0.947
反演计算值 $w=0.5$	σ_{xx}	−13.564	−13.724	−13.852	−14.508	−14.643	−14.805	−14.173	−14.238
	σ_{zz}	−8.260	−8.770	−9.088	−11.146	−11.703	−12.212	−11.986	−12.113
	τ_{xz}	−0.796	−0.790	−0.786	−0.728	−0.701	−0.655	−0.673	−0.679
反演计算值 $w=0.7$	σ_{xx}	−13.562	−13.722	−13.851	−14.510	−14.645	−14.807	−14.172	−14.237
	σ_{zz}	−8.280	−8.791	−9.116	−11.181	−11.732	−12.242	−11.900	−12.032
	τ_{xz}	−0.490	−0.487	−0.484	−0.448	−0.432	−0.404	−0.415	−0.418
反演计算值 $w=0.9$	σ_{xx}	−13.556	−13.718	−13.849	−14.516	−14.651	−14.815	−14.168	−14.233
	σ_{zz}	−8.361	−8.877	−9.232	−11.327	−11.848	−12.363	−11.548	−11.700
	τ_{xz}	−0.184	−0.183	−0.182	−0.168	−0.162	−0.152	−0.156	−0.157

由表 5.3、表 5.4 和图 5.2～图 5.11 可知，不论是自重应力场还是构造应力场，正应力、剪应力权重 w 取值对地应力场影响较大，尤其是在最大主应力方向方面，具体表现如下。

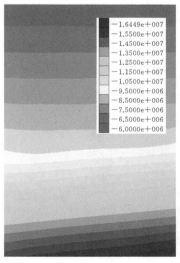
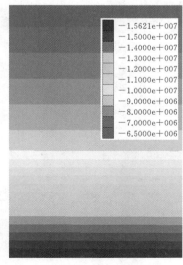

（a）自重应力场 $w=0.1$　　　　　　　　（b）自重应力场 $w=0.7$

图 5.2（一）　反演获得的最大主应力云图（$\theta=5°$）

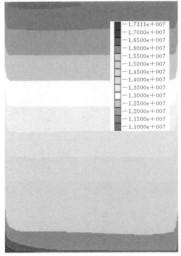
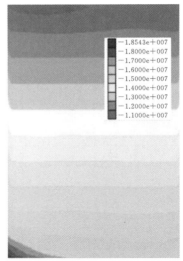

（c）构造应力场 $w=0.1$ 　　　　　（d）构造应力场 $w=0.7$

图 5.2（二）　反演获得的最大主应力云图（$\theta=5°$）

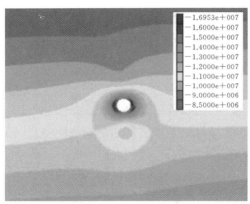
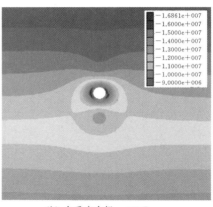

（a）自重应力场 $w=0.1$ 　　　　　（b）自重应力场 $w=0.7$

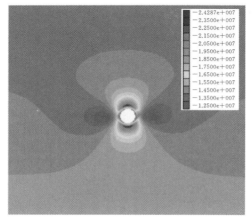
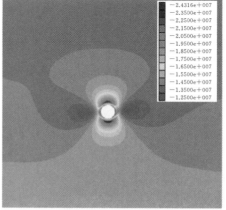

（c）构造应力场 $w=0.1$ 　　　　　（d）构造应力场 $w=0.7$

图 5.3　隧洞开挖后的最大主应力云图（$\theta=5°$）

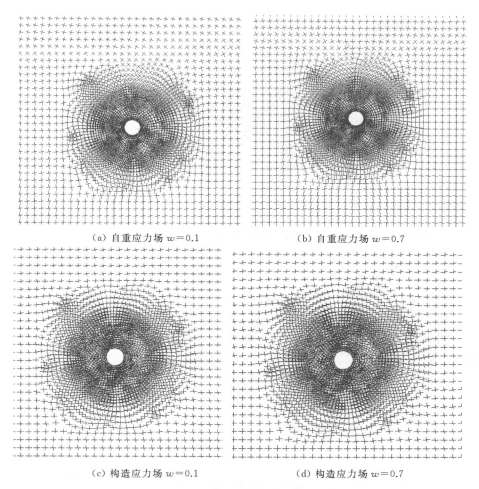

（a）自重应力场 $w=0.1$　　　　　　（b）自重应力场 $w=0.7$

（c）构造应力场 $w=0.1$　　　　　　（d）构造应力场 $w=0.7$

图 5.4　隧洞开挖后的主应力矢量图（$\theta=5°$）

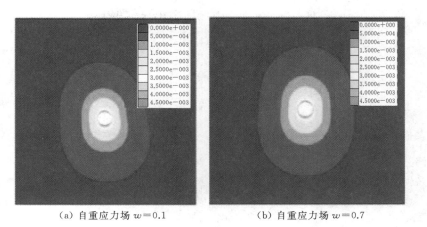

（a）自重应力场 $w=0.1$　　　　　　（b）自重应力场 $w=0.7$

图 5.5（一）　隧洞开挖后的位移场云图（$\theta=5°$）

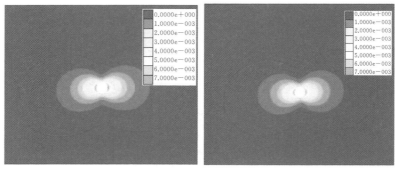

（c）构造应力场 $w=0.1$　　　　　　　　（d）构造应力场 $w=0.7$

图 5.5（二）　隧洞开挖后的位移场云图（$\theta=5°$）

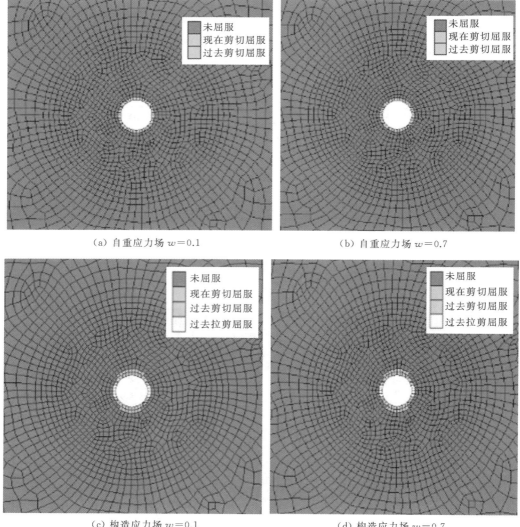

（a）自重应力场 $w=0.1$　　　　　　　　（b）自重应力场 $w=0.7$

（c）构造应力场 $w=0.1$　　　　　　　　（d）构造应力场 $w=0.7$

图 5.6　隧洞开挖后的塑性区云图（$\theta=5°$）

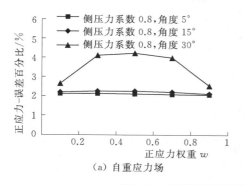 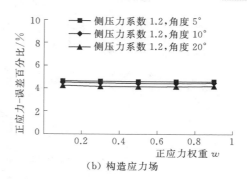

图 5.7　不等权重反演分析对正应力误差的影响

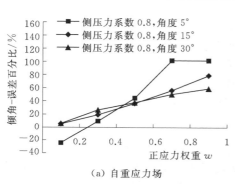 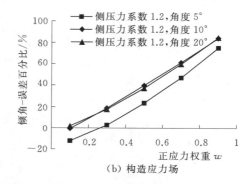

图 5.8　不等权重反演分析对最大主应力偏转角 θ 误差的影响

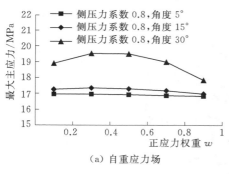 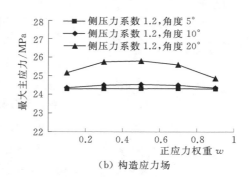

图 5.9　不等权重反演分析对最大主应力量值的影响

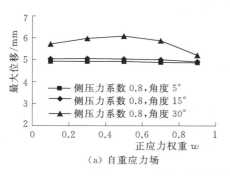 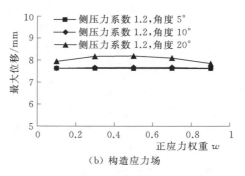

图 5.10　不等权重反演分析对隧洞围岩最大位移的影响

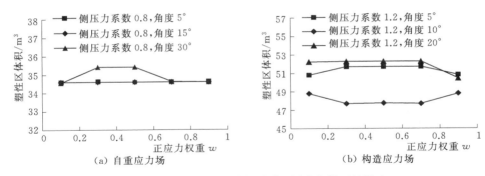

图 5.11　不等权重反演分析对隧洞围岩塑性区的影响

（1）隧洞开挖前，在自重应力场下，当正应力权重 w 一定时，随着目标应力场 θ 值的增大，剪切应力误差减小，最大主应力方向与竖直面夹角误差呈先增大后减小的趋势（分界点 $w=0.5$）；当目标应力场 θ 值一定时，随着正应力权重 w 增大，剪切应力误差近似呈线性增大，尤其当 $w=0.9$ 时，剪切应力最大误差可达 90.55%，此外，最大主应力方向与竖直面夹角误差也随着 w 增大而增大。进一步分析可知，随着正应力权重 w 的增大，剪切应力逐渐处于被忽略的地位，剪切应力反演结果属于次要地位，因而造成剪切应力分量及最大主应力矢量方向的反演精度大大降低，误差也逐渐增大。

（2）隧洞开挖后，在自重应力场下，当正应力权重 w 一定时，随着目标应力场 θ 值的增大，隧洞围岩最大主应力、最大位移及塑性区均增大；当目标应力场 θ 值一定时，随着正应力权重 w 增大，隧洞围岩最大主应力、最大位移及塑性区呈先增大后减小的趋势，但总得量值变化不大，主要是由于正应力在围岩应力集中及屈服中处于主要地位，剪切应力的量值相对较小，其贡献是有限的。

（3）隧洞开挖前，在构造应力场下，当正应力权重 w 一定时，随着目标应力场 θ 值的增大，剪切应力误差增大，最大主应力方向与水平面夹角误差增大；当目标应力场 θ 值一定时，随着正应力权重 w 增大，剪切应力误差均呈逐渐增大，尤其当 $w=0.9$ 时，剪切应力最大误差可达 84.9%，此外，最大主应力方向与水平面夹角误差也随着 w 增大而增大。进一步分析可知，随着正应力权重 w 的增大，剪切应力逐渐处于被忽略的地位，剪切应力反演结果属于次要地位，因而造成剪切应力分量及最大主应力矢量方向的反演精度大大降低，误差也逐渐增大。

（4）隧洞开挖后，在构造应力场下，当正应力权重 w 一定时，随着目标应力场 θ 值的增大，隧洞围岩最大主应力、最大位移及塑性区均增大；当目标应力场 θ 值一定时，随着正应力权重 w 增大，围岩最大主应力、最大位移及塑性区呈先增大后减小趋势，但总量值变化不大，主要是由于正应力在围岩应力集中及屈服中处于主要地位，剪切应力量值相对较小，其贡献是有限的。

值得说明的是，本算例未涉及断裂构造、节理、裂隙等结构面影响，由于不利的地质构造对主应力场的方向较为敏感，尤其是对于节理发育的裂隙岩体，容易形成沿地质界面的滑移，而采用构建的正应力、剪切应力不等权重下的反演目标函数进行反演分析，可以较为合理的确定地应力场的方向。

第 6 章

地应力场非线性边界
构建及验证

6.1 引言

在利用现场的实测地应力资料对岩体应力场进行反演分析时，许多专家和学者从不同的角度进行了有益的探讨，比较有代表性的包括郭怀志等、张有天等、肖明、刘允芳等专家的工作。近年来，随着计算机技术的发展，将灰色理论、神经网络、遗传算法等应用于初始地应力场反演领域也取得了丰硕的成果。

上述这些反演方法均属于一次反演方法，在工程计算模型尺度不大、地质条件相对简单时可获得较为合理的岩体应力场。然而，对于地质构造运动强烈的长大工程区，其建立的数值模型尺寸较大、网格复杂且单元数过多，计算量非常大且反演效率较低。为了能有效地解决这一问题，本章介绍了一种适用于复杂地质条件下进行岩体初始应力场反演的非线性边界二次反演分析方法，其计算原理及实现过程简述如下。

6.2 地应力场非线性边界构建及二次反演方法

我国西部地区河谷在现代地质历史上经历了强烈的地质构造作用，形成急剧起伏的地形。在进行初始地应力场反演时，若既考虑大范围地形地貌、断层褶皱、河流的转弯走向等因素的影响，又兼顾局部范围内软弱地质构造如小规模断层、次级褶皱及围岩蚀变带等的作用，理论上讲最准确。然而，在满足这些条件下建立的数值模型尺寸较大、网格复杂且单元数过多，计算量非常大且反演效率较低。为了有效地解决这一矛盾，通过对结构力学中的子模型法进行优化，提出综合反映复杂地质条件下岩体地应力场非线性边界二次反演方法。

6.2.1 地应力场反演非线性边界模式的建立

岩体地应力场反演的边界条件施加模式对反演结果会产生重要的影响。基于上述二次回归分析原理，岩体最大水平应力 σ_H、最小水平应力 σ_h 与弹性模量及埋深存在以下关系：

$$\sigma_H = a_0 + a_1 H + a_2 E + a_3 EH + a_4 E^2 + a_5 H^2 \tag{6.1}$$

$$\sigma_h = b_0 + b_1 H + b_2 E + b_3 EH + b_4 E^2 + b_5 H^2 \tag{6.2}$$

通过对我国及世界部分地区的含岩性实测地应力数据分别进行统计、筛选分析，并利用逐步回归法进行回归分析，发现 E^2 项一般不显著。工程应用研究表明，与按任意线性函数规律分布假设相比较，将初始地应力场假设为按二次函数规律分布的地应力场后，计算结果的精度虽略有提高，实用价值却并不明显。此外，结合实际工程中的地应力分布特征，地应力在地壳浅部地应力分布离散性较大，其非线性特征明显，且随着深度的增加，线性分布特征越来越明显。可见，H^2 项虽然对方程的贡献显著，但随着埋深的增大，地应力随埋深的递增梯度越来越大（尤其是数百米后，高次项的数值几何量级增加），其地应力非线性变化特征与实际不符，故不考虑 H^2 项。

另外，地表地质作用对地应力的影响较大，尤其是在地壳浅部。地表剥蚀前，地壳里存在着一定量的水平和垂直应力，地表剥蚀后，位于深部的岩体出露地表，由于岩体内的颗粒结构的变化和应力松弛的调整，使得岩体内存在着由于地层厚度所引起的应力还要大得多的应力量值。这也是造成在实际测量中出现的浅层地表应力偏大、离散性较明显等应力分布异常现象的主要原因之一。为了能够有效地反映浅表部水平应力较大、应力数值离散，且不改变地应力值在中深部以线性变化为主的特征，考虑在式（6.1）和式（6.2）中添加一个应力值随深度的变化梯度小于线性项 $\sqrt{H}$ 的荷载项。

基于上述分析，构建的岩体非线性边界主应力分布的一般模式如下：

$$\sigma_H = a_0 + a_1 \sqrt{H} + a_2 H + a_3 E + a_4 EH \tag{6.3}$$

$$\sigma_h = b_0 + b_1 \sqrt{H} + b_2 H + b_3 E + b_4 EH \tag{6.4}$$

$$\sigma_V = \xi \gamma H \tag{6.5}$$

式中：ξ 为重力修正系数；$a_0 \sim a_4$、$b_0 \sim b_4$ 为待定系数。

若研究区域边界与实测的区域水平主应力方向一致，则水平边界荷载近似为最大和最小水平主应力，剪应力为 0，边界荷载参数为 10 个。

若研究区域边界与实测的区域水平主应力方向不一致，则相应的边界荷载模式按坐标转换法，法向应力与剪应力分布模式变为

$$\left.\begin{array}{l} \sigma_N = l^2 \sigma_H + m^2 \sigma_h \\ \tau_N = lm(\sigma_H - \sigma_h) \\ l^2 + m^2 = 1 \end{array}\right\} \tag{6.6}$$

式中：l、m 为边界面的方向余弦。由此可知，此时边界荷载参数依旧为 10 个，即非线性边界模式的参数个数对于相同研究区域是确定的，不因地质模型而改变。

由上述分析可知，岩体地应力反演的非线性边界模式可采用式（6.3）～式（6.5），与以往地应力分布模式相比，该边界模式具有以下特征：

（1）能够体现岩体的力学参数变化对地应力场的影响。由于岩体自身的非均匀性，使得岩体的力学特性呈现非线性的特点，加之复杂的地质构造作用，从而造成岩体地应力场具有非线性的分布特征。

（2）能够满足地应力随埋深变化的特征，即地应力随埋深总体上呈线性分布（不含高次项），且随着埋深增加，$\sqrt{H}$ 项的作用减弱，线性分布特征越来越明显。

（3）地表浅部水平应力明显大于自重应力，且随着深度的增加，侧压系数随深度增加而减。

（4）能够反映地壳浅部地应力离散性较大、深部地应力离散较小的特征。

6.2.2　基于非线性边界的二次反演方法及实现

6.2.2.1　基本理论与算法

1. 均匀设计方法

均匀设计（Uniform Design）方法是一种试验设计方法，由方开泰教授和数学家王元于 1978 年共同提出，是数论方法中的"伪蒙特卡洛方法"的一个应用。均匀设计遵从试验设计方法的共性及本质内容，与其他试验设计方案相比，其优点在于能够从全面试验点中挑选出部分代表性的试验点，且这些试验点在试验范围内充分均衡分散，但仍能反映体系的主要特征。在进行均匀设计法设计试验时，每个因素的每个水平仅做一次试验，当水平数增加时，试验数随水平数增加而增加。该方法大大降低了试验工作量，又能全面控制所有可能出现的试验组合，同时也保证了整个样本空间的均匀性，因而获得了广泛的应用。

基于此，本章在对遗传神经网络训练样本和测试样本进行构造时，采用均匀设计方法对网络的输入因素进行设计，以使所设计的样本能够全面控制样本区间内所有可能的试验组合，进一步提高反演的计算效率。

2. BP 神经网络

BP（Back Propagation）神经网络是目前研究最多、应用最广泛的一种神经网络，具有较强的非线性映射优势及复杂的逻辑操作能力。该网络采用误差反传学习算法，利用梯度搜索技术，实现网络的实际输出与期望输出的均方差最小化。

BP 神经网络是一种多层前馈神经网络，其主要特点是信号前向传递，误差反向传播。该网络由输入层、输出层及隐含层组成，隐含层可有一个或多个，每层由多个神经元组成，其网络拓扑结构如图 6.1 所示。各层神经元仅与相邻层神经元之间有连接；各层内神经元之间无任何连接；各层神经元之间无反馈连接。在前向传递过程中，输入信号从输入

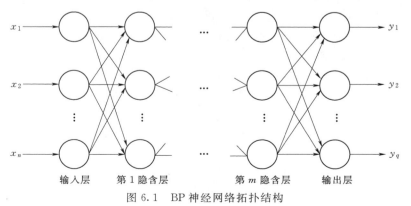

图 6.1　BP 神经网络拓扑结构

层经隐含层逐层处理，直至输出层。每一层的神经元状态只影响下一层的神经元状态。若输出层得不到期望输出，则转入反向传播，根据预测误差调整网络权重和阈值，从而使 BP 神经网络预测输出不断地逼近期望输出。

在确定了 BP 网络的结构后，通过调整 BP 网络的连接权值、网络规模（包括 n、q 和隐层节点数），就可以使网络实现给定的输入输出映像关系，并且可以以任意精度逼近任何非线性函数。经过训练的 BP 网络具有泛化功能，特别适用于处理一些较为复杂的非线性映射问题。BP 网络采用了最优化方法中最普通的一种沿梯度下降算法，从而实现网络的实际输出与期望输出的均方差最小的目标。它要求传递函数具有连续可微的非线性特性，鉴于 S 型函数反映了神经元的饱和特性，且其函数连续可导，调节曲线的参数就可以得到类似阈值函数的功能，因此获得广泛的应用。S 型逻辑非线性函数如下：

$$f(x) = 1/(1 + e^{-x}) \tag{6.7}$$

对于一个三层的 BP 神经网络，不妨设网络输入向量为 $X_k = (x_1, x_2, x_3, \cdots, x_n)$；网络目标向量为 $T_k = (y_1, y_2, y_3, \cdots, y_q)$；网络目标向量为 $T_k = (y_1, y_2, y_3, \cdots, y_q)$；中间层单元的输入向量为 $S_k = (s_1, s_2, s_3, \cdots, s_p)$，输出向量为 $B_k = (b_1, b_2, b_3, \cdots, b_p)$；输出层单元的输入向量为 $L_k = (l_1, l_2, l_3, \cdots, l_q)$，输出向量为 $C_k = (c_1, c_2, c_3, \cdots, c_q)$；输入层到中间层连接权 w_{ij}，其中 $i = 1, 2, \cdots, n, j = 1, 2, \cdots, p$；中间层到输出层的连接权 v_{jt}，其中 $j = 1, 2, \cdots, p, t = 1, 2, \cdots, p$；中间层各单元的输出阈值 θ_j，其中 $j = 1, 2, \cdots, p$；输出层各单元的输出阈值 γ_j，其中 $j = 1, 2, \cdots, p$；参数 $k = 1, 2, \cdots, m$。

网络的训练过程如下：

（1）权值和阈值初始化，即给一个（0，1）区间内随机值初始化权值和阈值。

（2）提供输入样本对和输出样本对给网络，如 $X_k = (x_1^k, x_2^k, x_3^k, \cdots, x_n^k)$、$T_k = (y_1^k, y_2^k, y_3^k, \cdots, y_n^k)$，其中标记 k 为每一个样本或输入模式，每次可能是对新输入的值，也可能是周期地呈现学习集的样本。

（3）用输入样本对 $X_k = (x_1^k, x_2^k, x_3^k, \cdots, x_n^k)$、连接权 w_{ij} 和阈值 θ_j 计算中间层各单元的输入 s_j，然后通过传递函数计算中间层各单元的输出 b_j，即

$$s_j = \sum_{t=1}^{n} w_{ij} a_i - \theta_j \quad (j = 1, 2, \cdots, p) \tag{6.8}$$

$$b_j = f(s_j) \quad (j = 1, 2, \cdots, p) \tag{6.9}$$

（4）利用中间层的输出 b_j、连接权 v_{jt} 和阈值 γ_t，计算输出层各单元的输出 L_t，并利用传递函数及目标向量计算输出层各单元的响应 C_t，及各单元的一般误差 d_t^k。

$$L_t = \sum_{j=1}^{p} v_{jt} b_j - \gamma_t \quad (t = 1, 2, \cdots, q) \tag{6.10}$$

$$C_t = f(L_t) \quad (t = 1, 2, \cdots, q) \tag{6.11}$$

$$d_t^k = (y_t^k - C_t) C_t (1 - C_t) \quad (t = 1, 2, \cdots, q) \tag{6.12}$$

（5）利用连接权 v_{jt}、输出层的一般误差 d_t^k 和中间层的输出 b_j，计算中间层各单元的一般误差 e_j^k。

$$e_j^k = \left[\sum_{t=1}^{q} v_{jt} d_t \right] b_j (1 - b_j) \tag{6.13}$$

（6）用输出层各神经元的误差 d_t^k、中间层输出 b_j，来修正连接权 v_{jt} 和阈值 γ_t：

$$v_{jt}(N+1)=v_{jt}(N)+ad_t^kb_j \quad (t=1,2,\cdots,q;j=1,2,\cdots,p) \tag{6.14}$$

$$\gamma_t(N+1)=\gamma_t(N)+\alpha d_t^k \quad (0<\alpha<1) \tag{6.15}$$

（7）用中间层各神经元的一般化误差 e_j^k，以及各神经元的输入 X_k 修正连接权 w_{ij} 和阈值 θ_j。

$$w_{ij}(N+1)=w_{ij}(N)+\beta e_j^ka_i^k \quad (i=1,2,\cdots,n;j=1,2,\cdots,p) \tag{6.16}$$

$$\theta_j(N+1)=\theta_j(N)+\beta e_j^k \quad (0<\beta<1) \tag{6.17}$$

（8）选取下一个学习训练样本对提供给网络，返回到步骤（3），直至全部 m 组样本对训练完毕。

（9）重新从 m 个学习样本对中随机选取一组输入和目标样本，返回步骤（3），直至网络全局误差函数 E 小于预先设定的一个极小值，网络收敛。若网络权值或学习次数大于预先设定值，则网络无法收敛。E 的计算公式为

$$E=\frac{1}{2}\sum_{k=1}^m\sum_{t=1}^q(y_t^k-C_t)^2 \tag{6.18}$$

（10）学习结束。若误差不能满足要求则转步骤（2），多次重复以上步骤（2）～步骤（9）各步，直到系统误差小于规定的要求为止。

单一 BP 神经网络采用梯度下降算法，常常会出现局部极值问题；此外，梯度下降算法与初值的选取关系很大，若初值选取不当，将会导致网络收敛速度较慢，甚至出现发散和振荡现象。基于此，采用遗传算法来优化 BP 神经网络，以期获得较快的收敛速度和较高的计算精度。

3. 遗传算法

遗传算法（Genetic Algorithm，GA）是由美国密执根大学的 J. Holland 教授于 1975 年首先提出的，它是模拟遗传选择和自然淘汰生物进化过程的一种仿生算法，其核心思想源于人们对生物进化过程的认识。生物进化过程本身是一个自然的、并行发生的、稳健的优化过程。这一优化过程的目标是对环境的自然适应性，生物种群通过"优胜劣汰"及遗传变异来达到进化的目的。遗传算法中常用的一些术语见表 6.1。

表 6.1　　　　　生物遗传学术语及其在遗传算法中的作用

生物遗传学术语	遗传算法中的作用
适者生存	在算法停止时，最优目标值的解有最大可能被留住
个体（individual）	解
染色体（chromosome）	解的编码（数据、数组、位串）
基因（gene）	解中的每一分量的特征（或值）
适应性（fitness）	适应度函数值
群体（population）	选定的一组解（其中解的个数为群体的规模）
复制（reproduction）	根据适应度函数选取的一组解
交配（crossover）	按交配原则产生一组新解的过程
变异（mutation）	编码的某一分量发生变化的过程

　　遗传算法将达尔文适者生存、优胜劣汰的进化原则作用于问题的一组试验解，通过适应度函数计算试验解的适应度。由适应度控制对包含试验解的群体反复使用遗传学的基本操作，不断生成新的群体（不断地进化），同时以全局搜索技术来搜索群体中的最优个体，从而求得最优解。鉴于 GA 算法具有较好的全局搜索能力、易于并行化和初值无关性，不要求其目标函数连续、可微，且具有较快的收敛速度的优点，因而，在人工智能、神经网络、机器人和运筹学等领域获得了广泛的认可。

　　遗传算法的实施过程中包括编码、产生群体、计算适应度、遗传操作及控制参数设定五大部分，如图 6.2 所示。

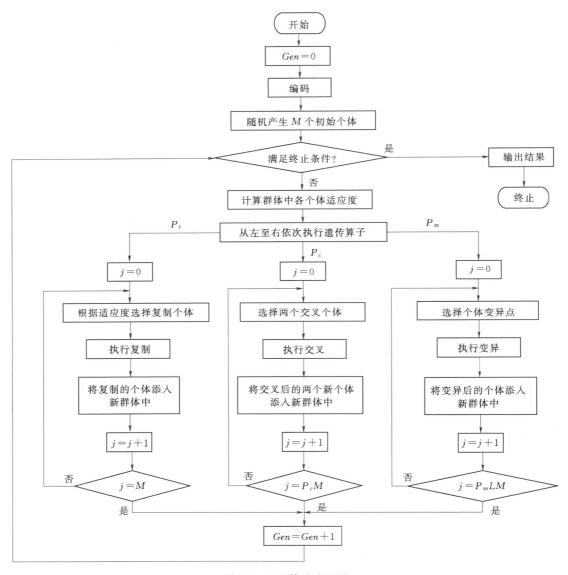

图 6.2　GA 算法流程图

具体实现步骤如下：

（1）确定编码方式及编码长度。

（2）随机地建立由字符串组成的初始群体。

（3）计算各个体的适应度，执行 GA 选择操作。即保留群体中适应度最高的个体，直接将其复制到下一代，对于其他个体，执行 GA 选择操作。

（4）执行 GA 交叉、变异操作，生成新一代种群。

（5）反复执行步骤（3）（4），一旦达到终止条件，选择最佳个体作为遗传算法结果。

6.2.2.2 实施方案及步骤

鉴于遗传神经网络具有较强的非线性映射优势及全局化的搜索能力，其在参数反分析方面获得了广泛的应用。因此，在进行地应力非线性边界优化参数反演时，为建立遗传神经网络计算边界条件（应力边界或位移边界）与模型区域内实测点应力值之间的非线性映射，可用一组神经网络（n，h_1，h_2，$\cdots$，h_p，m）来描述待反演的边界条件与应力之间的非线性关系。在地应力场非线性反演中，以测点应力值的 6 个应力分量作为输入向量，以构造应力场的应力边界参数作为输出向量，利用遗传神经网络建立两者之间的非线性映射。二次反演方法实现过程如图 6.3 所示，具体实施方案如下：

（1）结合河谷地表形态，建立 FLAC³ᴰ 的大尺度整体计算模型，实现由计算边界条件到实测点应力值的正分析过程。

（2）采用均匀设计法构造计算边界参数样本。

（3）利用步骤（1）建立的模型，将步骤（2）生成的参数样本代入 FLAC³ᴰ 软件进行平衡计算，得到相应的应力值样本。

（4）将步骤（2）（3）得到的应力值样本和边界参数样本分别作为神经网络的输入样本及输出样本，通过遗传算法优化神经网络结构及连接权值，建立遗传神经网络。

（5）利用样本训练遗传神经网络，并进行检验。

（6）将实测应力值输入训练好的遗传神经网络，网络输出即为待反演的计算边界参数值。

（7）将一次反演的边界条件代入模型进行"反演正算"，获得大尺度计算模型的岩体应力场。

（8）结合工程精度和要求，建立 FLAC³ᴰ 的小尺度精细计算模型，并提取一次反演中获得的精细模型边界上的应力值，采用非线性边界条件进行拟合，并将拟合参数作为初始值，实现由计算边界条件到实测点应力值的正分析过程。

（9）通过试算确定各参数的变化范围，采用均匀设计法构造非线性边界条件的参数样本。

（10）利用步骤（8）建立的模型，将步骤（9）生成的参数样本代入 FLAC³ᴰ 软件进行平衡计算，得到相应的应力值样本。

（11）将步骤（9）（10）得到的应力值样本和边界参数样本分别作为神经网络的输入样本及输出样本，通过遗传算法优化神经网络的结构及连接权值，建立遗传神经网络。

（12）重复步骤（5）（6），从而获得精细模型的最优边界条件，然后将二次反演边界条件代入精细模型进行正算，最终获得精细模型的岩体应力场。

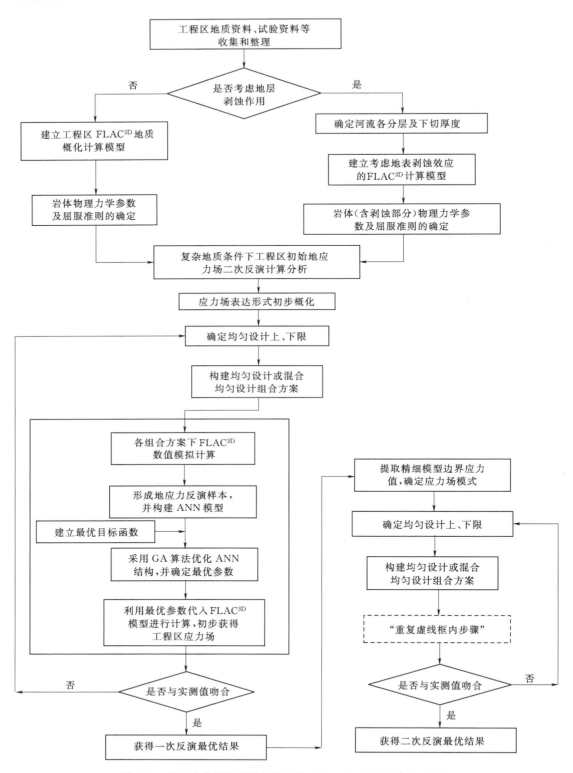

图 6.3 基于非线性边界的初始地应力场二次反演方法技术路线

6.3 工程应用验证

6.3.1 工程概况

南水北调西线一期工程加塔坝区位于壤塘县松潘—甘孜褶皱系地块，地处青藏高原东北缘。坝区总体地势北高南低，河谷高程 3398.1～3442.1m，两岸山顶高程 4139～4296.9m，相对高差 500～800m，属中等切割高山区。区内河道弯曲，河谷横剖面呈不对称 V 形，山坡自然坡度一般为 23°～44°，谷底宽度 70～150m（见图 6.4）。坝段内杜柯河两岸支沟不发育，坝址区主要支沟为位于右岸的乌吉沟。坝段河谷较为开阔，其间主要发育漫滩、阶地、冲洪积扇等微地貌。Ⅰ级、Ⅱ级阶地，沿杜柯河两岸不对称分布。

图 6.4 加塔坝址地形图

坝址区地层主要有三叠系上统杂谷脑组（T_2g）和第四系（Q_4），另外有少量岩脉，其中以三叠纪地层分布面积最大，达区内总面积的 80％以上；第四系地层则仅在杜柯河谷零星分布。坝区位于巴颜喀拉褶皱带内，印支末—燕山早期收缩体制下的构造变形铸成本区构造的基本轮廓，形成了北西西向的褶皱与断裂，同时伴随有岩浆侵入、区域变质，随后喜山期青藏高原陆内变形对先期构造进行了叠加与改造，坝段构造方向北西向。坝段区褶皱构造发育，主要沿 NW 向展布。坝段区为一个倒转的背斜，背斜轴向约 300°，基本顺杜柯河发育。核部地层为 T_2g_1 的砂岩夹少量板岩，产状大致为 25°～37°∠48°～84°；两翼地层为 T_2g_2～T_2g_3 的砂岩、板岩，且翼部地层次级小褶皱较发育，主要为紧闭的直立或斜歪褶皱，板岩中轴面劈理密集发育，主要发育在苗圃对岸、苗圃、俄拉沟等地。杜柯河左岸岩层产状正常，右岸岩层倒转。区内共发现 5 条断层，主要为 NW 向的压扭性断层，规模较大的断层为 F_1、F_2 及 F_4，破碎带宽度为 2～10m，产状近顺河向，倾向 NE。F_3、F_5 断层规模不大，断层破碎带宽度为 0.6～2.0m，且结构较为紧密。此外，坝区两岸岩体中还发育部分围岩蚀变带等地质缺陷，其中影响较大的有 E_1、E_3 及 E_6 等。

6.3.2 坝址区三维地应力场非线性边界二次反演分析

6.3.2.1 地应力实测数据分析

地应力测点平面布置如图 6.5 所示，坝区现场地应力测试采用水压致裂法，其中 ZK10 及 ZK11 为线路孔，位于坝顶附近，ZK02 钻孔为河床孔。从测点的分布上来看，测点的位置体现了坝区不同部位的初始地应力场特征，具有较好的代表性。

图 6.6 和图 6.7 分别给出了 3 个钻孔的实测主应力值及侧压系数随深度的变化曲线。

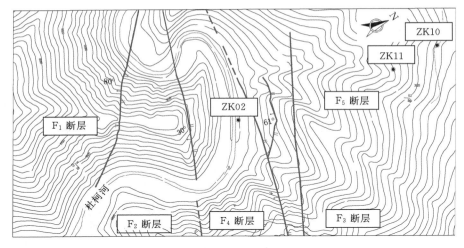

图 6.5　计算区域及测点平面布置图

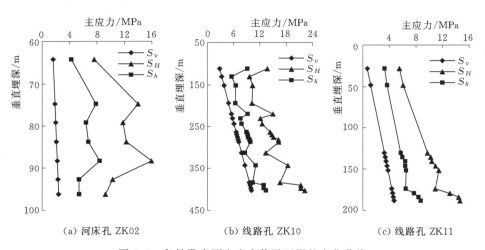

（a）河床孔 ZK02　　　　　（b）线路孔 ZK10　　　　　（c）线路孔 ZK11

图 6.6　各钻孔实测主应力值随埋深的变化曲线

通过对坝址区地应力测试结果进行初步分析，可以得到以下几点认识：

（1）由于受到岩性的影响，使得各钻孔主应力随埋深均呈分段线性分布，尤其是在岩层突变地段。此外，线路孔 ZK10 及 ZK11 的主应力量值随埋深的增加而呈增大趋势，测压系数值随埋深的增加总体上呈减小的特征。

（2）河床孔 ZK02 最大主应力方位为 NW63°，而线路孔 ZK10 及 ZK11 为 NE18°～NE29°，二者近似垂直，表明河谷地形对局部地应力场的方向影响控制和作用明显。

（3）河床孔 ZK02 在埋深 80m 处的最大水平主应力为 11.78MPa，最小水平主应力为 6.39MPa，其量值明显高于线路孔的测值，表明谷底应力集中效应明显。

（4）河床孔 ZK02 和线路孔 ZK10、ZK11 的侧压力系数范围分别为 3.83～7.47、1.7～4.9、2.95～7.86，各钻孔测压系数均大于 1，表明工程场区地应力以水平构造应力场为主。

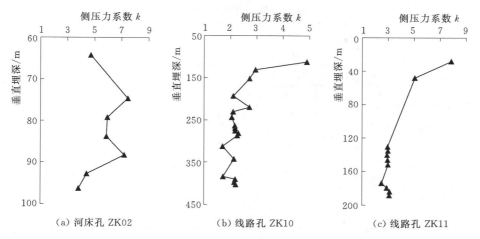

图 6.7　各钻孔侧压力系数随埋深的变化曲线

6.3.2.2　坝址区三维地应力场一次反演

1．一次反演计算范围及整体模型网格划分

根据钻孔岩芯完整性程度、裂隙发育状况及深度分布，同时兼顾反演的计算效率，优选 8 组代表性测试段作为坝区初始地应力场拟合目标。坝址区的反演计算范围如图 6.8 所示。根据主应力与全应力分量之间的转换公式和大地坐标系与任意空间坐标系之间的全应力转换公式，将这 8 组测试段中的主应力值转换成计算坐标系中的应力分量，其计算结果见表 6.2。

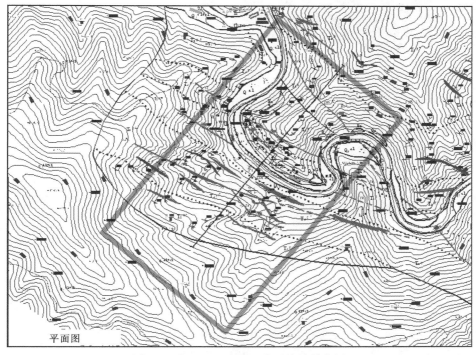

平面图

图 6.8　坝址区地应力一次反演计算范围

表 6.2 坝区水压致裂法应力测量结果

测试钻孔	测段编号	压裂段深度 /m	应力值/MPa			应力分量值/MPa					
			σ_1	σ_2	σ_3	σ_x	σ_y	σ_z	τ_{xy}	τ_{yz}	τ_{xz}
ZK02	3	79.21	11.78	6.39	1.98	6.39	1.98	6.39	1.98	6.39	1.98
	6	92.75	10.28	5.36	2.32	5.36	2.32	5.36	2.32	5.36	2.32
ZK10	14	243.78	12.45	7.82	6.09	7.82	6.09	7.82	6.09	7.82	6.09
	16	269.22	14.63	9.18	6.73	9.18	6.73	9.18	6.73	9.18	6.73
	22	384.15	16.50	10.33	9.60	10.33	9.60	10.33	9.60	10.33	9.60
	25	403.02	22.19	13.37	10.08	13.37	10.08	13.37	10.08	13.37	10.08
ZK11	31	146.29	10.90	6.37	3.66	6.37	3.66	6.37	3.66	6.37	3.66
	36	188.43	14.59	8.71	4.71	8.71	4.71	8.71	4.71	8.71	4.71

计算坐标系以实际大地坐标 （666298.41m，3577579.97m，0m） 为坐标原点，x 轴正向为 N24°E，y 轴正向为 N66°W，z 轴方向为铅直向上。结合坝区地质条件及实测点的分布情况，为消除人工边界误差在重要结构部位的影响，确定计算区域为：在平面上，x、y 轴的计算范围为 3000m×1600m；在铅直方向上，底部高程从 1700m 一直延伸到夷平面。为了便于反演，在建立计算模型时主要考虑了河谷地形，地势，F_1、F_2 及 F_4 大断层和褶皱的影响，忽略局部地质构造作用。一次反演整体模型网格划分如图 6.9 所示，共划分四面体单元 421126 个，节点 73224 个。

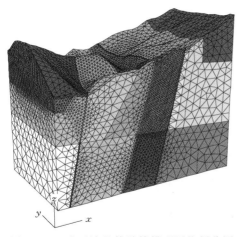

图 6.9 一次反演整体计算模型网格划分图

坝址区各岩层材料力学参数采用基于 Hoek-Brown 广义强度准则的复合材料等效介质理论确定（见表 6.3），岩体本构模型采用 Mohr-Coulomb 模型，近似模拟河谷在剥蚀卸荷过程中发生的弹塑性变形及应力场变化特征。

表 6.3 岩 体 力 学 参 数

岩性	容重 γ /(kN/m³)	泊松比 ν	弹性模量 E/GPa	抗剪断（峰值）强度	
				φ/(°)	c/MPa
强风化	2350	0.32	1.74	26.33	0.430
弱风化	2485	0.26	4.58	32.97	0.790
T_2g_1	2730	0.23	10.12	42.54	1.900
T_2g_2	2735	0.23	8.57	40.10	1.610
T_2g_3	2732	0.23	9.52	41.66	1.800
$T_2g_2 \sim T_2g_3$	2733	0.23	9.15	41.07	1.730

岩性	容重 γ /(kN/m³)	泊松比 ν	弹性模量 E/GPa	抗剪断（峰值）强度	
				φ/(°)	c/MPa
T_2g_4	2730	0.23	9.97	42.33	1.870
T_2g_5	2730	0.22	10.23	42.70	1.920
F_1、F_2、F_4	2100	0.35	0.70	19.00	0.060
F_3、F_5	2150	0.35	1.00	23.00	0.120
E_1、E_3、E_6	2180	0.35	1.25	22.80	0.065

注 抗拉强度、c 及 φ 值依据二者体积分数求其平均值，并在此基础上取折减系数为 0.9 计算得到的。

2. 一次反演实施方案及计算结果分析

一次反演主要考虑岩体自重及地质构造作用。按照荷载施加模式，x 向施加随深度线性变化的边界荷载 $(r_1+0.015h_1)$MPa，y 向施加荷载 $(r_2+0.01h_2)$MPa，容重系数为 G，其中 h_1、h_2 为垂直埋深，选定的待反演参数取值范围见表 6.4。

表 6.4 一次反演参数的取值范围

变量	r_1	r_2	G
取值范围	7.0～16.0	1.0～5.0	0.90～1.30

考虑各参数的取值范围差异，选择偏差较小（偏差 $D=0.1328$）的混合水平均匀设计方案，将 r_1 分为 18 个水平，r_2 及 G 各分为 9 个水平，由此构造 18 种荷载组合方案（见表 6.5）。在实际反演时，以 8 个测点的 3 个正应力值作为网络输入，并将对应的荷载参数组合作为网络的输出。经计算，获得最优的网络拓扑结构为 24-32-6-3，即输入层节点数 24 个，第 1 隐含层节点数 32 个，传递函数 tansig；第 2 隐含层节点数 6 个，传递函数 Logsig；输出层节点数 3 个，传递函数 Purelin。将测点的实测值代入训练好的网络进行计算，网络输出即为反演结果：$r_1=8.25$，$r_2=3.67$，$G=1.071$。

表 6.5 均匀设计试验 $U_{18}(18\times9^2)$ 各方案参数组合（偏差 $D=0.1328$）

水平	X	Y	G	水平	X	Y	G
1	9	2.5	13	10	8	4	11
2	11	4	13	11	10	1	10.5
3	13	1	12.5	12	12	2.5	10.5
4	15	3	12.5	13	14	4.5	10
5	7.5	4.5	12	14	16	1.5	10
6	9.5	1.5	12	15	8.5	3	9.5
7	11.5	3.5	11.5	16	10.5	5	9.5
8	13.5	5	11.5	17	12.5	2	9
9	15.5	2	11	18	14.5	3.5	9

将反演得到的边界荷载条件代入 FLAC³ᴰ分析模型进行一次正算，从而获得坝区初始地应力场，坝址区的最大、中间及最小主应力等值线图如图 6.10 所示。由图 6.10 可知：

坝址区地应力场主要为压应力，主应力大小随埋深增加而增大；断层附近的应力值较低，应力等值线在断层附近发生明显的偏转。

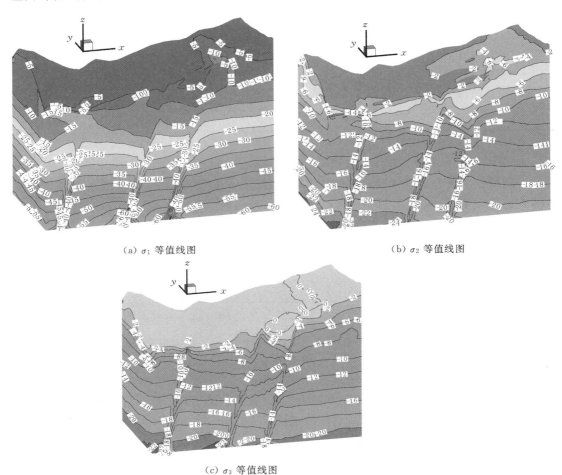

(a) σ_1 等值线图　　　　　　　　　　　(b) σ_2 等值线图

(c) σ_3 等值线图

图 6.10　坝址区各主应力等值线图（单位：MPa）

统计各钻孔测点位置的实测值与计算值可知，大部分测点的一次反演计算值与实测值较接近，且测点的反演主应力与实测主应力分布规律基本一致，表明一次非线性反演结果可靠，可以反映坝区地应力场的分布规律。值得注意的是，由于一次反演模型未考虑局部小规模断层、次级褶皱及围岩蚀变带等地质条件的影响，获得的初始地应力场在局部浅表部及结构面附近与实测值相差较大，不能直接用于坝区的设计及施工，需要进一步完善。

6.3.2.3　坝址区三维地应力场非线性边界二次反演

1. 二次反演计算范围及精细模型网格划分

为了反映工程区局部地质构造对地应力场的影响，结合工程研究范围，二次反演的计算范围如图 6.11 所示。局部精细模型坐标系与整体模型一致，但原点坐标变为（665899.53m，3576612.45m，0m），在水平面上，x、y 轴的计算范围为 1000m×1000m；在铅直方向上底部高程为 2800m，顶部高程为 3702m。与整体模型相比，局部精细模型计算范围大幅缩小，且考虑了小规模断层 F_3、F_5，次级褶皱 $T_2g_2\sim T_2g_3$ 及蚀变带（E_1、E_3 及 E_6）等影响。

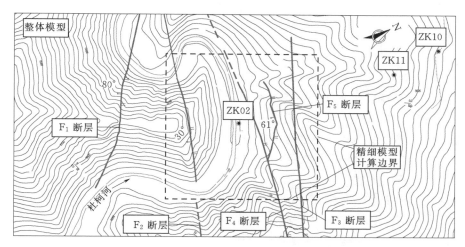

图 6.11　坝址区地应力二次反演计算范围

二次反演精细模型及网格划分见图 6.12，共划分四面体单元 291674 个，节点 51047 个。坝址区各岩层材料力学参数与表 6.3 一致。采用 Mohr-Coulomb 岩体本构模型，近似模拟工程研究区岩体应力场的弹塑性变形及应力场变化特征。

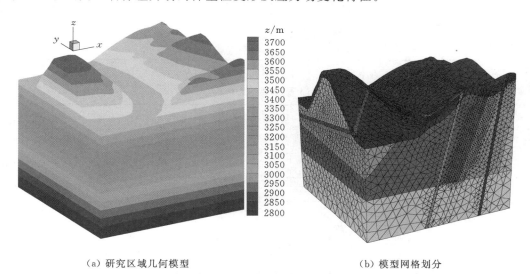

（a）研究区域几何模型　　　　　　　　　　（b）模型网格划分

图 6.12　二次反演计算模型及网格划分

2. 非线性边界模式的确定

依据一次反演计算结果，提取局部精细模型的边界应力值，确定坝址区的非线性边界荷载模式，并进行回归显著性检验。研究表明该坝址区的非线性边界模式与式（6.3）～式（6.5）类似，进一步验证了该模式的可靠性。坝址区的边界模式如下：

$$\left.\begin{array}{l}\sigma_x = a_1 + a_2 H + a_3 \sqrt{H} + a_4 E + a_5 EH \\ \sigma_y = b_1 + b_2 H + b_3 \sqrt{H} + b_4 E + b_5 EH \\ \sigma_z = k\gamma H \\ \tau_{xy} = d_1, \tau_{yz} = d_2, \tau_{xz} = d_3 \end{array}\right\} \qquad (6.19)$$

式中：H 为地表至计算点的高程差，m；E 为岩体弹性模量，GPa；γ 为岩体容重，N/m^3；$a_1 \sim a_5$、$b_1 \sim b_5$、k、$d_1 \sim d_3$ 均为待定系数。

3. 二次反演实施方案及计算结果分析

由于一次反演时忽略了精细模型边界附近软弱构造的影响，这势必会导致所提取的精细模型边界上的应力值失真，加之精细模型范围有限，计算获得的关键区域地应力场精度会受到一定的影响。因此，需要对精细模型的边界荷载进行反演，确定最优的非线性边界荷载模式的最优待定系数。

通过试算，确定边界荷载各待定系数取值范围（见表 6.6），采用均匀设计法将各参数分为 6 个水平（见表 6.7），共构造 30 种荷载组合方案。选择河床孔两测段正应力值作为网络输入，并将对应的荷载参数组合作为网络的输出，对边界参数进行反演。

表 6.6　　　　　　　　　　　　二次反演参数的取值范围

变量	a_1	a_2	a_3	a_4	$a_5/10^{-3}$	k
取值范围	$-5.4 \sim -6.4$	$1.5 \sim 2.5$	$-0.052 \sim -0.062$	$-0.4 \sim -0.5$	$1.6 \sim 2.6$	$1.0 \sim 1.5$
变量	b_1	b_2	b_3	b_4	$b_5/10^{-3}$	
取值范围	$-3.4 \sim -4.4$	$-0.22 \sim -0.32$	$0.038 \sim 0.048$	$0.8 \sim 1.8$	$-3 \sim -4$	

注　$d_1 = 0.65$，$d_2 = 0.82$，$d_3 = -1.35$，这 3 个参数不参与反演。

表 6.7　　　　　　　　　　　　各 变 量 的 取 值 水 平

水平	a_0	a_1	a_2	a_3	a_4	b_0	b_1	b_2	b_3	b_4	G
1	-5.4	1.5	-0.052	-0.4	0.0016	-3.4	-0.22	0.038	0.8	-0.0030	10
2	-5.6	1.7	-0.054	-0.42	0.0018	-3.6	-0.24	0.04	1	-0.0032	10.8
3	-5.8	1.9	-0.056	-0.44	0.002	-3.8	-0.26	0.042	1.2	-0.0034	11.6
4	-6.0	2.1	-0.058	-0.46	0.0022	-4	-0.28	0.044	1.4	-0.0036	12.4
5	-6.2	2.3	-0.060	-0.48	0.0024	-4.2	-0.3	0.046	1.6	-0.0038	13.2
6	-6.4	2.5	-0.062	-0.5	0.0026	-4.4	-0.32	0.048	1.8	-0.004	14

参数的反演结果为 $a_1 = -5.628$，$a_2 = 1.879$，$a_3 = -0.0558$，$a_4 = -0.419$，$a_5 = 0.00236$，$b_1 = -3.952$，$b_2 = -0.238$，$b_3 = 0.042$，$b_4 = 1.209$，$b_5 = -0.00311$，$k = 1.355$。将二次反演得到的非线性边界荷载作用于局部精细模型进行弹塑性计算，最终得到精细模型区域的初始地应力场。一次反演、二次反演的计算值见表 6.8。依据二次反演结果绘制坝区各主应力等值线如图 6.13 所示。

表 6.8　测点位置地应力实测值与计算值对比

测点编号	取值类型	主应力值/MPa			应力分量值/MPa						倾角及方位角/(°)				相对误差/%	
		σ_1	σ_2	σ_3	σ_x	σ_y	σ_z	τ_{xy}	τ_{yz}	τ_{xz}	α_1	α_2	α_3	β	误差1	误差2
3	实测	11.78	6.39	1.98	6.47	11.70	1.98	0.65	0.00	0.00	—	—	—	297.00	—	—
	一次反演	14.74	8.24	3.06	8.19	14.50	3.34	0.89	−1.24	0.77	5.69	−10.33	78.18	277.12	26.95	28.46
	二次反演	13.18	7.10	3.05	7.09	13.10	3.15	−0.58	−0.46	0.56	2.93	−7.33	82.11	282.36	14.07	17.73
6	实测	10.28	5.36	2.32	5.43	10.21	2.32	0.60	0.00	0.00	—	—	—	297.00	—	—
	一次反演	15.08	8.54	3.30	8.42	14.81	3.68	0.52	−1.73	0.23	8.51	−4.07	80.54	274.16	49.36	50.11
	二次反演	12.40	6.92	3.14	6.87	12.35	3.24	0.32	−0.60	0.44	7.50	5.62	80.72	286.09	23.33	24.17
14	实测	12.45	7.82	6.09	12.40	7.87	6.09	0.48	0.00	0.00	—	—	—	26	—	—
	一次反演	10.87	9.65	8.09	10.64	9.65	8.31	−0.25	0.45	−0.56	14.61	10.01	74.16	17.01	19.71	21.99
16	实测	14.63	9.18	6.73	14.60	9.21	6.73	0.38	0.00	0.00	—	—	—	24	—	—
	一次反演	12.38	10.43	8.49	12.19	10.54	8.58	−0.49	0.32	−0.43	7.49	5.62	80.61	16.09	16.80	18.74
22	实测	16.50	10.33	9.60	16.35	10.48	9.60	0.95	0.00	0.00	—	—	—	29	—	—
	一次反演	19.21	13.36	10.02	19.15	13.29	10.15	0.45	−0.62	−0.44	3.09	−10.20	79.33	24.58	18.83	18.94
25	实测	22.19	13.37	10.08	22.17	13.39	10.08	0.46	0.00	0.00	—	—	—	23	—	—
	一次反演	24.43	14.77	12.56	24.36	14.77	12.63	−0.58	−0.32	0.64	−3.19	−7.32	82.01	17.64	13.03	13.84
31	实测	10.90	6.37	3.66	10.89	6.38	3.66	−0.16	0.00	0.00	—	—	—	18	—	—
	一次反演	9.39	7.73	4.16	9.29	7.68	4.32	−0.36	0.56	0.54	−4.85	10.64	78.27	10.26	15.92	17.61
36	实测	14.59	8.71	4.71	14.55	8.76	4.71	0.51	0.00	0.00	—	—	—	25	—	—
	一次反演	16.29	10.40	5.67	16.26	10.35	5.74	0.26	0.55	0.37	−2.14	6.49	83.17	22.7	14.64	15.06

注：
1. $\alpha_1 \sim \alpha_3$ 分别为第一、第二、第三主应力的水平倾角，正为上倾，负为下倾；β 为第一水平主应力的方位角，以正北顺时针转动为正。
2. 误差1仅考虑3个主应力；误差2考虑了6个应力分量；误差计算见式（6.20）。

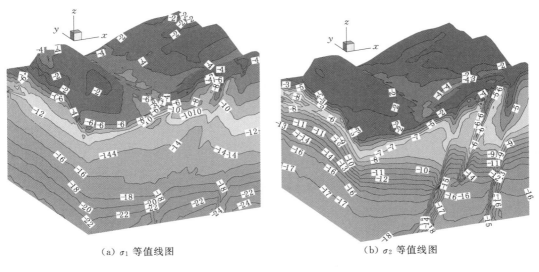

（a）σ_1 等值线图　　　　　　　　　（b）σ_2 等值线图

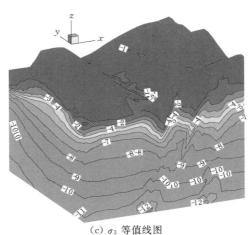

（c）σ_3 等值线图

图 6.13　X - X 剖面各主应力等值线图

通过对表 6.8 及图 6.13 进行分析，可以得出：

（1）二次反演得到的应力值及主应力方向与实测值吻合较好，比一次反演的计算精度更高。

（2）坝区主应力随埋深的增大而增大，但在断层附近主应力值明显降低，且应力等值线向下偏转。

（3）除断层附近外，河谷两岸最大主应力大小及方向基本对称，均为横河顺坡向，谷底应力集中明显，呈现典型的"应力包"现象。

（4）坝区除地表面、断裂及褶皱附近有少量的塑性区之外，大部分区域基本上处于弹性状态。

6.3.2.4　反演计算结果比较分析

一次反演、二次反演的计算值与实测应力值对比见表 6.8，定义相对误差为

$$\Delta = \left| \frac{\parallel 实测值 \parallel_2 - \parallel 计算值 \parallel_2}{\parallel 实测值 \parallel_2} \right| \times 100\% \qquad (6.20)$$

式中：$\parallel \cdot \parallel$ 为 2-范数。

由表 6.8 可知，河床孔测段 1-1、1-2 的一次反演计算值与实测值应力张量各分量的相对误差分别为 28.46%，50.11%，主应力的相对误差分别为 26.95%，49.36%；二次反演计算值与实测值的相对误差分别为 17.73%，24.17%，主应力的相对误差分别为 13.04%，23.33%。此外，在主应力方位上，一次反演的第一主应力方位角平均值为 NE275.64°，而二次反演的第一主应力方位角为 NE284.23°，其与实测值 NE297° 较一致。河床孔测段的主应力及应力分量相对误差的二次反演精度均有明显提高，主要有两方面原因：一方面，局部精细模型较全面地反映了河床附近次级褶皱及小断层等因素的作用；另一方面，河床孔测点较浅，基本上位于塑性区内，落在塑性区的测段其安全系数较接近于 1，二次反演时对精细模型边界进行了优化，弹塑性迭代后其应力值调整幅度较大。

可见，通过对比坝区初始地应力场一次反演和二次反演计算结果，初步认识包括：①坝区局部软弱地质构造对初始地应力场有一定的影响，处于该区域附近的一次反演计算值与实测值相差较大；②二次反演考虑了坝区局部地质构造的影响，获得的坝区初始地应力场精度更高，且位于塑性区内的测点计算值与实测值吻合较好，表明该方法同样适用于岩体非线性力学特性较明显的区域，可将二次反演的计算结果应用于后续坝基开挖及锚固仿真分析；③二次反演在一次反演的基础上进行了局部地质构造的细化及应力边界的优化，计算精度较高，且地质模型的几何特征不受限制，在一定程度上拓宽了该方法的应用范围；④二次反演方法有效地解决了数值仿真软件在大范围建模中因兼顾局部构造而造成的网格数目较多及计算速度过慢的问题，同时其应用范围不受线性反演中弹性假定的限制，大大提高了解决复杂问题的能力，具有较高的工程应用价值。

6.3.3　坝址区初始地应力场分布规律

6.3.3.1　河床部位地应力分布特征

图 6.14 为近坝 $X-X$ 剖面主应力等值线图，由图 6.14 可知，在河床部位风化界限以下，主应力等值线均较为密集，说明该部位应力集中现象明显，且呈三向受压状态，即出现"应力包"现象。其中，应力集中区范围为竖直深度 80m 以下，第一主应力 σ_1 值在应力集中区的大小为 13～19MPa，这与河床区域地应力实测结果是基本一致的。

6.3.3.2　地应力沿水平埋深变化规律

钻孔横剖面（$y=500m$）高程分别为 3418m、3477m 和 3566m 上的各点第一主应力 σ_1 值随水平埋深的变化曲线如图 6.15 所示。图 6.15（a）中，高程 3418m 第一主应力 σ_1 的变化曲线从左岸向右岸穿越了河谷应力集中区，其量值在河谷中部达到峰值，并向左、右两岸以较大应力梯度降低，且两岸脱离了应力集中区。此后，除右岸在岩层分界处出现应力"跳跃"现象，两岸基本趋于平稳。图 6.15（b）中，第一主应力 σ_1 量值在谷坡浅表层岩体中量值较小，穿越风化界线后快速上升，然后略微降低，并基本趋于平稳，且随着高程的增加其应力值明显减小。

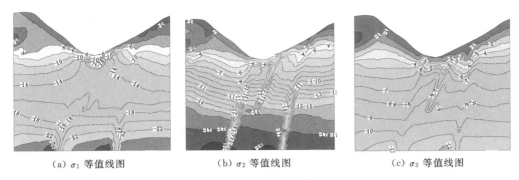

（a）σ_1 等值线图　　　　（b）σ_2 等值线图　　　　（c）σ_3 等值线图

图 6.14　近坝 X-X 剖面各主应力等值线图（单位：MPa）

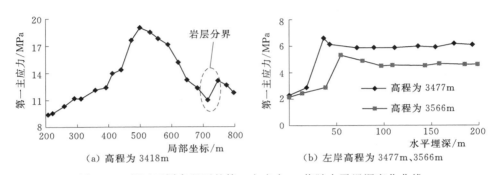

（a）高程为 3418m　　　　　（b）左岸高程为 3477m、3566m

图 6.15　坝区不同高程下的第一主应力 σ_1 值随水平埋深变化曲线

6.3.3.3　地应力沿垂直埋深变化规律

图 6.16 分别为谷坡和河床部位铅垂应力 σ_z 及第一主压应力 σ_1 值沿垂直埋深的变化曲线。图 6.16（a）表明：σ_1 值在谷坡浅部（应力释放区）应力值较小，当穿越风化层界

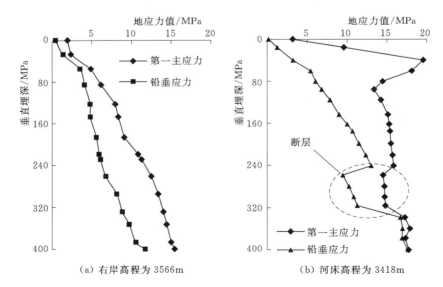

（a）右岸高程为 3566m　　　　　（b）河床高程为 3418m

图 6.16　不同河谷部位垂直应力 σ_z 和 σ_1 随垂直埋深的变化曲线

线后，随着埋深的增加，σ_1 值几乎呈分段线性增大，且 σ_1 值要明显大于 σ_z；当超过一定埋深后，二者的变化特征趋于一致。图 6.16（b）显示，σ_1 值在河床表层（应力释放区）岩体中量值较小，且随着埋深增加的幅度较小；当进入应力集中区后，σ_1 值迅速上升并达到峰值，然后迅速减小，并缓慢增大；值得说明的是，断层的存在使得 σ_1、σ_z 值均出现明显的应力"跳跃"现象；当穿越断层后，σ_1 值逐渐与铅垂应力 σ_z 的变化趋于一致。

6.3.3.4　侧压力系数沿垂直埋深变化规律

图 6.17（a）（b）分别为谷坡和河床部位（剖面 $y=500\text{m}$）高程分别为 3566m 和 3418m 的第一主应力与铅垂应力比值 k 随垂直埋深的变化曲线。从图 6.17 中可以看出：河床、谷坡部位的侧压力系数随深度的增加均减小，且侧压力系数均大于 1，表明坝区地应力以水平构造应力为主；河床部位在应力集中区附近的侧压力系数值明显大于同深度处的坝肩部位值，且变化较大；当超过一定埋深时，河床的侧压力系数小于谷坡部位，且趋近于 1；由于岩性的不均匀性，使得谷坡侧压力系数随埋深出现"振荡"现象，但总体上靠近 1。可见，随着垂直埋深的增加，构造应力场的控制作用减弱，自重应力场作用逐渐增强。

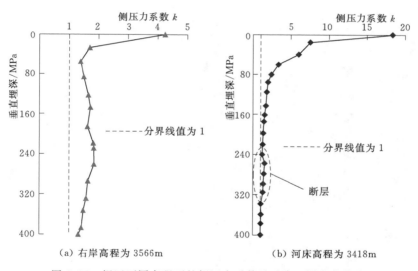

（a）右岸高程为 3566m　　　（b）河床高程为 3418m

图 6.17　坝区不同高程下的侧压力系数随垂直埋深变化曲线

6.3.3.5　地应力场分区特征

上述分析表明，南水北调西线工程——加塔坝区河谷应力场大致可以分为 3 个应力分区：河谷浅表层岩体由于受到风化剥蚀及河谷卸荷回弹作用，使其岩体应力值较小，明显低于远场原岩应力状态，属于应力释放区；在谷坡应力释放区以内，主应力值迅速增加，且在量值上大于远场原岩应力，属于应力增高区；此后，主应力岩谷坡埋深的增大，其应力值较为平稳，属于应力稳定区。河床同样也存在上述 3 个应力区，但与此不同的是，其应力释放区由于受到谷底约束作用，使得其深度范围明显小于谷坡，且河床存在明显的高应力包现象，其深度范围位于应力集中区以内。各应力分区范围如图 6.18 所示。

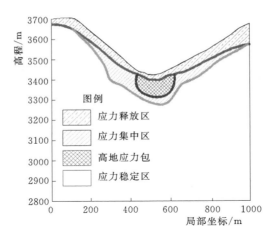

图 6.18　加塔坝址区河谷地应力场分区图

第 7 章

基于多源信息融合分析的地应力场反演方法及工程应用

7.1 引言

初始地应力场是地下厂房布局和支护体系设计以及地质灾害防控等决策过程中需要重点关注的主要因素之一，特别是随着我国西部高地应力区复杂地质条件下大型地下厂房工程建设的展开，相关的地应力研究愈来愈得到重视，在维护地下厂房围岩稳定和安全施工等方面起到了关键性作用。地应力场是否合理的影响因素众多，除了测试技术、拟合或反演方法以及数值模拟的边界条件外，还有初始测试信息的可靠性、地质构造运动与河谷演化历程、地应力场分布规律及其工程检验与反馈等多源信息方面。因而，合理的地应力场分析和评价需要工程现场多源信息的综合研究。

本章在前人地应力场成果研究的基础上，结合多源信息融合的思想，提出了大型地下厂房区域地应力场研究的多源信息融合分析方法与思路，并将该方法应用到官地水电站地下厂房区域地应力场的研究中，获得了该厂房地应力场的特征及其分布规律，最后通过现场围岩的变形破坏规律与现象对获得的地应力场进行了验证，表明了文中提出的多源信息融合分析方法的科学性和可行性。

7.2 多源信息融合分析方法与思路

7.2.1 多源信息融合的思想

信息融合主要是对多源信息进行处理，获得可综合利用信息的理论和方法。这种信息融合研究的关键问题，就是提出一种理论方法，对具有相似或不同特征模式的多源信息进处理，以获得融合信息，所研究的重点是特征识别和算法，这些算法导致多源信息的互补集成，改善不确定环境中的决策过程，解决把数据用于确定不同时空框架的信息理论问题，同时用来解决模糊的和矛盾的问题。它的优点在于信息的容错性、互补性特征等。

7.2.2　多源信息融合分析方法

在前人地应力场成果研究的基础上，结合上述多源信息融合的思想以及地应力场分析过程的具体特征，提出大型地下厂房区域地应力场研究的多源信息融合分析方法和思路，具体如图 7.1 所示。

7.2.2.1　地应力基础信息融合分析

首先根据地下厂房工程区域岩体的地质条件和工程规模，选择一种或多种适宜这种地质条件的现场地应力测试方法，在具有代表性的区域中实测地应力。依据地质条件特征和构造演化历程的信息以及工程所在大区域地应力场特征信息，分析工程区域地应力场大小和方位的控制性信息，并对实测地应力进行论证，以确保测试地应力信息的合理性、代表性和可靠性，为进一步识别地下厂房工程区域地应力特征信息的研究提供基础的融合信息。

7.2.2.2　地应力特征信息识别分析

在获得地应力基础信息的基础上，研究适合具体工程特点的线性或非线性识别方法，结合地应力场数值模拟方法，确定合理的边界条件，对地下厂房工程区域的地应力场进行数值模拟，识别地下厂房地应力量值、方位、侧压力系数以及沿轴线或典型断面的地应力等空间分布特征与变化规律信息，进而为地下厂房工程决策提供地应力场特征的融合信息。

7.2.2.3　决策反馈信息融合分析

根据识别的地应力场特征融合信息，并结合现场地质信息，为地下厂房设计过程中一系列的关键问题提供决策依据，这些关键问题包括洞室群轴线方位布局、洞室形态和尺寸、围岩类别和支护方式以及围岩稳定（如岩爆等）的判断等。

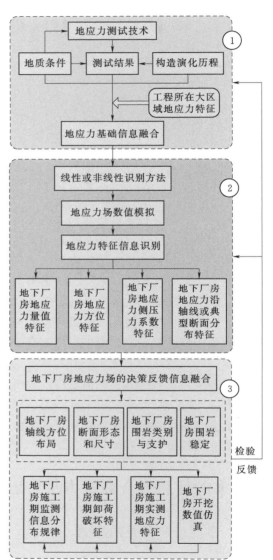

图 7.1　大型地下厂房区域地应力场多源信息融合分析方法和思路

在施工期，通过地下厂房现场开挖过程揭示的监测信息分布规律、围岩卸荷破坏特征以及实测二次地应力场特征等的分析与判读，再结合地下厂房施工过程的数值仿真，相互校核，对决策信息进行反馈，验证并复核地应力基础融合信息和特征信息识别等分析过程和结果的合理性，查找原因，修正不合理的信息融合结果，以便获得更为合理的大型地下厂房地应力场信息。

很显然，这种分析方法具有典型的"基础信息融合—特征信息识别—决策反馈信息融合"3 个层次的递进反馈式信息融合分析过程，对于解决复杂地质条件下大型地下厂房地应力场合理性问题提供了一种行之有效的研究思路，可为大型地下厂房动态优化设计和信息化施工提供支撑和依据。

7.3 工程应用——官地水电站

7.3.1 工程概况

官地水电站位于四川省凉山彝族自治州的西昌市与盐源县交界的雅砻江打罗湾河段上，是雅砻江干流卡拉至江口河段水电规划五级开发的第三个梯级电站（见图 7.2），其上游是在建的锦屏二级和锦屏一级水电站，下游是已建成的二滩水电站和在建的桐子林水电站。

图 7.2　雅砻江官地水电站地理位置图

官地水电站枢纽布置如图 7.3 所示。官地水电站大坝为碾压混凝土重力坝，坝顶高程 1334m，水库正常蓄水位 1330.0m，最大坝高 168m，总库容 7.6 亿 m³，装机容量 2400MW。官地水电站引水发电系统位于坝址右岸，从竹子坝沟左岸进口到灰玄沟出口。电站地下厂房洞室群规模巨大，主要由引水洞、主厂房、母线洞、主变室、尾水调压室、出线洞、排风洞和尾水洞等组成。

引水发电系统位于坝址右岸，从竹子坝沟左岸进口到灰玄沟出口。地下厂房洞室群规模巨大，主要由引水洞、主厂房、母线洞、主变室、尾水调压室和尾水洞等组成。主厂房、主变室、尾调室三大洞室平行布置（见图 7.4），轴线方向 N5°E，主厂房与主变室间岩柱厚 49.2m，尾调室与主变室间岩柱厚 48.8m。主厂房全长 243.44m，吊车梁以上开挖跨度 31.10m，以下开挖跨度 29.00m，开挖高度 76.30m；共装有 4 台单机容量

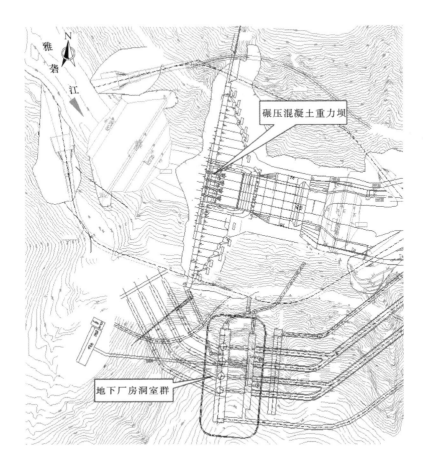

图 7.3　官地水电站枢纽平面布置图

600MW 的水轮发电机组。N 端和 S 端分别设副厂房和安装间，其尺寸分别为长 17.0m，宽 29.0m，高 42.5m，以及长 66.9m，宽 31.1m，高 29.90m。N 端副厂房端墙埋深约 244m，S 端安装间端墙埋深 487m，主厂房最大埋深 420m。主变室长 197.30m，宽 18.8m，总高 25.20m，顶拱最小埋深 220m。引水洞采用一机一洞布置，尾水调压室采用 "两机一室" 布置形式，设置两个条型调压室，尾调室最大开挖尺寸为 223m×21.5m×76.5m（含尾调室安装间）。中间设岩柱隔墙将其分为 1 号、2 号两个下室，顶拱高程 1251.0m，隔墙顶高程 1228.5m，此高程以上两室连通。

　　地下洞室群所在的右岸山体谷坡较陡峻，坡度为 35°～40°，局部段达 50°～60°。右岸切割较深的沟从上游至下游有竹子坝沟、渡口沟及右灰玄沟，除竹子坝沟常年流水外，其他沟为暂时性水流或干沟。据厂区探洞揭露，地下厂房位于斜坡应力集中带（紧密挤压带）以内，地应力水平为 25～35MPa。地下厂房置于新鲜的 $P_2\beta_1^{5-1}$ 层斑状玄武岩和 $P_2\beta_1^{5-2}$ 角砾集块熔岩中。安装间、副厂房及主厂房置于 $P_2\beta_1^{5-2}$ 层角砾集块熔岩中，尾调室及部分主变室置于 $P_2\beta_1^{5-1}$ 层灰绿色斑状玄武岩中，F_2 断层在距安装间端墙 145m 的西侧，副厂房

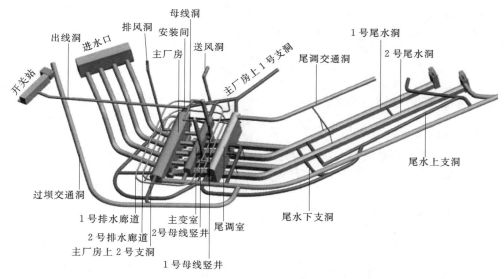

图 7.4　官地水电站地下厂房洞室群系统布置图

北侧约 90m 为右岸导流洞。虽 $P_2\beta_1^{5-1}$ 层岩石均一性稍差，但总体岩石坚硬，单轴湿抗压强度为 115～255MPa，声波纵波速为 5550～6500m/s。地下厂房区无大的断层或软弱结构面，错动带较发育，但规模较小；洞室围岩完整性较好，以次块～块状结构为主，局部为镶嵌或碎裂结构。据探洞揭露，错动带宽度大多为 0.5～4cm，个别宽度 13～33cm。错动带物质较紧密，大多由压碎岩、石英脉、方解石脉组成，少量由角砾岩及糜棱岩组成，主要为岩块岩屑型。

7.3.2　河谷地应力场形成的演化历程信息

根据已有的地质调查和研究资料，官地水电站工程区域位于青藏高原东南缘，在鲜水河—安宁河—则木河—小江断裂带和金沙江—红河断裂带所围限的川滇巨型菱形断块内，金河—箐河断裂、锦屏山—小金河断裂带为边界的锦屏盐源次级断块上。区内主要发育北北东向和近南北向断裂带等断裂构造，还发育有次一级的北西向和北东东向断裂。该区域从北西到南东，依次分布有北北东走向的锦屏山—小金河断裂带、马头山—周家坪断裂带、盐源弧形断裂带（东翼）和近南北向的金河—箐河断裂带、磨盘山断裂带、安宁河断裂带。这些构造特征的形成主要与所经历多次构造活动历史有关，该区域曾经历了印支—燕山期的近东西向挤压，尤以燕山期最为强烈，而喜马拉雅早期，区域构造应力场转为 NW～SE 向挤压，并一直持续到全新世，形成了现有的地质地貌特征。受这一地质演变历史的影响，工程区域地质构造应力场演化史曾经历了 3 期，分别为 NEE～EW（Ⅰ期）、SN～NNE 向（Ⅱ期）到 NW～NWW 向（Ⅲ期）的强烈挤压，形成了现今地下厂房区域呈现的近 SN 的单斜构造和走向在 NW～NNW 间的断层和优势结构面等地质构造，而这种内动力作用使得该区域地层积蓄了较大的水平应力。

自从上新世以来，工程区域的地壳处于间歇性抬升状态，打罗地质块体区域性的浅表生改造、长期剥蚀以及雅砻江河谷下切，造成了现今典型的 V 形高山峡谷地貌（见图

7.5)，河谷区域的水平应力得到了一定程度的释放，但受地形和地貌的影响，该区域的岩体中依旧存在着一定的残余构造应力。

7.3.3　实测地应力信息解析

官地水电站厂房区域现场地应力测量测点位置布置如图 7.6 所示。为了方便表述，地应力分析章节以压为正、拉为负。在可行性研究阶段，成都勘测设计研究院科研所在右岸采用孔径法进行了 3 组地应力测量，其中 S-3、S-2 测点（见图 7.6）

图 7.5　官地水电站厂房区域河谷地形地貌

在厂房范围内，测得最大主应力 $\sigma_1 = 25.0 \sim 30.1\text{MPa}$，方向 N53°～72°W，倾角 −3°～−13°。招标设计阶段在原布置主厂房（即 N67°E 厂房轴线方位）的 NW 端增加了 1 个测点（S-6）、调压室增加了 2 个测点（S-7、S-8）。通过初步分析研究后，发现地应力的方向较为分散；为此，又对 S-2、S-8 测点开展了孔径法地应力复核。

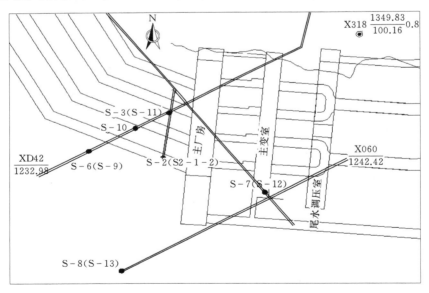

图 7.6　实测地应力测点位置布置示意图

为进一步了解地下厂房区域的地应力分布情况，从而为厂房轴线布置提供更可靠的依据，2006 年年初，长江科学院利用空心包体式解除法在官地地下厂房区域的进行了现场三维地应力测量，在原拟布置的地下厂房和尾水调压室部位分别布置了 4 个和 2 个钻孔进行孔壁应变法测量，地应力测点位置布置见图 7.6 和表 7.1。S9 位于 XD42 勘探洞 0+145、S10 位于 XD42/0+070、S11 位于 XD42 与 XD02 交叉口、S12 位于 XD60 与 XD02 交叉口、S13 位于 XD60 最上游处、S2 位于 XD02 下支 0+242。本节将主要依据长江科学院完成的《雅砻江官地水电站地下厂区洞室群施工期快速监测与反馈分析》获得的成果进行总结分析。

表 7.1 测 孔 布 置 表

测孔编号	测孔位置	成功测点数目	测孔编号	测孔位置	成功测点数目
S9	勘探洞 XD42/0+145	3	S12	XD60 与 XD02 下支交叉口	3
S10	XD42/0+70	3	S13	XD60 最上游处	3
S11	XD42 与 XD02 交叉口	3	S2	XD02 再支，X322 洞底	3

7.3.3.1 孔径法地应力测试数据综合分析

1. 孔径变形地应力测试方法

采用钻孔孔径变形地应力测试方法获得初始应力状态，需要布置不同方向的钻孔至少 3 个，设第 i 个钻孔的倾角为 α_i，方位角为 β_i；变形计内布置 t 对触头，用 j 表示，相对应的角度为 θ_j。在第 i 钻孔岩壁上，变形计的第 j 对触头，测得的孔径相对变形 $\dfrac{U_{ij}}{d}$ 与钻孔坐标系表达的地应力状态的关系，根据测得的孔径相对变形与钻孔坐标系表达的应力分量关系：

$$E\frac{U_{ij}}{d}=\left[1+2(1-\mu^2)\cos2\theta_j\right]\sigma_{xi}+\left[1-2(1-\mu^2)\cos2\theta_j\right]\sigma_{yi}-\mu\sigma_{zi}+4(1-\mu^2)\sin\theta_j\tau_{xiyi}$$

$$(i=1\sim s, j=1\sim t) \tag{7.1}$$

分析式（7.1）可知，观测值径向位移 U_{ij} 与 4 个应力分量 σ_x、σ_y、σ_z 和 τ_{xy} 建立了关系。如果在同一钻孔中超过 3 次的多次测量，观测值方程组的系数行列式的秩为 3，只有 3 个方程式独立的，其余方程为线性相关，该观测值方程组无解（3 个方程解 4 个未知数）。因此，钻孔孔径变形测量法测定地应力，必须要 3 个以上不同方向的交汇钻孔，分别测量，才能获得三维地应力状态。

2. 测点地应力信息分析及三维空间投影解析

孔径法测试（S-2、S-3、S-6、S-7、S-8）结果表明，厂房区域最大主应力 σ_1 方向为 N28.7°～53°W，平均值 N35.4W°，最大主应力量级为 25.0～35.17MPa。各测点的高程、埋深等详细信息见表 7.2。

表 7.2 厂区地应力测试成果表（孔径法）

测点高程	试点编号	试点位置/m	水平埋深/m	垂直埋深/m	岩性	σ_1 量值/MPa	σ_1 方向/(°)	σ_1 倾角/(°)	σ_2 量值/MPa	σ_2 方向/(°)	σ_2 倾角/(°)	σ_3 量值/MPa	σ_3 方向/(°)	σ_3 倾角/(°)
Ⅰ线右岸 1233m	S-1	XD02 0+145～150	140～145	103	$P_2\beta^{15-2}$ 角砾集块熔岩	32.40	338	−30	17.1	30	48	7.15	85	−27
右岸地下厂房 1235m	S-3	XD02 下支 0+170～180	270	264	$P_2\beta^{15-2}$ 角砾集块熔岩	25.0	307	−3	10.6	30	70	3.9	38	−19

续表

测点高程	试点编号	试点位置/m	水平埋深/m	垂直埋深/m	岩性	σ_1 量值/MPa	σ_1 方向/(°)	σ_1 倾角/(°)	σ_2 量值/MPa	σ_2 方向/(°)	σ_2 倾角/(°)	σ_3 量值/MPa	σ_3 方向/(°)	σ_3 倾角/(°)
右岸地下厂房 1235m	S-2	XD02 下支 0+240~245	330	303	$P_2\beta^{15-2}$ 角砾集块熔岩	30.1	288	-13	13.7	32	-45	7.11	6	42
	S-2F 复核	XD02 下支 245	330	303	$P_2\beta^{15-2}$ 角砾集块熔岩	35.17	331.3	-41.5	13.98	10.7	41.1	9.46	81.2	-21
右岸 1238m	S-6	XD42 0+145	365	340	辉斑玄武岩（Ⅱ）	26.31	329.5	-17.4	13.26	37.7	49.8	7.06	72.1	-34.9
右岸 1239m	S-7	XD44 0+142	370	350	角砾集块熔岩（Ⅱ）	32.79	325.3	-4.5	18.5	60.4	-48.3	8.81	51.4	41.3
右岸 1241m	S-8	XD60 0+295	515	470	角砾集块熔岩（Ⅱ）	38.49	327.8	-0.2	17.9	58.0	-49.8	10.91	57.7	40.2
	S-8F 复核	XD60 0+295	515	470	角砾集块熔岩（Ⅱ）	30.82	329.6	-6.2	14.99	56.1	28.9	6.35	70.6	-60.3

将表 7.2 中所列地应力测试数据转换至三维地下厂房模型整体坐标系下，获得了各地应力测点在全局坐标系下的应力分量数据，并计算了端墙侧压力系数和边墙侧压力系数，结果见表 7.3。从计算结果可以看出，端墙侧压力系数 $\lambda_1 = 0.61 \sim 2.47$，其平均值为1.49；边墙侧压力系数 $\lambda_2 = 0.94 \sim 2.89$，其平均值为 1.57。平行边墙应力分量 $\sigma_{xx} = 10.472 \sim 29.458$MPa，垂直边墙应力分量 $\sigma_{yy} = 11.881 \sim 28.544$MPa。

表 7.3　　　　　　　　厂房区域地应力测点转换应力分量（孔径法）

测点编号	应 力 分 量/MPa						边、端墙侧压力系数	
	σ_{xx}	σ_{xy}	σ_{xz}	σ_{yy}	σ_{yz}	σ_{zz}	端墙 λ_1	边墙 λ_2
S-1	25.75	5.93	5.30	11.88	7.11	19.02	0.62	1.35
S-3	10.47	9.14	-1.39	19.19	1.89	9.84	1.95	1.06
S-2	10.81	3.42	4.05	28.54	3.38	11.56	2.47	0.94
S-2F	21.98	6.41	8.38	13.93	7.30	22.70	0.61	0.97
S-6	20.51	7.11	1.90	13.72	4.84	12.40	1.11	1.65
S-7	24.30	9.71	4.18	21.45	-2.76	14.35	1.49	1.69
S-8	29.46	11.88	2.16	22.85	-2.69	14.99	1.52	1.97
S-8F	25.03	8.18	-0.16	18.47	4.37	8.66	2.13	2.89

注　端墙侧压力系数 $\lambda_1 = \sigma_{xx}/\sigma_{zz}$，边墙侧压系数 $\lambda_2 = \sigma_{yy}/\sigma_{zz}$。

为了进一步研究构造应力和自重应力各自对现今地应力场的贡献，这里将水平面内的应力提取出来，分析平面内大主应力的方位以及大、小主应力与竖向应力的比值。孔径法测试的 8 个测点的水平主应力分量及水平侧压力系数计算结果见表 7.4 所示。从表 7.4 中可以看出，除个别测点外，侧压力系数 $\lambda_H (\sigma_H/\sigma_z)$ 一般介于 $1.47 \sim 2.57$ 之间，$\lambda_h (\sigma_h/\sigma_z)$ 大都介于 $0.51 \sim 0.92$ 之间。测试获得的地应力状态总体上表现为 $\sigma_H > \sigma_z > \sigma_h$，表明测试区地应力场以水平构造应力为主。

表7.4 厂房区域地应力水平面应力特征和侧压系数（孔径法）

测点编号	水平面内主应力分量		竖向应力分量		侧压力系数	
	σ_H/MPa	σ_h/MPa	σ_H 方位角/(°)	σ_{zz}/MPa	σ_H/σ_{zz}	σ_h/σ_{zz}
S-1	27.94	9.69	339.74	19.02	1.47	0.51
S-3	24.95	4.71	302.25	9.84	2.54	0.48
S-2	29.18	10.17	280.56	11.56	2.52	0.88
S-2F	25.53	10.38	331.07	22.70	1.12	0.46
S-6	25.00	9.23	327.76	12.40	2.02	0.74
S-7	32.68	13.06	319.17	14.35	2.28	0.91
S-8	38.49	13.82	322.77	14.99	2.57	0.92
S-8F	30.57	12.93	325.93	8.66	3.53	1.49

由上述 8 个地应力测点的 3 个主方向方位信息可获得 3 个正交的单位矢量，即为应力张量的特征矢量，采用全空间赤平投影技术，可以分析地应力张量主方向的优势方位。

为了使得地应力张量主方向的特征矢量位于赤平投影圆内，进行赤平投影之前，将倾角小于 0 的主应力方位作了调整——其方位角加或减 $180°$，倾角取反。由于应力张量的对称性，可以证明，上述调整并不影响从表 7.2 和表 7.3 的应力分量转换结果。图 7.7 为表 7.2 所列 8 个测点地应力张量的三个主方向单位矢量的全空间赤平投影，其中圆圈●、方块■、菱形◆分别表示第一、二、三主方向单位矢量（以下同）。可见，厂房区附近地应力测点的 3 组主应力方位相对集中，其中最大主应力方向规律性较好，均集中于第二象限；而第 2 主应力方向较为分散，主要集中于第一象限，8 个测点中有 5 个位于第一象限，其余 3 个测点位于第三象限；最小主应力的方位也相对较为分散，5 个测点位于第三象限，另 3 个测点位于第一象限。

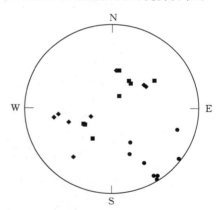

图 7.7 地应力测点主方向全空间赤平投影（孔径法）

为了研究特征平面投影应力的特征与洞室围岩变形破坏机理的关系，这里将表 2 中的 8 个地应力测点投影到三维模型坐标系下的 XY 平面、XZ 平面以及 YZ 平面上。

图 7.8 为孔径法典型地应力测点主应力方向单位矢量的全空间赤平投影，以及在数值模型坐标系下，XY 平面（水平切面）、XZ 平面（厂房纵剖面）和 YZ 平面（厂房横剖面）等三个切面上的平面投影应力椭圆，其中椭圆长轴为平面内第一主应力，椭圆短轴为平面内第二主应力。需要说明的是，切面上的应力椭圆是为了显示平面内主应力的相对大小及其方位，长短轴的比值即为对应平面内第一主应力与第二主应力之比；但不同切面上的应力椭圆大小之间并无数值上的关系。

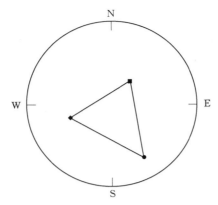

（a）地应力测点全空间赤平投景

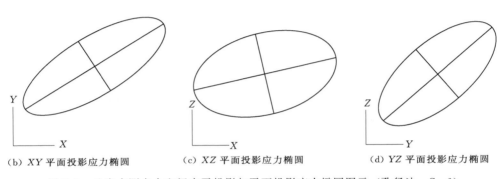

（b）XY 平面投影应力椭圆　　（c）XZ 平面投影应力椭圆　　（d）YZ 平面投影应力椭圆

图 7.8　地应力测点全空间赤平投影与平面投影应力椭圆图示（孔径法，S-6）

根据计算结果 S-1、S-3 和 S-2 3 个地应力测点的三个主方向不严格满足的相互正交，有较为明显的误差，尤其是测点 S-1。表 7.5 所列为厂房区域地应力孔径法测点地应力张量在各特征切平面主应力比值和应力矢量特征角度。

表 7.5　　厂房区域地应力测点切平面主应力比值和应力矢量特征角度（孔径法）

测点编号	XY 平面应力		XZ 平面应力		YZ 平面应力	
	主应力比值	特征角度/(°)	主应力比值	特征角度/(°)	主应力比值	特征角度/(°)
S-1	0.35	20.26	0.56	−28.78	0.32	31.68
S-3	0.19	57.75	0.75	38.61	0.48	78.97
S-2	0.35	79.44	0.47	−47.63	0.37	79.15
S-2F	0.41	28.93	0.45	−46.22	0.37	29.50
S-6	0.37	32.24	0.57	−12.55	0.46	48.89
S-7	0.40	40.83	0.50	−20.03	0.60	−18.95
S-8	0.36	37.23	0.49	−8.30	0.60	−17.18
S-8F	0.42	34.07	0.35	0.55	0.35	69.16
平均值	0.36	41.34	0.52	−15.54	0.44	37.65

从图 7.8 和表 7.5 可以看出，平面投影应力椭圆具有以下特征：

（1）所有地应力测点在 XY 平面即水平切面上的投影应力椭圆长轴方向均偏向上游

侧，其与 X 轴（即厂房轴线方向）的夹角为 $20°\sim80°$，平均值为 $41.34°$。

（2）除了 S-3 和 S-8F 两个测点外，其余 6 个测点在 XZ 平面上（即厂房纵剖面）的投影应力椭圆长轴方向均倾向河谷一侧，其与 X 轴的夹角为 $8°\sim47°$，平均俯角为 $15.54°$；若不考虑 S-3 和 S-8F 两个测点，则平均俯角为 $27.25°$。

（3）除了 S-7 和 S-8 两个测点外，其余 6 个测点在 YZ 平面上（即厂房横剖面）的投影应力椭圆长轴方向均倾向上游，其与竖向 Z 轴的夹角为 $29°\sim79°$，平均值为 $37.65°$；若不考虑 S-7 和 S-8 两个测点，则与竖向 Z 轴的平均夹角为 $55.75°$。

另外，从表 7.5 中的计算数据可以看出，XY 平面即水平切面内的小主应力与大主应力的比值介于 $0.19\sim0.42$，其平均值为 0.36；XZ 平面即厂房纵剖面内的小主应力与大主应力的比值介于 $0.35\sim0.75$，其平均值为 0.52；YZ 平面即厂房横剖面内的小主应力与大主应力的比值介于 $0.32\sim0.60$，其平均值为 0.44。

7.3.3.2　孔壁法地应力测试数据综合分析

1. 孔径变形地应力测试方法

钻孔孔壁应变测量法所采用的钻孔三向应变计内布置 3 个应变丛，序号用 i 表示，对应的极角为 θ_i，每个应变丛由 3 个（或 4 个）应变片组成，序号用 j 表示，对应的角度为 ϕ_{ij}。

对浅钻孔三向应变计和深钻孔水下三向应变计，感应元件电阻丝应变片直接粘贴在钻孔岩壁上，地应力测量时测得钻孔岩壁上的二次应力状态。钻孔岩壁上二次应力状态 $\sigma'_{\theta i}$，σ'_{zi}，$\tau'_{\theta izi}$ 与地应力的关系为

$$\left.\begin{aligned}\sigma_{\theta i}&=(\sigma_x+\sigma_y)-2[(\sigma_x-\sigma_y)\cos(2\theta_i)+2\tau_{xy}\sin(2\theta_i)]\\\sigma'_{zi}&=-2\mu[(\sigma_x-\sigma_y)\cos(2\theta_i)+2\tau_{xy}\sin(2\theta_i)]+\sigma_{z0}\\\tau'_{\theta izi}&=2\tau_{yz}\cos\theta_i-2\tau_{zx}\sin\theta_i\end{aligned}\right\}\quad(7.2)$$

对空心包体式钻孔三向应变计，感应元件电阻丝应变片是嵌固在钻孔内圈的环氧树脂层中，地应力测量时测得环氧树脂层应变片凝固部位的应力状态。此部位的应力状态要比钻孔岩壁上的二次应力状态复杂得多。

第 i 应变丛第 j 应变片实测的应变值与轴向、切向正应变和剪应变的关系为

$$\varepsilon_{ij}=\varepsilon_{zi}\cos^2\phi_{ij}+\varepsilon_{\theta i}\sin^2\phi_{ij}+\gamma_{zi\theta i}\sin(2\varphi_{ij})\quad(7.3)$$

利用应力应变关系的虎克定律，并代入式（7.2）得到观测值方程

$$E_{\varepsilon k}=A_{k1}\sigma_x+A_{k2}\sigma_y+A_{k3}\sigma_z+A_{k4}\tau_{xy}+A_{k5}\tau_{yz}+A_{k6}\tau_{zx}\quad(7.4)$$
$$[k=m_0(i-1)+j,i=1\sim3,j=1\sim m_0]$$

式中：m_0 为应变计内应变丛中应变片的个数；$A_{k1}\sim A_{k6}$ 为观测值方程的应力系数，它们由式（7.5）表达：

$$\left.\begin{aligned}A_{k1}&=[K_1+\mu-2(1-\mu^2)K_2\cos(2\theta_i)]\sin^2\phi_{ij}-\mu\\A_{k1}&=[K_1+\mu+2(1-\mu^2)K_2\cos(2\theta_i)]\sin^2\phi_{ij}-\mu\\A_{k3}&=1-(1+\mu K_4)\sin^2\phi_{ij}\\A_{k4}&=-4(1-\mu^2)K_2\sin(2\theta_i)\sin^2\phi_{ij}\\A_{k5}&=2(1+\mu)K_3\cos\theta_i\sin(2\phi_{ij})\\A_{k6}&=-2(1+\mu)K_3\sin\theta_i\sin(2\phi_{ij})\end{aligned}\right\}\quad(7.5)$$

式中：K_1，K_2，K_3，K_4 为应变片是否直接粘贴在钻孔岩壁上的修正系数，对浅钻孔三向应变计和深钻孔水下三向应变计，$K_1=K_2=K_3=K_4=1$；对空心包体式钻孔三向应变计，K_i（$i=1\sim4$）由钻孔半径 R，应变计内半径 R_1，应变片凝固部位的半径 ρ，围岩的弹性模量 E、泊松比 μ 和环氧树脂层的弹性模量 E_1、泊松比 μ_1 按式（7.6）计算确定：

$$\left.\begin{aligned}
K_1 &= d_1(1-\mu\mu_1)(1-2\mu_1+R_1^2/\rho^2)+\mu\mu_1 \\
K_2 &= d_2(1-\mu_1)\rho^2+d_3+d_4\mu_1/\rho^2+d_5/\rho^4 \\
K_3 &= d_6(1+R_1^2/\rho^2) \\
K_4 &= [\mu_1-d_1(\mu_1-\mu)(1-2\mu_1+R_1^2/\rho^2)]/\mu
\end{aligned}\right\} \tag{7.6}$$

其中

$$\left.\begin{aligned}
d_1 &= 1/[1-2\mu_1+m^2+\xi(1-m^2)] \\
d_2 &= 12(1-\xi)m^2(1-m^2)/(R^2D) \\
d_3 &= [m^4(4m^2-3)(1-\xi)+x_1+\xi]/D \\
d_4 &= -4R_1^2[m^6(1-\xi)+x_1+\xi]/D \\
d_5 &= 3R_1^4[m^4(1-\xi)+x_1+\xi]/D \\
d_6 &= 1/[1+m^2+\xi(1-m^2)]
\end{aligned}\right\} \tag{7.7}$$

$$\left.\begin{aligned}
D &= (1+x\xi)[x_1+\xi+(1-\xi)(3m^2-6m^4+4m^6)] \\
&\quad +(x_1-x\xi)m^2[(1-\xi)m^6+(x_1+\xi)] \\
\xi &= [E_1(1+\mu)]/[E(1+\mu_1)] \\
m &= R_1/R, x=3-4\mu, x_1=3-4\mu_1
\end{aligned}\right\} \tag{7.8}$$

建立了观测值方程组以后，联立这些代数方程解题，就可求得三维地应力状态下的 6 个应力分量。地应力测量的独立观测值方程数量一般超过未知的 6 个应力分量个数，属多值测量的广义逆问题，利用数理统计的最小二乘法原理，得到求解应力分量最佳值的正规方程组：

$$\begin{bmatrix}
\sum\limits_{k=1}^{n_0}A_{k1}^2 & \sum\limits_{k=1}^{n_0}A_{k2}A_{k1} & \cdots & \sum\limits_{k=1}^{n_0}A_{k6}A_{k1} \\
\sum\limits_{k=1}^{n_0}A_{k1}A_{k2} & \sum\limits_{k=1}^{n_0}A_{k2}^2 & \cdots & \sum\limits_{k=1}^{n_0}A_{k6}A_{k2} \\
\vdots & \vdots & \vdots & \vdots \\
\sum\limits_{k=1}^{n_0}A_{k1}A_{k6} & \sum\limits_{k=1}^{n_0}A_{k2}A_{k6} & \cdots & \sum\limits_{k=1}^{n_0}A_{k6}^2
\end{bmatrix}
\begin{Bmatrix}
\sigma_x \\ \sigma_y \\ \vdots \\ \tau_{zx}
\end{Bmatrix}=
\begin{Bmatrix}
\sum\limits_{k=1}^{n_0}A_{k1}\sigma_k^* \\
\sum\limits_{k=1}^{n_0}A_{k2}\sigma_k^* \\
\vdots \\
\sum\limits_{k=1}^{n_0}A_{k6}\sigma_k^*
\end{Bmatrix} \tag{7.9}$$

式中：n_0 为观测值方程个数。

求得地应力状态的 6 个应力分量以后，再根据三维应力状态的特征方程，求得 3 个主应力的量值：

$$\left.\begin{array}{l} \sigma_1 = 2\sqrt{-\dfrac{p}{3}}\cos\dfrac{\omega}{3} + \dfrac{1}{3}J_1 \\[3mm] \sigma_2 = 2\sqrt{-\dfrac{p}{3}}\cos\dfrac{\omega+2\pi}{3} + \dfrac{1}{3}J_1 \\[3mm] \sigma_3 = 2\sqrt{-\dfrac{p}{3}}\cos\dfrac{\omega+4\pi}{3} + \dfrac{1}{3}J_1 \end{array}\right\} \tag{7.10}$$

其中

$$\left.\begin{array}{l} \omega = \cos^{-1}\left[-\dfrac{Q}{2}\Big/\sqrt{-\left(\dfrac{p}{3}\right)^3}\right] \\[4mm] p = -\dfrac{1}{3}J_1^2 + J_2 \\[3mm] Q = -\dfrac{2}{27}J_1^3 + \dfrac{1}{3}J_1 J_2 - J_3 \end{array}\right\} \tag{7.11}$$

J_1、J_2 和 J_3 为应力张量的第一、第二和第三不变量：

$$\left.\begin{array}{l} J_1 = \sigma_1 + \sigma_2 + \sigma_3 = \sigma_x + \sigma_y + \sigma_z \\[2mm] J_2 = \sigma_1\sigma_2 + \sigma_2\sigma_3 + \sigma_3\sigma_1 = \sigma_x\sigma_y + \sigma_y\sigma_z + \sigma_z\sigma_x - \tau_{xy}^2 - \tau_{yz}^2 - \tau_{zx}^2 \\[2mm] J_3 = \sigma_1\sigma_2\sigma_3 = \sigma_x\sigma_y\sigma_z + 2\tau_{xy}\tau_{yz}\tau_{zx} - \sigma_x\tau_{yz}^2 - \sigma_y\tau_{zx}^2 - \sigma_z\tau_{xy}^2 \end{array}\right\} \tag{7.12}$$

3 个主应力方向，由静力平衡方程和互为垂直的几何关系求得。主应力的倾角 α_{si} 和方位角 β_{si} 为

$$\left.\begin{array}{l} \alpha_{si} = \sin^{-1}n_i \\[2mm] \beta_{si} = \beta_0 - \sin^{-1}\dfrac{m_i}{\sqrt{1-n_1^2}} \end{array}\right\} \tag{7.13}$$

式中：β_0 为大地坐标系轴 x 的方位角；m_i 和 n_i 为主应力相对大地坐标系 y 轴和 z 轴的方向余弦。

$$\left.\begin{array}{l} m_i = B\big/\sqrt{A^2+B^2+C^2} \\[2mm] n_i = C\big/\sqrt{A^2+B^2+C^2} \end{array}\right\} \tag{7.14}$$

$$\left.\begin{array}{l} A = \tau_{xy}\tau_{yz} - (\sigma_y - \sigma_i)\tau_{zx} \\[2mm] B = \tau_{xy}\tau_{zx} - (\sigma_x - \sigma_i)\tau_{yz} \\[2mm] C = (\sigma_x - \sigma_i)(\sigma_y - \sigma_i) - \tau_{xy}^2 \end{array}\right\} \tag{7.15}$$

2. 测点地应力信息分析及三维空间投影解析

孔壁法测试表明最大主应力 σ_1 方向为 N17°～48°W 之间，方向相对较分散，平均值 N35.8°W，最大主应力量值为 15.94～39.63MPa。可见，孔径法和孔壁法两种测量成果地应力方向基本一致。除去两个误差较大的 S12-1 和 S13-3 测点外，孔壁法测试结果详见表 7.6。

表 7.6　　　　　　　　　　　　地应力测点主应力量值及方向（孔壁法）

测点编号	σ_1			σ_2			σ_3			备注
	量值/MPa	倾角/(°)	方位/(°)	量值/MPa	倾角/(°)	方位角/(°)	量值/MPa	倾角/(°)	方位/(°)	与孔径法对应点位
S9-1	16.94	25.7	335.8	12.11	12.3	71.8	8.86	61.1	185.1	原 S-6
S9-2	22.68	30.9	140.1	10.80	31.7	251.8	6.57	42.7	16.5	原 S-6
S9-3	20.18	8.9	145.4	10.62	59.9	39.7	6.49	28.5	240.3	原 S-6
S10-1	19.17	9.6	331.0	11.36	45.5	231.1	9.35	42.9	70.0	原 S6-S3 之间
S10-2	21.02	1.4	313.1	15.95	23.2	43.7	10.32	66.8	219.9	原 S6-S3 之间
S10-3	25.52	9.9	148.6	10.24	35.8	51.4	9.99	52.4	251.8	原 S6-S3 之间
S11-1	24.64	10.3	125.0	10.51	51.3	228.2	7.41	36.8	27.1	原 S-3
S11-2	18.32	20.5	138.5	9.92	46.9	24.9	8.79	35.9	244.2	原 S-3
S11-3	18.20	12.6	129.9	13.43	32.9	31.6	9.49	54.2	237.9	原 S-3
S12-2	24.52	12.7	332.2	11.58	74.3	115.7	8.75	9.0	240.2	原 S-7
S12-3	21.38	0.20	330.5	14.52	55.10	240.20	8.57	34.90	60.70	原 S-7
S13-1	19.30	26.7	163.8	15.37	17.5	262.9	13.22	57.3	22.2	原 S-8
S13-2	18.40	31.2	342.4	13.94	42.9	218.2	11.46	31.2	93.9	原 S-8
S2-1	39.63	5.6	316.2	14.92	56.5	217.7	4.34	32.9	49.9	原 S-2
S2-2	30.07	5.6	309.8	15.81	44.6	214.3	9.05	44.9	45.4	原 S-2
S2-3	31.24	11.8	307.6	11.62	53.0	201.6	9.91	34.5	45.9	原 S-2

需要指出的是，S12-1 和 S13-3 的数据有一定的误差，具体原因将在下一节全空间赤平投影分析中说明。将上述地应力测点的主应力张量转换到三维地下厂房模型坐标系下，获得各测点在模型坐标下的应力分量，并计算边墙、端墙侧压系数，计算结果见表7.7。从表 7.7 的计算结果可以看出，端墙侧压力系数 $\lambda_1 = 1.08 \sim 1.88$，其平均值为1.42；边墙侧压力系数 $\lambda_2 = 0.87 \sim 2.08$，其平均值为 1.44。平行边墙应力分量 $\sigma_{xx} = 12.22 \sim 21.78\text{MPa}$，垂直边墙应力分量 $\sigma_{yy} = 12.26 \sim 25.07\text{MPa}$。

表 7.7　　　　　　　　　厂房区域地应力测点转换应力分量（孔壁法）

测点编号	应力分量/MPa						边、端墙侧压力系数	
	σ_{xx}	σ_{xy}	σ_{xz}	σ_{yy}	σ_{yz}	σ_{zz}	端墙 λ_1	边墙 λ_2
S9-1	14.34	1.67	-3.02	13.04	-0.92	10.53	1.36	1.24
S9-2	13.00	4.83	5.77	15.07	3.27	11.98	1.09	1.26
S9-3	15.12	6.08	0.14	12.26	2.35	9.91	1.53	1.24
S10-1	16.39	3.93	-0.65	12.85	-1.63	10.64	1.54	1.21
S10-2	17.28	2.87	-1.76	18.80	1.07	11.21	1.54	1.68
S10-3	19.83	7.12	2.03	15.40	1.64	10.53	1.88	1.46
S11-1	12.22	6.62	2.61	20.49	1.58	9.85	1.24	2.08
S11-2	13.22	4.01	1.62	13.25	2.46	10.56	1.25	1.25
S11-3	14.43	2.78	-0.54	15.62	2.33	11.07	1.30	1.41
S12-2	19.37	6.91	-2.58	13.35	-1.14	12.13	1.60	1.10

测点编号	应力分量/MPa						边、端墙侧压力系数	
	σ_{xx}	σ_{xy}	σ_{xz}	σ_{yy}	σ_{yz}	σ_{zz}	端墙 λ_1	边墙 λ_2
S12-3	17.90	5.07	1.56	14.00	-2.31	12.57	1.42	1.11
S13-1	17.52	1.24	2.41	15.72	0.27	14.65	1.20	1.07
S13-2	16.71	1.19	-1.81	12.61	-1.86	14.47	1.15	0.87
S2-1	21.78	15.86	1.84	25.07	-5.21	12.03	1.81	2.08
S2-2	18.43	8.30	1.78	23.91	-3.33	12.59	1.46	1.90
S2-3	16.40	9.10	-1.51	24.47	-3.84	11.90	1.38	2.06

注 端墙侧压力系数 $\lambda_1 = \sigma_{xx}/\sigma_{zz}$，边墙侧压力系数 $\lambda_2 = \sigma_{yy}/\sigma_{zz}$。

综合表 7.6 和表 7.7 的计算结果来看，孔径法和孔壁法的测点应力在三维模型坐标系中的水平向应力较大，边墙、端墙侧压系数均大于 1.4，且边墙侧压力系数比端墙侧压力系数稍大。

表 7.8 为孔壁法所有测点的水平主应力分量及水平侧压力系数计算结果。从表 7.8 中侧压力系数 λ_H（σ_H/σ_z）和 λ_h（σ_h/σ_z）的计算结果看，除去个别测点外，λ_H 一般在 1.24～2.55 之间，λ_h 一般在 0.62～0.99 之间。其中，S2 测孔部位可能受局部应力集中的影响，λ_H 较大。6 个测试部位的地应力状态总体上表现为 $\sigma_H > \sigma_z > \sigma_h$，表明测试区地应力场以水平构造应力为主，自重为中主应力。综合表 7.4 和表 7.8 来看，孔径法和孔壁法两者的测试结果揭示的区域应力场规律一致。

表 7.8 　　　　　　　厂房区域地应力水平面应力特征及侧压系数（孔壁法）

测点编号	水平面内主应力分量		竖向应力分量		侧压力系数	
	σ_H/MPa	σ_h/MPa	σ_H 方位角/(°)	σ_{zz}/MPa	σ_H/σ_{zz}	σ_h/σ_{zz}
S9-1	15.48	11.90	325.68	10.526	1.47	1.13
S9-2	18.97	9.10	308.96	11.985	1.58	0.76
S9-3	19.94	7.45	321.64	9.910	2.01	0.75
S10-1	18.93	10.31	327.13	10.645	1.78	0.97
S10-2	21.01	15.07	307.6	11.206	1.87	1.34
S10-3	25.07	10.16	323.64	10.529	2.38	0.96
S11-1	24.16	8.55	299.02	9.848	2.45	0.87
S11-2	17.24	9.23	314.91	10.558	1.63	0.87
S11-3	17.87	12.18	308.92	11.071	1.61	1.10
S12-2	23.89	8.82	326.79	12.131	1.97	0.73
S12-3	21.38	10.52	325.53	12.573	1.70	0.84
S13-1	18.15	15.09	333.06	14.648	1.24	1.03
S13-2	17.03	12.29	344.96	14.473	1.18	0.85
S2-1	39.37	7.49	312.04	12.033	3.27	0.62
S2-2	29.91	12.43	305.86	12.590	2.38	0.99
S2-3	30.39	10.48	303.04	11.897	2.55	0.88

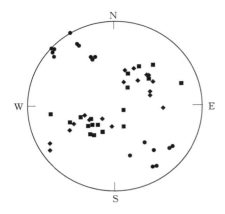

图 7.9　地应力测点主方向全空间
赤平投影（孔壁法）

图 7.9 为表 7.6 所列孔壁法 18 个测点地应力张量的 3 个主方向单位矢量的全空间赤平投影。3 个主应力的方位分布规律与孔径法的测试结果基本一致。图 7.10 为上述孔壁法地应力典型测点主应力方向单位矢量的全空间赤平投影，以及在数值模型坐标系中 XY 平面、XZ 平面和 YZ 平面 3 个切面上的平面投影应力椭圆。

根据计算结果，S12-1、S13-3 两个地应力测点的 3 个主方向完全不满足相互正交，因此，这两个测点的数据在后续统计分析中不再使用。表 7.9 为厂房区域地应力孔壁法测点地应力张量在各特征切平面主应力比值和应力矢量特征角度。对于孔壁法，测点地应力的平面投影应力椭圆具有以下特征：

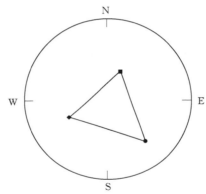

（a）地应力测点全空间赤平投影

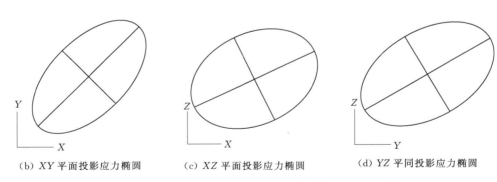

（b）XY 平面投影应力椭圆　　（c）XZ 平面投影应力椭圆　　（d）YZ 平同投影应力椭圆

图 7.10　地应力测点全空间赤平投影与平面投影应力椭圆图示（孔壁法，S11-2）

（1）所有地应力测点在 XY 平面即水平切面上的投影应力椭圆长轴方向均偏向上游侧，其与 X 轴（即厂房轴线方向）的夹角为 15°～60°，平均值为 41.95°。

（2）测点在 XZ 平面上（即厂房纵剖面）的投影应力椭圆长轴方向比较分散，有 9 个测点均倾向河谷一侧，其与 X 轴的夹角为 1°～42°，平均俯角为 20.52°；另 7 个测点倾向山里一侧，其与 X 轴的夹角为 6°～29°，平均夹角为 17.58°。

（3）测点在 YZ 平面上（即厂房横剖面）的投影应力椭圆长轴方向也比较分散，有 8 个测点倾向上游，其与竖向 Z 轴的夹角为 57°～82°，平均值为 69.48°；另 8 个测点倾向下游，其与竖向 Z 轴的夹角为 31°～74°，平均夹角为 62.25°。

另外，从表 7.9 中的计算数据可以看出，XY 平面即水平切面内的小主应力与大主应力的比值介于 0.19～0.83，其平均值为 0.51；XZ 平面即厂房纵剖面内的小主应力与大主应力的比值介于 0.37～0.76，其平均值为 0.62；YZ 平面即厂房横剖面内的小主应力与大主应力的比值介于 0.38～0.92，其平均值为 0.63。

表 7.9　　　厂房区域地应力测点切平面主应力比值和应力矢量特征角度（孔壁法）

测点编号	XY 平面应力		XZ 平面应力		YZ 平面应力	
	主应力比值	特征角度 /(°)	主应力比值	特征角度 /(°)	主应力比值	特征角度 /(°)
S9 - 1	0.77	34.32	0.55	28.86	0.77	−71.91
S9 - 2	0.48	51.04	0.37	−42.49	0.58	57.61
S9 - 3	0.37	38.36	0.65	−1.51	0.62	58.26
S10 - 1	0.54	32.87	0.64	6.34	0.71	−62.02
S10 - 2	0.72	52.40	0.60	15.04	0.58	82.14
S10 - 3	0.41	36.36	0.50	−11.80	0.63	72.97
S11 - 1	0.35	60.98	0.59	−32.77	0.46	81.73
S11 - 2	0.54	45.09	0.70	−25.29	0.62	59.35
S11 - 3	0.68	51.08	0.76	8.98	0.61	67.17
S12 - 2	0.37	33.21	0.56	17.75	0.82	−59.05
S12 - 3	0.49	34.47	0.66	−15.19	0.69	−53.55
S13 - 1	0.83	26.94	0.70	−29.56	0.92	76.66
S13 - 2	0.72	15.04	0.76	29.10	0.73	−31.73
S2 - 1	0.19	47.96	0.53	−10.35	0.38	−70.69
S2 - 2	0.42	54.14	0.64	−15.69	0.47	−74.75
S2 - 3	0.34	56.96	0.68	16.96	0.42	−74.31
平均值	0.51	41.95	0.62	−3.85	0.63	3.62

7.3.4　地下厂房区地应力场信息融合分析

官地水电站坝址区地处青藏高原向四川盆地过渡之斜坡地带，由于青藏高原快速隆起并向东部扩展推移，在自北而南和自西而东的挤压作用下，坝址区的现今构造应力场为 NW～NWW 向主压应力场。地应力测量与区域构造运动方面的已有研究成果表明，现阶段地壳内应力场一般与本区控制性的构造变形场相一致。因此，第一主应力的方位应该为

NW～NWW。

已有研究成果表明，西部深切河谷地区的地应力受地质构造和地形的共同影响。官地地下厂房区地处矿山梁子断裂与小高山断裂所夹持的打罗地质块体之上，其内部为产状近 SN 向的单斜构造，测试区断层和优势结构面走向基本在 NW～NNW 间，实测最大水平主应力方位接近区域断裂走向。坝区河流走向近 EW 向，测区局部山体坡降方向近 NNW 向，且测试部位位于河床之上，测区地应力应受地形地貌相关的重力场影响。据此，可以解释实测最大水平主应力方位与测区山体重力下滑分力的方向接近。因此，从总体上来看，测区最大水平主应力方向与坝址区的地质构造及地形地貌吻合。

孔径法和孔壁法各测点的地应力张量在水平面上（即三维模型坐标系中的 XY 平面）的投影应力椭圆长轴均指向 NW～NWW 方向［见图 7.11（a）］，显示出良好的一致性。由于第一主应力为 NW～NWW 方向，与主厂房轴线夹角为 40°左右，且小～中等角度倾向雅砻江，在理想的情况下，各测点的地应力张量在厂房横剖面上（即三维坐标系中的 YZ 平面）的投影应力椭圆长轴应该倾向上游侧，综合孔径法和孔壁法的测试结果来看，如图 7.11（b）所示；同时，因为受深切河谷地形的影响，地应力张量在纵剖面（即三维坐标系中的 XZ 平面）上的投影应力椭圆长轴应该倾向河谷一侧［见图 7.11（c）］。综合孔径法和孔壁法的测试结果来看，图 7.11 所示的应力状态占优势，这也是和大的地质构造背景和测区的局部地形地貌相一致的。当然，由于地应力测试的复杂性，存在客观的测试误差；同时，受钻孔部位局部构造和岩体结构的影响等，有部分地应力测点所揭示的规律与图 7.11 有所不同，但并不影响测区地应力场大的格局和分布规律。反过来，对于宏观的地质构造背景和地应力场分布格局有一个清晰和正确的理解，对于解读和甄别地应力测试数据也是一个基本的前提条件。

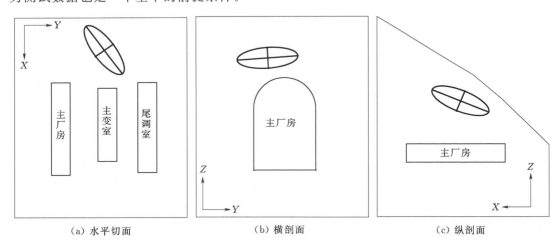

（a）水平切面　　　　　　　（b）横剖面　　　　　　　（c）纵剖面

图 7.11　地应力平面投影应力与洞室方位关系示意图（N5°E）

表 7.10 为孔径法和孔壁法测试成果的汇总。由于地应力测试方法本身的精度有限和不同测试方法影响测量精度的制约因素不同，并受到测点局部构造或岩体结构的影响，以致同一钻孔中的测试结果也可能呈现一定的差异。但总体来说，官地地下厂房区域的地应力场分布规律还是比较明确的。

地应力基础信息融合分析表明，官地水电站工程区域地应力场的形成和复杂分布是由于内外动力耦合的地质作用结果，地下厂房区域的地应力场除包括岩体自重应力外，地质构造应力是其主要构成部分，区域最大主应力为水平挤压应力，方位大致为 NW～NNW，总体上为 $\sigma_H > \sigma_z > \sigma_h$。

表 7.10 地应力测试结果综合分析

测试方法	最大主应力		边、端墙侧压力系数		水平侧压力系数	
	量值/MPa	方位/DK (°)	边墙	端墙	σ_H/σ_{zz}	σ_h/σ_{zz}
孔径法	25.0～35.17	N28.7～53W	0.94～2.89	0.61～2.47	1.47～2.57	0.51～0.92
孔壁法	15.94～39.63	N17～48W	0.87～2.08	1.08～1.88	1.24～2.55	0.62～0.99

7.3.5 厂区地应力场特征信息识别分析

7.3.5.1 特征信息识别方法及结果

（1）采用地质力学的观点，将地应力视为自重应力和构造应力的叠加，通过分解、模拟自重应力场及边界构造应力场，最后形成初始应力场。其中自重应力场采用岩体实测重度，在自重作用下产生自重应力场，计算模型侧面及底面施加法向位移约束；构造应力场的模拟则是在两侧面分别施加水平位移来模拟水平方向构造运动的作用力，对非加载侧面边界和底部边界的约束条件与自重应力场模拟相同；对水平面内的剪切力模拟，则通过施加边界切向水平位移来模拟。

（2）数值计算模型所取范围和计算坐标如图 7.12 所示，其中 Z 向从高程 900m 到山顶；X 向由 1 号机组段控制点指向山体内部方向为正，模型中 X 向的总长度为 725m；Y 向由 1 号机组段控制点指向下游主变室方向为正，模型中 Y 向的总长度为 510m。地下厂房 N 端临近河谷，S 端在山

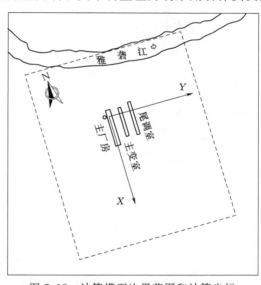

图 7.12 计算模型边界范围和计算坐标

体内部，模型中考虑了厂房中的 4 条较大的错动带。岩体物理力学参数见表 7.11。

表 7.11 官地水电站地下厂房区域的岩体力学参数表

围岩类别	密度 ρ /(g/cm³)	弹性模量 E /GPa	泊松比 ν	凝聚力 c /MPa	摩擦系数 f
Ⅱ	2.7	20.0	0.25	2.0	1.1
Ⅲ	2.6	10.0	0.3	1.5	1.0
Ⅳ	2.4	5.0	0.35	0.5	0.6
Ⅴ	2.1	2.0	0.35	0.1	0.55

续表

围岩类别	密度 ρ /(g/cm³)	弹性模量 E /GPa	泊松比 ν	凝聚力 c /MPa	摩擦系数 f
岩块岩屑型错动带	2.1	2.0	0.35	0.1	0.6
夹泥岩屑型错动带	2.1	1.5	0.38	0.05	0.5

（3）根据提出的分析方法，选择规律性较好的 S9、S10、S11 和 S13 4 组测点平均值进行了多元回归计算，通过三维数值模拟计算，获得了厂房工程区域的地应力场计算结果，见图 7.13。地应力回归值与实测值（相应 3 个测点的平均值）比较见表 7.12，表明回归计算值与实测值量值较为接近，除个别应力值差别较大外，具有较好的一致性。

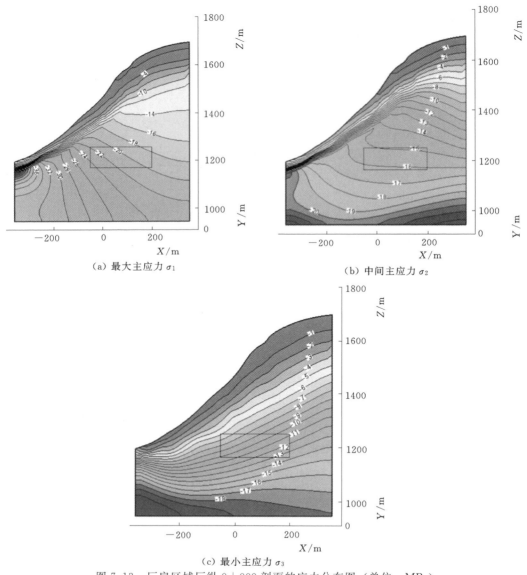

（a）最大主应力 σ_1

（b）中间主应力 σ_2

（c）最小主应力 σ_3

图 7.13　厂房区域厂纵 0+000 剖面的应力分布图（单位：MPa）

表 7.12 地应力实测值与回归计算值的比较

测点		应力分量/MPa					
		σ_{xx}	σ_{yy}	σ_{zz}	τ_{xy}	τ_{xz}	τ_{yz}
S9	实测值	15.48	11.91	10.53	0.15	3.05	−0.82
	计算值	17.11	14.33	10.39	1.31	3.27	−0.79
	绝对误差	1.63	2.42	−0.14	1.16	0.22	0.03
S10	实测值	17.80	18.29	11.19	2.96	1.65	−1.22
	计算值	16.18	14.31	10.36	2.03	3.44	−1.22
	绝对误差	−1.62	−3.98	−0.83	−0.93	1.79	0
S11	实测值	14.92	15.13	11.07	2.84	0.35	−2.36
	计算值	15.77	14.41	10.36	2.45	3.60	−1.63
	绝对误差	0.85	−0.72	−0.71	−0.39	3.25	0.73
S13	实测值	17.72	15.53	14.64	1.06	−2.42	−0.07
	计算值	16.61	16.62	12.87	2.54	1.06	−0.17
	绝对误差	−1.11	1.09	−1.77	1.48	3.48	−0.10

7.3.5.2　地应力场分布规律分析

（1）地应力场量值：厂房工程区域最大主应力的量值为−17～−26MPa，中间主应力的量值为−14～−17MPa，最小主应力的量值为−6～−14MPa（见图 7.13 和图 7.14）。可见，工程区域初始地应力场最大主应力与最小主应力相差 2～3 倍，相差不是很大。

（2）地应力场沿水平埋深方向变化规律：从 N 端到 S 端，即 X 水平埋深方向，厂房区域的应力变化规律有所不同（见图 7.13），最大主应力和中间主应力随着 X 向水平埋深增加而减小，而最小主应力随着 X 向水平埋深增加而增加。其中最大主应力减小 5～9MPa，中间主应力减小 1～3MPa，最小主应力增加 4～7MPa。

（3）地应力场沿垂直埋深方向变化规律：从顶拱到底板，即沿 Z 向垂直埋深方向，厂房区域的应力变化规律基本一致（见图 7.14），也即随着 Z 向垂直埋深的增加，应力逐渐增加。其中最大主应力增加 2～3MPa，中间主应力增加 1～2MPa，最小主应力增加 3～4MPa。

（4）地应力场矢量方位：最大主应力倾角变化范围为 10°～30°，其方位角一般为 N20°～40°W；中间主应力倾角为 25°～50°，其方位角一般为 N30°～55°E；最小主应力倾角变化范围为 45°～60°，其方位角一般为 S40°～60°W（见图 7.15）。

（5）地应力场侧压系数分布规律：X 向和 Y 向侧压系数分别定义为 $\lambda_x = \sigma_{xx}/\sigma_{zz}$ 和 $\lambda_y = \sigma_{yy}/\sigma_{zz}$，从 X 向侧压系数 λ_x 和 Y 向侧压系数 λ_y 等值线来看（见图 7.16），主厂房区域 X 向侧压系数 λ_x 为 1.05～1.6，且沿着 x 向水平埋深增加而显著减小，沿着 z 向垂直埋深增加而有所增加；Y 向侧压系数 λ_y 为 1.05～1.4，且沿着 X 向水平埋深增加而减小，沿着 Z 向垂直埋深增加也逐步减小。

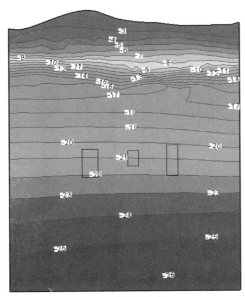

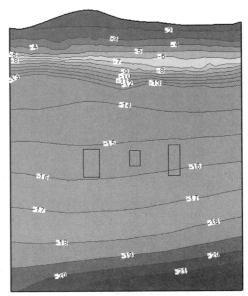

(a) 最大主应力 σ_1　　　　　　　　　　　(b) 中间主应力 σ_2

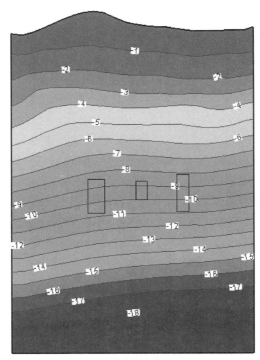

(c) 最小主应力 σ_3

图 7.14　厂房区域 2 号机组段的应力分布图（单位：MPa）

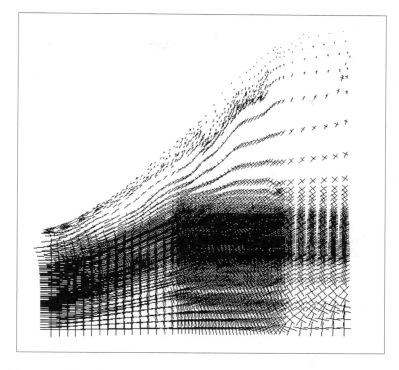

图 7.15　厂房区域厂纵 0＋000m 剖面的主应力矢量分布图（单位：MPa）

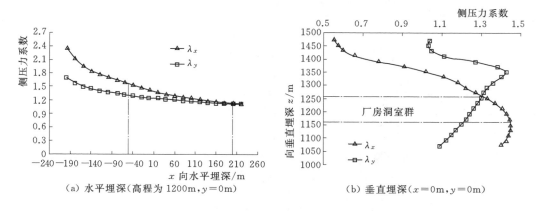

（a）水平埋深（高程为 1200m，y＝0m）　　　（b）垂直埋深（x＝0m，y＝0m）

图 7.16　厂房区域侧压力系数随着 x 向水平埋深和 z 向垂直埋深的变化规律

7.3.6　厂区地应力的决策反馈信息融合分析

在初设阶段和技施阶段，根据所获得地应力场信息，并结合现场地质信息以及整个枢纽的空间布置等方面的考虑，为地下厂房动态设计和信息化施工过程中一系列的关键问题，包括洞室群轴线方位布局、洞室形态和尺寸、围岩类别和支护方式的动态优化以及对围岩稳定的判断等方面提供了决策依据。

7.3.6.1 主洞室布置方案比较及优化

1. 主洞室轴线与最大主应力近于垂直的 N55°E 厂房轴线

对于可研阶段初定的厂房轴线为 N67°E，这样三大洞室与第一主应力的交角大致为 102°，即洞室轴线与最大主应力近于垂直；因此，这里不妨考虑洞室轴线方位为 N55°E 这种特殊情况，将之与 N5°E 轴线方位进行比较。

根据假定的 N55°E 厂房轴线，这里设定模型坐标的 X 轴为 S55°W，Y 轴为 S35°E，Z 轴竖直向上。表 7.13 和表 7.14 分别为孔径法和孔壁法所有地应力测点转换到模型坐标下的应力分量。模型坐标系各特征平面上的应力状态如图 7.17 所示。

表 7.13 厂房区域地应力测点转换应力分量（孔径法）

测点编号	应力分量/MPa						边、端墙侧压力系数	
	σ_{xx}	σ_{xy}	σ_{xz}	σ_{yy}	σ_{yz}	σ_{zz}	端墙 λ_1	边墙 λ_2
S-1	11.78	5.80	-2.05	25.86	8.63	19.02	0.62	1.36
S-3	6.59	-5.88	-2.34	23.07	0.15	9.84	0.67	2.34
S-2	17.84	-9.33	0.02	21.51	5.28	11.56	1.54	1.86
S-2F	10.94	2.85	-0.20	24.97	11.11	22.70	0.48	1.10
S-6	9.52	2.11	-2.49	24.71	4.57	12.40	0.77	1.99
S-7	13.07	-0.28	4.80	32.68	1.43	14.35	0.91	2.28
S-8	13.88	1.19	3.45	38.43	-0.07	14.99	0.93	2.56
S-8F	13.12	1.81	-3.45	30.38	2.69	8.66	1.52	3.51

表 7.14 厂房区域地应力测点转换应力分量（孔壁法）

测点编号	应力分量/MPa						边、端墙侧压力系数	
	σ_{xx}	σ_{xy}	σ_{xz}	σ_{yy}	σ_{yz}	σ_{zz}	端墙 λ_1	边墙 λ_2
S9-1	11.94	0.35	-1.24	15.45	-2.91	10.53	1.13	1.47
S9-2	9.46	-1.86	1.21	18.61	6.52	11.98	0.79	1.55
S9-3	7.46	0.36	-1.71	19.92	1.62	9.91	0.75	2.01
S10-1	10.44	1.06	0.83	18.80	-1.54	10.64	0.98	1.77
S10-2	15.34	-1.25	-1.95	20.74	-0.66	11.21	1.37	1.85
S10-3	10.22	0.95	0.05	25.01	2.61	10.53	0.97	2.38
S11-1	10.55	-5.22	0.47	22.16	3.02	9.85	1.07	2.25
S11-2	9.29	-0.71	-0.84	17.18	2.82	10.56	0.88	1.63
S11-3	12.39	-1.07	-2.13	17.66	1.08	11.07	1.12	1.60
S12-2	9.04	1.77	-0.79	23.68	-2.71	12.13	0.75	1.95
S12-3	10.62	1.04	2.78	21.28	-0.29	12.57	0.84	1.69
S13-1	15.24	0.67	1.34	18.00	2.02	14.65	1.04	1.23
S13-2	13.14	1.81	0.26	16.19	-2.58	14.47	0.91	1.12
S2-1	8.10	-4.37	5.17	38.76	-1.94	12.03	0.67	3.22
S2-2	13.48	-4.14	3.70	28.86	-0.78	12.59	1.07	2.29
S2-3	12.17	-5.56	1.96	28.70	-3.62	11.90	1.02	2.41

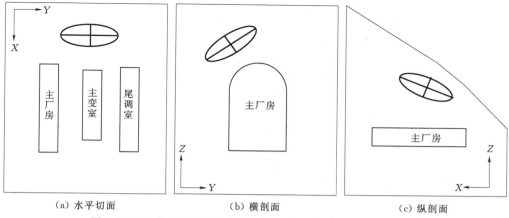

（a）水平切面　　　　　　（b）横剖面　　　　　　（c）纵剖面

图 7.17　地应力平面投影应力与洞室方位关系示意图（N55°E）

综合孔径法和孔壁法的测试结果可见，此时，端墙侧压力系数为 0.95 左右，而边墙侧压力系数达到 2.0 左右，显著大于 N5°E 厂房轴线方位时的 1.50 左右。较大的边墙侧压力系数意味着开挖时的释放荷载较大，边墙的变形也会随之增加。由于此时的 N55°E 厂房轴线方位与河流流向成小角度相交，垂直河流方向的应力分量达到最大，那么必将在三大洞室靠河谷侧拱肩部位产生更为强烈的应力集中而导致岩爆等较为严重的应力控制型破坏。

2. 主洞室轴线与最大主应力近于平行的 N35°W 厂房轴线

当厂房轴线为 N35°W 时，三大洞室轴线正好与第一主应力平均方位平行。此时，设定模型坐标的 X 轴为 S35°E，Y 轴为 N55°E，Z 轴竖直向上。表 7.15 和表 7.16 分别为孔径法和孔壁法所有地应力测点转换到模型坐标下的应力分量。模型坐标系各特征平面上的应力状态如图 7.18 所示。

由于此时的厂房轴线方位与 N55°E 垂直，因此，X 方向的应力分量正好与 Y 方向的应力分量交换位置。此时，端墙侧压力系数平均为 2.0 左右，而边墙侧压力系数平均为 0.95 左右。通过简单的定性对比分析可以判断，此时的厂房轴线方位对主洞室边墙的变形有利，但是对与三大洞室垂直布置的小洞室非常不利，过大的切向应力集中必会引起靠河谷侧拱肩部位严重的应力控制型破坏。

表 7.15　　　　　　　　　厂房区域地应力测点转换应力分量（孔径法）

测点编号	应力分量/MPa						边、端墙侧压力系数	
	σ_{xx}	σ_{xy}	σ_{xz}	σ_{yy}	σ_{yz}	σ_{zz}	端墙 λ_1	边墙 λ_2
S-1	25.86	-5.80	8.63	11.78	2.05	19.02	1.36	0.62
S-3	23.07	5.88	0.15	6.59	2.34	9.84	2.34	0.67
S-2	21.51	9.33	5.28	17.84	-0.02	11.56	1.86	1.54
S-2F	24.97	-2.85	11.11	10.94	0.20	22.70	1.10	0.48
S-6	24.71	-2.11	4.57	9.52	2.49	12.40	1.99	0.77
S-7	32.68	0.28	1.43	13.07	-4.80	14.35	2.28	0.91
S-8	38.43	-1.19	-0.07	13.88	-3.45	14.99	2.56	0.93
S-8F	30.38	-1.81	2.69	13.12	3.45	8.66	3.51	1.52

表 7.16 厂房区域地应力测点转换应力分量

| 测点编号 | 应力分量/MPa | | | | | | 边、端墙侧压力系数 | |
	σ_{xx}	σ_{xy}	σ_{xz}	σ_{yy}	σ_{yz}	σ_{zz}	端墙 λ_1	边墙 λ_2
S9 – 1	15.45	−0.35	−2.91	11.94	1.24	10.53	1.47	1.13
S9 – 2	18.61	1.86	6.52	9.46	−1.21	11.98	1.55	0.79
S9 – 3	19.92	−0.36	1.62	7.46	1.71	9.91	2.01	0.75
S10 – 1	18.80	−1.06	−1.54	10.44	−0.83	10.64	1.77	0.98
S10 – 2	20.74	1.25	−0.66	15.34	1.95	11.21	1.85	1.37
S10 – 3	25.01	−0.95	2.61	10.22	−0.05	10.53	2.38	0.97
S11 – 1	22.16	5.22	3.02	10.55	−0.47	9.85	2.25	1.07
S11 – 2	17.18	0.71	2.82	9.29	0.84	10.56	1.63	0.88
S11 – 3	17.66	1.07	1.08	12.39	2.13	11.07	1.60	1.12
S12 – 2	23.68	−1.77	−2.71	9.04	0.79	12.13	1.95	0.75
S12 – 3	21.28	−1.04	−0.29	10.62	−2.78	12.57	1.69	0.84
S13 – 1	18.00	−0.67	2.02	15.24	−1.34	14.65	1.23	1.04
S13 – 2	16.19	−1.81	−2.58	13.14	−0.26	14.47	1.12	0.91
S2 – 1	38.76	4.37	−1.94	8.10	−5.17	12.03	3.22	0.67
S2 – 2	28.86	4.14	−0.78	13.48	−3.70	12.59	2.29	1.07
S2 – 3	28.70	5.56	−3.62	12.17	−1.96	11.90	2.41	1.02

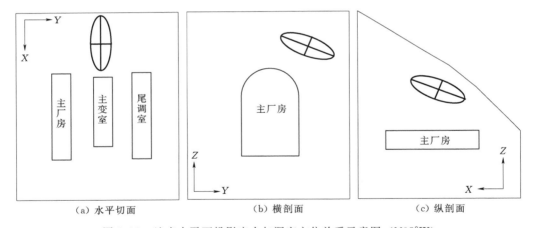

(a) 水平切面 　　　　　 (b) 横剖面 　　　　　 (c) 纵剖面

图 7.18 地应力平面投影应力与洞室方位关系示意图 (N35°W)

3. 可研阶段对主洞室布置方案的优化

影响围岩稳定性的主要因素是地应力状态、优势结构面方向等。工程实践表明：在水平构造地应力为主的地应力场中，地下洞室主洞室轴线与最大水平主应力方位的夹角越小，对围岩稳定越有利。在可行性研究阶段，根据结构面发育特征和水工建筑物布置的需要，地下厂房选在右岸坝轴线以下，斜坡应力集中带（紧密挤压带）以内，埋深较大，错动带规模很小，无大的断层和软弱结构面通过，主要岩层的完整性较好。选择厂房轴线（包括与之平行的主变室和尾调室）为 N67°E，与厂区主要发育的错动带有 40°～90°夹角，与 NWW、NNE 裂隙的夹角亦较大，但与 NEE 向裂隙夹角较小（20°以内）。总体来看，厂房轴线与主要结构面夹角较大，有利于围岩稳定。但厂房轴线与厂区实测最大水平主应力方向的夹角偏大（约70°），对厂房的稳定有不利影响。

根据地应力测试和分析结果，最大水平主应力方向与主洞室轴线的夹角为70°～80°。经分析，建议将主洞室轴线调整至 N5°E 左右。后者与主应力及优势结构面夹角分别为40°和80°，与 NEE 向裂隙夹角也大于65°，仅与不甚发育的错动带和 NNE 裂隙交角较小。鉴于调整后的地下厂房主洞室轴线与坝轴线（N12°E）接近平行，有利于厂房和引水发电系统的整体布置，并减小了工程量，优化方案已被工程设计采纳。

7.3.6.2 施工阶段地下洞室群围岩应力破坏响应的验证

根据官地水电站交通洞以及引水发电系统地下洞室开挖情况来看，地下洞室围岩的破坏可分为结构控制型、应力控制型以及结构面和应力共同作用的复合控制型3种。通过多次现场踏勘，从地下洞室群整个施工过程中揭露的局部掉块、垮塌等变形失稳现象来看，上述3种类型的破坏现象均有不同程度的体现（见图7.19）。

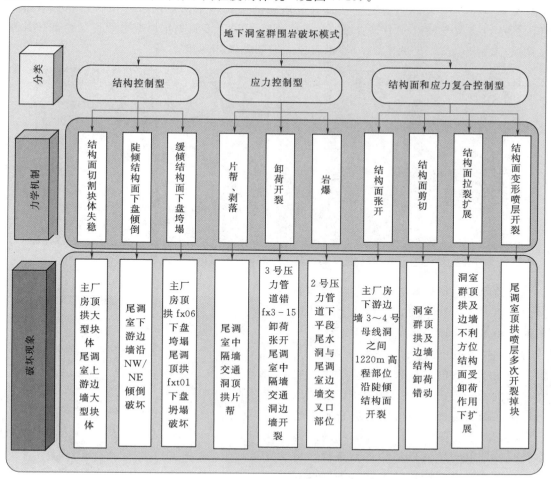

图 7.19 地下洞室群围岩变形破坏模式

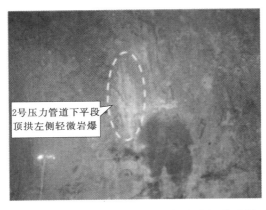

图 7.20　2 号压力管道顶拱左侧发生轻微岩爆

地下厂房区域本属中高应力水平，洞室开挖引起洞周环向切应力集中。由于地下洞室围岩本身的力学强度较高；因此，高应力集中导致的破坏现象虽有发生，但较预期的要少。施工期，在过坝交通洞、进场交通洞、尾水洞、尾调室、主变室、主厂房和右岸导流洞等洞室围岩都曾发生过轻微岩爆或者片帮。而这类围岩的破坏属应力扰动型破坏现象，与初始地应力场有着直接的关系。地下洞室群施工期间出现的较为典型的应力控制型破坏主要发生在与河流方向近平行洞室的顶拱靠河谷一侧部位，如 2 号引水隧洞下平段靠近主厂房上游边墙一侧，顶拱靠河谷侧（见图 7.20）、进厂交通洞（见图 7.21）等完整性较好的块状结构岩体中，表现为薄片状岩体沿新鲜破坏面崩落，多属于轻微～中等岩爆；此外，在尾水洞连接洞与尾调室边墙交叉口部位、在尾调室中隔墙部位（见图 7.22）等也有应力控制型破坏现象。

 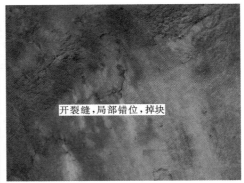

图 7.21　进厂交通洞 0＋095～0＋070m 部位岩爆

总结南非现场岩爆或片帮破坏实例的经验表明，地下洞室围岩出现这类破坏现象的起始条件应该满足初始最大地应力与岩石单轴抗压强度 R_c 的比值大于 0.2。根据官地地下厂房的岩石室内试验结果，岩石单轴抗压强度在 100～190MPa，官地地下厂房区域初始最大地应力与岩石单轴抗压强度 R_c 的比值在 0.14～0.26，满足南非经验的发生岩爆或片帮的初始条件。另外，根据数值模拟计算结果，地下厂房开挖后围岩二次应力场应力集中最大量值

图 7.22　尾调室中隔墙交通洞顶拱新鲜岩体劈裂破坏

σ_{tan} 为 40～52MPa，于是，$\sigma_{tan}/R_c = 0.21～0.52$。按 Russense 岩爆分级标准（见表 7.17）分析，地下厂房区域围岩存在发生低到中等岩爆的可能。这可以在一定程度上证实所获得的地下厂房区域初始地应力场在量值上的合理性。

表 7.17　　　　　　　　　　　　　Russense 岩爆分级标准

岩爆等级	描述	σ_{tan}/R_c	岩爆等级	描述	σ_{tan}/R_c
0	无岩爆	<0.20	2	中等岩爆	0.30～0.55
1	低岩爆活动	0.20～0.30	3	高度岩爆	≥0.55

此外，据统计现场地下厂房区域所发生的这些岩爆或者片帮位置信息，基本上位于洞室顶拱和下游侧拱肩等部位，且临近河谷的厂房洞室 N 端出现的频率较多。而主厂房现场监测的位移信息和锚杆应力信息均显示上游侧大于下游侧。另外，依据该初始应力场对地下厂房洞室群进行开挖数值模拟，结果显示，洞室顶拱和下游侧拱肩为应力集中区（见图 7.23），主厂房位移和锚杆应力为上游侧大于下游侧（见图 7.24）。这种一致性表明，所获得的地下厂房区域初始地应力场在方位和空间分布上也是合理的。

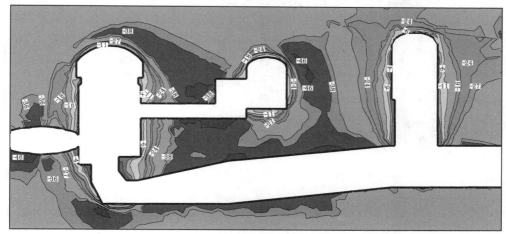

（a）1 号机组段

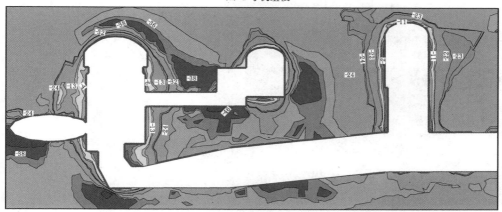

（b）2 号机组段

图 7.23（一）　官地水电站地下厂房洞室群围岩最大主应力分布特征（单位：MPa，压为负）

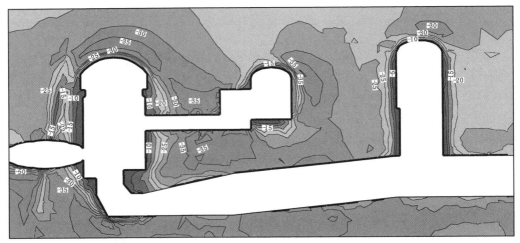

(c) 3 号机组段

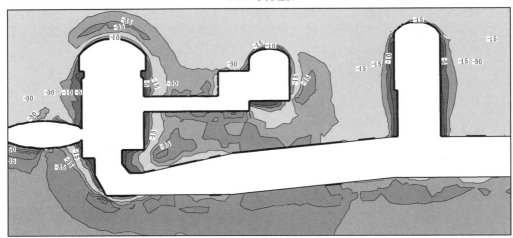

(d) 4 号机组段

图 7.23（二）　官地水电站地下厂房洞室群围岩最大主应力分布特征（单位：MPa，压为负）

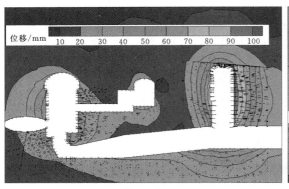

（a）1 号机组段　　　　　　　　　　　（b）2 号机组段

图 7.24（一）　官地水电站地下厂房洞室群围岩变形分布及位移矢量特征

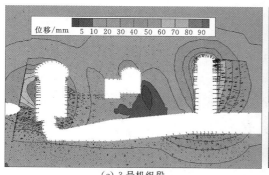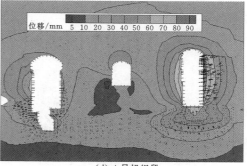

(c) 3 号机组段　　　　　　　　　　　　　(d) 4 号机组段

图 7.24（二）　官地水电站地下厂房洞室群围岩变形分布及位移矢量特征

7.4　一些认识

鉴于地应力场单一方法研究的局限性，而影响地应力场是否合理的因素众多且关系错综复杂的客观情况，提出了大型地下厂房区域地应力场多源信息融合分析方法和思路，该分析方法具有典型的"基础信息融合—特征信息识别—决策反馈信息融合"3 种层次的递进反馈式信息融合分析过程，对于解决复杂地质条件下大型地下厂房地应力场合理性问题提供了一种行之有效的研究思路。根据这一方法和思路对官地水电站地下厂房区域地应力场分布规律进行了研究。

官地地下厂房地应力基础信息融合分析和特征信息识别分析结果表明，工程区域地应力场的形成和复杂分布是由于内外动力耦合的地质作用结果，水平构造应力控制着工程区域应力场的分布规律，且地下厂房洞室群总体上是位于河谷应力场中的应力集中带和正常应力分布区之间的过渡带上，洞室 N 端邻近应力集中带区域，体现了地形、地貌和地质条件等因素影响，且反映了河谷地应力场的一般特征。

官地水电站地下厂房工程区域最大主应力的量值为 $-17\sim-30$MPa，倾角变化范围为 $10°\sim30°$，方位角一般为 N20°$\sim$40°W；中间主应力的量值为 $-14\sim-17$MPa，倾角为 $25°\sim50°$，方位角一般为 N30°$\sim$55°E；最小主应力的量值为 $-6\sim-14$MPa，倾角变化范围为 $45°\sim60°$，方位角一般为 S40°$\sim$60°W。表明地下厂房工程区应力场属于中高应力水平，最大主应力方向总体上在 NW$\sim$NNW 之间，与主洞室轴线方向呈 25°$\sim$45°夹角，与最大水平主应力方向和主洞室轴线方向夹角基本一致。综合地应力的方位和岩体结构优势方位来看，地下厂房轴线方位布局的选择是合适的。

地下厂房区域地应力的决策反馈信息融合分析表明，根据所获得地应力场信息，并结合现场地质信息以及整个枢纽的空间布置等方面的考虑，为地下厂房动态优化设计和信息化施工过程中一系列的关键问题提供了决策依据。同时，现场地下厂房区域开挖过程中所发生的变形破坏信息、数值模拟信息以及与实测地应力信息对比，均显示了所获得的工程区域初始地应力场是合理的。

上述这些结果表明了本章所提出的大型地下厂房区域地应力场多源信息融合分析方法和思路的科学性和可行性。

第 8 章

考虑河谷演变和修正函数的
地应力场反演方法及应用

8.1　引言

我国许多大型水利水电工程，如金沙江中游的乌东德、白鹤滩、溪洛渡和向家坝等水电站，雅砻江上的锦屏一级、二级和官地等水电站，大渡河上的猴子岩、大岗山、双江口等水电站，主要分布于西部高山峡谷地区，其中多数采用了地下洞室群作为电站厂房的布置形式。而我国西部地区现代地壳活动强烈，在地质挤压、切割和抬升作用下形成特有的高山峡谷地形地貌条件，使该地区水资源蕴藏量异常丰富的同时，也形成了复杂地质条件和高地应力场。在这种复杂地质及应力赋存环境中修建大型地下洞室群，其工程设计与施工均遇到了前所未有的挑战，特别是初始的高地应力场和较低的强度应力比，给地下厂房洞室群布置以及洞室群施工开挖中围岩稳定控制带来突出问题。因此，开展高山峡谷高地应力区水电站厂区初始应力场分布规律的识别研究具有重要意义。

一般认为，工程区的初始地应力场是岩体重力和历次地质构造运动发展的结果，并受到长期内外动力的地质作用而不断演化（如河谷侵蚀下切等）。对河谷地应力分布规律的研究发现，河谷地区地应力的分布具有成因分区、分带性：受地形地貌和河谷发育影响的地表地质作用控制带、受地质构造作用影响的区域地应力场控制带以及两者之间的地应力过渡带。可见除自重和地质构造作用外，高山峡谷地区普遍存在的河谷发育演化作用也是影响现今河谷地应力场的一个重要因素，而河流发育特征，如河谷走向、剖面形态、地形地貌等都是影响现今河谷地应力场分布的具体因素。通常情况下，水电站地下厂房布置在河谷较低高程，距岸坡水平距离 $100 \sim 400m$，而该距离是高山峡谷区地应力场影响显著的区域。因此，在高山峡谷区进行水电站地下厂房洞室群布置设计时，需要充分认识和把握工程区初始地应力场的分布规律。

鉴于高山峡谷地区地应力场分布的独特性，在对初始地应力场进行模拟分析时，往往需要考虑河谷演化规律，但这种模拟分析往往难度比较大。主要体现在 3 个方面：①如何甄别和利用实测地应力以及利用什么部位的地应力测点；②模型边界及边界条件如何确定；③如何选择合理的力学模型模拟河谷演化过程中岩体力学特性的改变。现有水电站地下厂房地应力场模拟方法通常将初始地应力场量化模型和地下厂房洞室群开挖精细计算模型向分离，也即先采用大模型（粗网格）进行地应力场模拟，然后采用应力插值的方法，将大模型中的地应力场转换到地下厂房洞室群开挖精细计算的小模型（细网格）中，来实现洞室群稳定性分析时初始地应力场的赋值。此类做法在三维模拟计算技术尚在发展初期

的时候，取得重要进展，但对于复杂地质赋存环境中水电站地下厂房地应力场模拟而言，具有一定的局限性，主要体现在不仅对地下厂房不良地质体和岩体结构模拟的不精细性，引起的结构体周边地应力场量化的失真，而且在将大模型中的地应力场插值到地下厂房洞室群开挖精细计算小模型过程中，还将产生新的误差。随着计算技术的发展，将初始地应力场量化模型与地下厂房洞室群精细计算模型结合起来，形成地下厂房地应力场量化精细计算模型已经可以成为现实。

　　锦屏一级水电站位于四川省凉山彝族自治州木里县和盐源县交界处的雅砻江大河湾干流河段上，是雅砻江干流下游河段的控制性水库梯级电站（见图 8.1）。地处属青藏高原向四川盆地过渡之斜坡地带，山顶海拔高程 4000～4200m，相对高差 1000～2500m，呈典型高山峡谷地貌。水电站地下厂房布置于雅砻江右岸，地形陡峻，相对高差千余

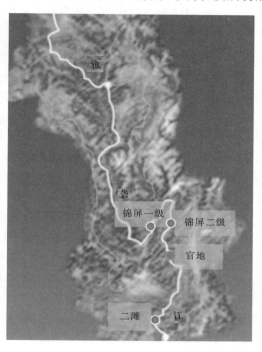

图 8.1　锦屏一级水电站位置示意图

米，河谷断面为典型的深切 V 形河谷（见图 8.2）。岩层走向与河流流向一致，右岸为顺向坡，地貌上呈陡缓相间的台阶状。地下厂房区域地质条件复杂，洞室岩体强度较低，地应力高，f_{13}、f_{14}、f_{18} 断层和煌斑岩脉横跨地下厂房洞室。洞室群的开挖支护设计与施工控制以及整体稳定等问题十分突出，施工期所呈现出的围岩变形特征与力学行为已超出已

图 8.2　锦屏一级水电站高山峡谷地貌

有的工程经验。根据监测资料及声波测试资料综合判断，地下厂房围岩变形与松弛圈深部普遍显著大于同类埋深和规模的地下厂房，锚杆应力和锚索载荷超载比例高。地下厂房洞室群在施工期所呈现出的围岩卸荷大变形破坏特征，与厂区初始地应力场分布以及地下厂房位置关系密切。因此，认识并识别锦屏一级水电站厂区初始地应力场分布规律是解译施工期洞室群围岩大变形破坏现象的基础和依据。目前对锦屏一级水电站地应力场反演和回归的研究主要集中在坝址区，特别是对左岸边坡深层裂缝成因认识方面，而对厂区初始地应力场的研究成果尚不多见。

　　锦屏一级水电站选址在典型的高山峡谷区，地下电站中的主厂房和主变室左端侧距河岸坡 120m 左右，该区域地应力受河谷地应力场影响明显，在我国西部高山峡谷区水电站建设中具有很强的代表性。另外，由高地应力、中等强度岩体条件、不良地质体发育及地下厂房布置位置交互作用所诱发的一系列工程问题尚需进一步探讨。鉴于此，本章针对高山峡谷高地应力区水电站厂址区域初始地应力张量空间分布特征及其与洞室群布置相对关系识别问题，结合深切河谷历史发展过程分析、应力张量全空间赤平投影方法和多核并行计算技术等，将复杂地质环境下三维地应力场模型与洞室群精细开挖计算模型相耦合，提出了考虑河谷演化规律的厂址区域地应力场量化精细数值模型的建立方法和分析思路；然后以锦屏一级水电站为研究对象，通过分析工程区域地质构造和河谷演化规律，运用上述模拟分析方法和层状岩体力学模型，对锦屏一级水电站厂址初始地应力场规律进行识别，建立了锦屏一级水电站地下厂房区域地应力场定量化精细数值模型，后续所进行地下厂房洞室群大规模三维数值模拟计算结果及现场围岩变形破坏规律验证了所获得的地下厂房区域地应力场定量化模型的合理性。在此基础上，对高山峡谷区高地应力条件下水电站大型地下厂房洞室群布置进行探讨。本章中的一些认识或建议可为我国西部类似工程设计和建设提供借鉴。

8.2　地应力场模拟方法和分析思路

8.2.1　地应力场模拟中一些问题分析及解决途径

　　从深切河谷地区地质历史发展的过程来看，河谷演化（如地表剥蚀下切、河流侵蚀等）作用对地应力的改造显著，甚至能够在一定范围内完全改变原来的地应力状态，形成一个特殊的区域地应力场。在高山峡谷区域，岩体内部的应力场可以看成是在原始地应力场基础上随河谷发育演化过程不断改造的地应力场，先期形成的地应力场受后期地表剥蚀下切、河流侵蚀等河谷演化作用产生应力调整，主要体现在深部岩体在河谷演化作用下逐步变为浅部岩体，伴随着岩体应力的释放，特别是水平向应力释放程度弱于垂直向应力，通常会形成较高的水平应力，也即水平向应力逐步起主导作用，而地应力方位也在演化过程中不断调整，逐步达到新的相对平衡状态。鉴于此，对高山峡谷强烈地质作用区地应力场的模拟而言，合理考虑河谷演化过程中的卸荷效应对正确评价工程区域地应力场的分布状态是必要的。为此，需要考虑以下 4 个假设：①假设河谷形成前的远古地形相对平坦，也即河谷形成前的原始地应力场与一般平坦地区的地应力场基本相同，其 3 个主应力分量中的两个基本水平、一个垂直，其中垂直主应力大小与岩体自重相当，最大主应力方向保持与工程区域最大压应力方向一致；②远古时期岩体原始地应力场由岩体自重应力和构造应力组成，构造运动在河谷发育演化前完成；③工程区域岩体中现存地应力场主要是在远古原始地应力场条件下，经过长期区域性地表剥蚀下切、河流侵蚀等河谷演化作用形成；④河谷浅部岩体力学特性在历史上与现今边坡深部岩体力学特性基本相同。对于河谷形成前的原始地应力场，由于地表相对平坦，其地应力状态可以描述为

$$\left.\begin{array}{l}\sigma_1=K_1H+T_1\\\sigma_2=\gamma H\\\sigma_3=K_2H+T_2\end{array}\right\} \tag{8.1}$$

式中：σ_1、σ_3 为岩体深度 H 处最大和最小水平应力，σ_2 为岩体深度 H 的铅直应力，σ_1 的方向与工程区域最大压应力方向一致；γ 为岩体密度；参数 K_1、K_2、T_1 和 T_2 为河谷形成前工程区域原始地应力场的状态参数，可根据朱焕春、景锋等的研究进行相应的取值，见表8.1。

表 8.1　　　　　　　　　不同成因类型岩石中地应力测值统计参数

岩类	最大水平主应力		铅直应力		最小水平主应力		备注
	K	T	K	T	K	T	
岩浆岩	0.031	13.65	0.024	—	0.016	7.27	朱
	0.032	5.90	0.027	—	0.020	0.23	景
沉积岩	0.022	7.89	0.018	—	0.016	4.02	朱
	0.024	4.91	0.026	—	0.018	1.57	景
变质岩	0.021	12.00	0.025	—	0.018	6.29	朱
	0.026	4.06	0.030	—	0.019	1.66	景

注　K 为应力随深度分布的斜率，MPa/m；T 为截距，MPa；朱为朱焕春，1994；景为景锋，2008。

在形成原始地应力场的基础上，通过建立三阶段的侵蚀下切演化模式，模拟河谷的阶段性侵蚀下切过程，再现河谷演化作用的过程（见图8.3），也即①夷平面—宽谷期的形成；②宽谷期—峡谷的初步形成；③峡谷的初步形成—现今峡谷的形成。根据这一过程，能较好地模拟河谷结构及地貌的演化过程，可反映现今河谷的地形地貌形态。在河谷演化过程中，由于河床的侵蚀下切作用，河床是不断下切，往往会在河床与河谷两岸形成类似阶梯状的阶地，为确定河谷侵蚀下切分层数量和厚度提供了依据。另外，采用分步开挖模拟河谷地应力场时需要确定模型的计算边界条件，期可以随时进行调整而无须更改模型的

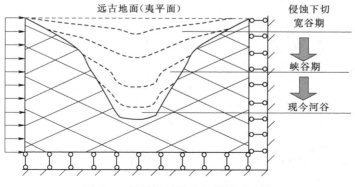

图 8.3　深切河谷演化的模拟示意图

几何形态，以适应计算过程以及对地表侵蚀下切效果的反映。

在具体计算时，数值计算模型中的应力或位移边界是待定的，通常需要结合数值计算方法和优化反演方法，建立数值计算模型边界条件（位移边界、应力边界等）与地应力之间的映射关系，进而根据实测地应力确定合理的数值计算模型边界条件。在数值计算模型边界条件反演分析时，可采用两种途径和方法实现这一过程。一种方法为，用一组映射网络（mapping network）来描述模型边界条件与实测地应力位置处应力值之间的非线性关系：

$$\left.\begin{aligned}
&MN(n,h_1,\cdots,h_p,m):R^n\to R^m\\
&D=MN(n,h_1,\cdots,h_p,m)(P)\\
&P=(p_1,p_2,\cdots p_n),D=(d_1,d_2,\cdots d_n)
\end{aligned}\right\} \tag{8.2}$$

式中：$P=(p_1,p_2,\cdots,p_n)$ 为映射网络的输入节点表达；$D=(d_1,d_2,\cdots,d_n)$ 为映射网络的输出节点表达；$MN(n,h_1,\cdots,h_p,m)$ 为建立的映射网络结构，其中 n，h_1，$\cdots$，h_p，m 为输入层 F_x、隐含层 F_1、$\cdots$、隐含层 F_n 和输出层 F_y 的节点数。

另一种方法为，用优化方法（如遗传算法 GA、粒子群 PSO 等）进行计算模型边界条件反分析，其实质就是寻找一组最优边界条件使与之相应的计算值与实测值逼近的方法。这种方法需要建立关于应力张量的目标函数，但由于应力张量涉及 6 个分量，如何度量两个应力张量之间的接近程度实际上是一个多目标识别问题，因为只有当两个应力张量各自的 6 个分量充分接近时，两个应力张量才充分接近。长期以来的地应力测量实践积累的数据表明，一般情况下，应力张量中的剪应力分量较之正应力分量要小得多，甚至有量级上的差别。因而，在采用离差平方和来度量两个应力张量之间的接近程度时，由于正应力分量和剪应力分量的离差平方和在合并时采用相同的权重，3 个正应力分量的离差平方和对总体离差平方和的贡献度要大大超过 3 个剪应力分量离差平方和，导致离差平方和将可能主要由 3 个正应力分量的离差平方和构成。因此，在通过反演或回归分析方法建立地应力场数值模型时，这种离差平方和作为终极目标将使得对剪应力分量的拟合处于次要甚至可以忽略不计的地位。对高应力作用下地下洞室围岩稳定性研究而言，剪应力直接影响空间三维应力场的方位特征。因此，在建立地应力场数值分析模型时需要较之以往更为精确。鉴于此，在以实测地应力值和模拟计算值残差平方和最小值作为目标函数进行边界条件的优化识别时，将正应力分量的离差平方和以及剪应力分量的离差平方和分别取不同的权重系数，建议的目标函数可取为以下形式：

$$f(x)=\sum_{i=1}^{n}\left\{\alpha_i\sum_{j=1}^{3}\left[\begin{matrix}\sigma_{i,j}^{N}(X_i,Y_i,Z_i)\\-\overline{\sigma}_{i,j}^{N}(X_i,Y_i,Z_i)\end{matrix}\right]^2+(1-\alpha_i)\sum_{m=1}^{3}\left[\begin{matrix}\sigma_{i,m}^{S}(X_i,Y_i,Z_i)\\-\overline{\sigma}_{i,m}^{S}(X_i,Y_i,Z_i)\end{matrix}\right]^2\right\} \tag{8.3}$$

经处理，可得

$$\begin{aligned}
f(x)&=\sum_{i=1}^{n}\left\{\alpha_i\sum_{j=1}^{3}\left[\begin{matrix}\sigma_{i,j}^{N}(X_i,Y_i,Z_i)\\-\overline{\sigma}_{i,j}^{N}(X_i,Y_i,Z_i)\end{matrix}\right]^2+(1-\alpha_i)\sum_{m=1}^{3}\left[\begin{matrix}\sigma_{i,m}^{S}(X_i,Y_i,Z_i)\\-\overline{\sigma}_{i,m}^{S}(X_i,Y_i,Z_i)\end{matrix}\right]^2\right\}\\
&=\sum_{i=1}^{n}\left\{\alpha_i\left(\sum_{j=1}^{3}\left[\begin{matrix}\sigma_{i,j}^{N}(X_i,Y_i,Z_i)\\-\overline{\sigma}_{i,j}^{N}(X_i,Y_i,Z_i)\end{matrix}\right]^2+\left(\frac{1-\alpha_i}{\alpha_i}\right)\sum_{m=1}^{3}\left[\begin{matrix}\sigma_{i,m}^{S}(X_i,Y_i,Z_i)\\-\overline{\sigma}_{i,m}^{S}(X_i,Y_i,Z_i)\end{matrix}\right]^2\right)\right\}\\
&=\sum_{i=1}^{n}\left\{\sum_{j=1}^{3}\left[\begin{matrix}\sqrt{\alpha_i}\,\sigma_{i,j}^{N}(X_i,Y_i,Z_i)\\-\sqrt{\alpha_i}\,\overline{\sigma}_{i,j}^{N}(X_i,Y_i,Z_i)\end{matrix}\right]^2+\sum_{m=1}^{3}\left[\begin{matrix}\sqrt{\dfrac{1-\alpha_i}{\alpha_i}}\,\sigma_{i,m}^{S}(X_i,Y_i,Z_i)\\-\sqrt{\dfrac{1-\alpha_i}{\alpha_i}}\,\overline{\sigma}_{i,m}^{S}(X_i,Y_i,Z_i)\end{matrix}\right]^2\right\}
\end{aligned} \tag{8.4}$$

处理方式和第 5 章内容一样，令计算获得的权重效应修正的正应力 $\hat{\sigma}^{N}_{i,j}(X_i,Y_i,Z_i)=$
$\sqrt{\alpha_i}\sigma^{N}_{i,j}(X_i,Y_i,Z_i)$，测试获得的权重效应修正的正应力 $\hat{\bar{\sigma}}^{N}_{i,j}(X_i,Y_i,Z_i)=\sqrt{\alpha_i}\,\bar{\sigma}^{N}_{i,j}(X_i,$
$Y_i,Z_i)$，计算获得的权重效应修正的剪应力 $\hat{\sigma}^{S}_{i,m}(X_i,Y_i,Z_i)=\sqrt{\dfrac{1-\alpha_i}{\alpha_i}}\sigma^{S}_{i,m}(X_i,Y_i,$
$Z_i)$，测试获得的权重效应修正的剪应力 $\hat{\bar{\sigma}}^{S}_{i,m}(X_i,Y_i,Z_i)\sqrt{\dfrac{1-\alpha_i}{\alpha_i}}\,\bar{\sigma}^{S}_{i,m}(X_i,Y_i,Z_i)$，则
式（8.4）变为传统的目标函数形式，见式（8.5）。在该公式中，地应力张量中的正应力
和剪应力均包含了权重效应，是为基于权重效应修正的目标函数。

$$f(x)=\sum_{i=1}^{n}\Big\{\sum_{j=1}^{3}\big[\hat{\sigma}^{N}_{i,j}(X_i,Y_i,Z_i)-\hat{\bar{\sigma}}^{N}_{i,j}(X_i,Y_i,Z_i)\big]^2$$
$$+\sum_{m=1}^{3}\big[\hat{\sigma}^{S}_{i,m}(X_i,Y_i,Z_i)-\hat{\bar{\sigma}}^{S}_{i,m}(X_i,Y_i,Z_i)\big]^2\Big\} \tag{8.5}$$

式中：x 为待反演计算模型的边界条件向量，如 $x=(\alpha,\eta,X,Y,XY,\cdots)$；$\alpha_i$ 为第 i
点地应力的权重系数（为了在地应力反演分析中提高对剪应力分量的拟合精度，分别设置
的正应力和剪应力分量残差平方和的权重）；η 为自重系数；X 为 X 向挤压边界条件；Y
为 Y 向挤压边界条件；XY 为水平剪切边界条件；$\sigma^{N}_{i,j}(X_i,Y_i,Z_i)$、$\sigma^{S}_{i,j}(X_i,Y_i,Z_i)$
分别为计算模型中第 i 点（X_i,Y_i,Z_i）部位地应力计算值张量的第 j 个正应力和第 m
个剪切应力分量；$\bar{\sigma}^{N}_{i,j}(X_i,Y_i,Z_i)$、$\bar{\sigma}^{S}_{i,j}(X_i,Y_i,Z_i)$ 为第 i 个实测点（X_i,Y_i,Z_i）
部位地应力测试值张量的第 j 个正应力和第 m 个剪切应力分量；n 为实测地应力测点数。
为使上述优化问题得以简化，减少计算工作量，可根据工程经验类比给出设计变量的可能
上、下限估计值，建立以下约束条件

$$a_i\leqslant x_i\leqslant b_i \quad (i=1,2,\cdots,l) \tag{8.6}$$

式中：x_i 为第 i 个待反演的边界条件；b_i、a_i 分别为 x_i 的上、下限值；l 为反演参数的
个数。

为保证所获得的初始地应力场符合地应力场的实际分布规律，在计算模型边界条件反
演优化分析时，应遵循 3 个约束条件：①计算获得的初始地应力场应与实测应力测定处的
应力值在量值和方位上保持基本一致，保证空间点的吻合；②计算的初始应力场应符合地
形、地貌和地质构造等因素对地应力场分布规律的影响，保证区域应力场分布规律的吻
合；③符合根据现场现象（如洞室应力型变形破坏位置等）获得的地应力场认识，保证局
部区域上地应力特征的吻合。当计算结果符合上述 3 个要求时，所获得的应力边界条件或
位移边界条件就是计算模型所需要的合理边界条件。

8.2.2　考虑河谷演化规律的地应力场模拟方法

根据上述分析，考虑河谷演化规律的初始地应力场模拟分析方法的具体实施步骤（见
图 8.4）可以归纳为：

（1）资料的收集和整理。收集包括地应力实测资料、岩石（体）力学试验资料、工程
区域地质资料以及前期探洞变形破坏资料（或施工过程中的地下洞室变形破坏资料）和钻

资料的收集和整理
- 地应力实测资料
- 岩石（体）力学试验资料
- 工程区域地质资料
- 前期探洞变形破坏资料（或施工过程中的地下洞室变形破坏资料）和钻孔岩芯饼化资料

- 整理研究区域的地应力测试数据、岩石（体）力学参数以及地质条件信息
- 分析前期探洞变形破坏资料（或施工过程中的地下洞室变形破坏资料）和钻孔岩芯饼化资料等，解译地下洞室围岩应力型变形破坏现象及其出现部位、钻孔岩芯饼化位置及成因等

实测地应力的数据甄别与规律分析
- 地应力场的宏观定性分析——对区域地应力场方位和量值范围的初步判断
- 地应力测试数据量化分析——采用空间赤平投影等方法，对测点有效性和代表性的判断

河谷演化过程分析
- 研究区域河谷的地形和地貌特征分析——获得河谷演化历程，并对河谷侵蚀下切三阶段（夷平面—宽谷期的形成、宽谷期—峡谷的初步形成、峡谷的初步形成—现今峡谷的形成）的演化模式进行论证
- 河谷侵蚀下切过程中形成的阶梯状阶地分析——确定河谷侵蚀下切的分层数量和厚度
- 结合研究区域河谷的地质条件，建立考虑河谷演化规律的地质模型和数值计算模型

考虑河谷演化规律的数值计算模型边界条件反演分析
- 映射网络＋数值计算方法的反演分析——在生成原始地应力场基础上，以采用弹塑性数值计算方法模拟河谷侵蚀下切过程获得测点位置处的计算地应力量值为输入向量，并以相应的边界条件为输出向量，建立测点位置处的地应力量值与相应边界条件之间的非线性映射关系网络模型，再结合实测地应力，获得数值计算模型的边界条件
- 优化方法（如 GA、PSO 等）＋数值计算方法的反演分析——以优化方法产生计算模型边界条件，在生成原始地应力场基础上，以采用弹塑性数值计算方法模拟河谷侵蚀下切过程获得的计算地应力与实测地应力逼近最小程度作为目标函数，获得计算模型的边界条件

初始地应力场模拟的正算模拟分析
- 将边界条件代入数值计算模型进行河谷地应力场正算模拟——获得研究区域的地应力场
- 地应力场正算模拟结果的判断——3 个约束条件：①计算获得的地应力测点与实测地应力在量值和方位上保持一致，保证空间点的吻合；②计算获得的初始地应力场符合地形、地貌和地质构造等因素对地应力分布的影响规律，保证区域应力场分布规律的吻合；③符合根据现场现象（洞室应力型变形破坏位置、钻孔岩饼现象与位置等）获得的地应力场的认识，保证局部区域上地应力场特征的吻合

否 ◇ 是否满足

是

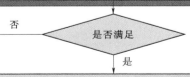
获得合理的初始地应力场，进一步分析研究区域的初始地应力场的空间分布规律以及工程开挖的二次应力扰动规律

图 8.4 考虑河谷演化规律的初始地应力场模拟分析实施步序

孔岩芯饼化资料等资料，整理研究区域的地应力测试数据、岩石（体）力学参数以及地质条件信息，分析前期探洞变形破坏资料（或施工过程中的地下洞室变形破坏资料）和钻孔岩芯饼化资料等，解译地下洞室围岩应力型变形破坏现象及其出现部位、钻孔岩芯饼化位置及成因等。

（2）实测地应力的数据甄别与规律分析。地应力测试是了解工程区域初始地应力场分布特征的重要手段，其测试成果是建立表征地应力场分布特征的数值量化模型的基础资料。然而，囿于当前的地应力测试技术水平和实际工程岩体赋存地质条件的复杂性，地应力测试成果往往具有相当的误差。地下厂房区域地应力场量化模型往往是建立在这些实测地应力测点基础上，所以地应力实测数据这一基础信息的质量和精度将直接影响地应力场量化模型的可靠性。鉴于此，根据地下洞室围岩应力型变形破坏现象及其出现部位、钻孔岩芯饼化位置及成因等解译结果，进行研究区域地应力场的宏观分析，对区域地应力场方位和量值范围进行初步判断，同时采用应力张量全空间赤平投影方法和典型特征平面投影应力解析对地应力测点应力张量特征进行全面的量化分析，对工程区域地应力的测试数据进行甄别与规律分析，对测点的有效性和代表性作出较为科学的判断，进而筛选出能够从宏观上体现工程区域地应力场分布特征的测点用于初始地应力场反演或回归中。

（3）河谷演化过程分析。选取所研究的区域，依据研究区域河谷的地形和地貌特征，在现今河谷形态的基础上，分析河谷演化历程，论证河谷侵蚀下切三阶段的演化模式，并根据河谷侵蚀下切过程中在河床与河谷两岸形成地阶梯状阶地，确定河谷侵蚀下切分层数量和厚度。在此基础上，结合研究区域河谷的地质条件，建立考虑河谷侵蚀下切分层的地质模型和数值计算模型。

（4）考虑河谷演化规律的数值计算模型边界条件反演分析。在计算模型边界条件反演分析时，可采用映射网络＋数值计算方法（见图 8.5）和优化方法＋数值计算方法（见图 8.6）等两种类型的反演方法。

采用映射网络和数值计算方法建立计算模型边界条件与地应力值之间关系的方法过程为：首先设定计算模型的边界条件（应力或位移边界）范围，按正交或均匀设计生成多种边界条件，采用连续或者非连续的数值计

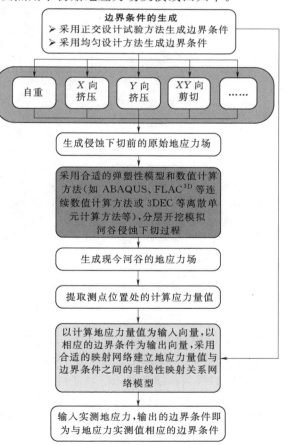

图 8.5　基于映射网络数值计算方法的模型边界条件反演

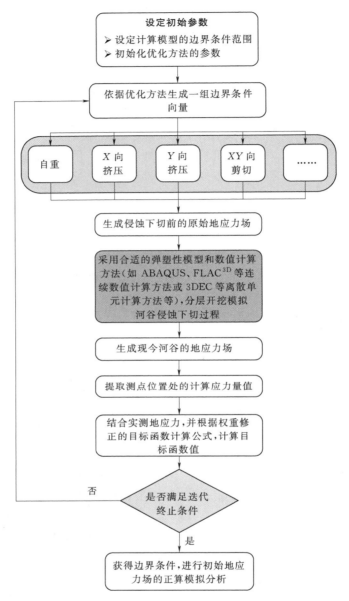

设定初始参数

➢ 设定计算模型的边界条件范围
➢ 初始化优化方法的参数

依据优化方法生成一组边界条件向量

| 自重 | X 向挤压 | Y 向挤压 | XY 向剪切 | …… |

生成侵蚀下切前的原始地应力场

采用合适的弹塑性模型和数值计算方法（如 ABAQUS、FLAC^{3D} 等连续数值计算方法或 3DEC 等离散单元计算方法等），分层开挖模拟河谷侵蚀下切过程

生成现今河谷的地应力场

提取测点位置处的计算应力量值

结合实测地应力,并根据权重修正的目标函数计算公式,计算目标函数值

是否满足迭代终止条件

否

是

获得边界条件,进行初始地应力场的正算模拟分析

图 8.6　基于优化方法和数值计算的计算模型边界条件反演

算方法（如 ABAQUS 等有限单元方法、FLAC/FLAC^{3D} 等有限差分方法、3DEC 等离散单元方法），获得原始地应力场；按着河谷侵蚀下切演化规律，采用合适的弹塑性力学模型开挖，模拟地表剥蚀卸荷效应，获得测点位置的地应力量值，将其作为映射网络的输入向量，而相应的边界条件作为映射网络的输出向量，由此可以建立地应力与边界条件之间的非线性映射关系网络模型。通过这一非线性映射关系网络模型，根据实测地应力，可获得计算模型的边界条件。这类方法是求解计算模型边界条件的一种逆解方法。

　　采用优化方法（如遗传算法 GA、粒子群 PSO 等）和数值计算方法对计算模型边界条件进行反分析的过程为：首先设定计算模型的边界条件（应力或位移边界）范围和初始化优化方法的参数；依据优化方法生成一组边界条件向量；将力学参数、初始条件和边界条件代入连续或者非连续的数值计算模型（如 ABAQUS 等有限单元模型、FLAC/FLAC³ᴰ等有限差分模型、3DEC 等离散单元模型），获得原始地应力场；调用连续或者非连续数值计算软件，按着河谷侵蚀下切演化规律，采用合适的弹塑性力学模型开挖，模拟地表剥蚀卸荷效应，获得测点位置的地应力量值；然后，计算实测地应力值和相应部位的计算模拟值残差平方和取最小值的目标函数［见式（8.3）］，判断是否满足迭代终止条件，若不满足，继续上述循环，若满足，即可获得一组最优的边界条件。

（5）初始地应力场模拟的正算模拟分析。将边界条件代入数值计算模型中，进行河谷地应力场正算，根据 3 个约束条件判断，是否获得的工程区域地应力场的合理性，如果合理，停止计算；如果不合理，返回步骤（4），重新设置边界条件范围，至获得合理的地应力场。对于合理的地应力场，分析工程区域的地应力场空间分布规律以及工程开挖形成的二次应力扰动规律。

8.2.3　地应力场量化模型和洞室群开挖计算模型相结合的研究思路

将初始地应力场量化模型与地下厂房洞室群精细计算模型耦合在一个模型中，将原来地应力场量化模型中地下厂房洞室群区域超过十米级或者几十米级的粗网格尺寸降低到米级，局部区域可达到厘米级的细网格，由此构成地下厂房地应力场精细计算量化模型。所以，在模型中，不仅考虑主要地质构造，还对洞室群施工全过程的围岩类别、岩体结构及施工开挖步序进行精细仿真，同时在洞室群稳定分析全过程中，还将增加系统锚杆、预应力锚杆和预应力锚索和混凝土喷层等支护系统的模拟。所以由此获得的厂区地应力场量化模型可以直接进行洞室群精细开挖计算，用于围岩稳定性分析评价。但这种模拟方法必然会增加模型整个网格数量，可能达到百万，势必会降低计算效率。然而，随着计算技术的发展，并行计算技术已经被引入岩土工程计算领域，并得到取得重要进展。

本章采用多核并行计算技术与编程方法，在地应力场量化模型精细计算过程中，在一个迭代步中为每个内核提供信息传递接口，自动执行信息交换以满足数值分析对求解完备性和精度要求，克服了常规并行计算（网内并行）所需要的模型设定，如主、从模型的设置，子模型的内核分配等环节，建立基于多核并行计算技术的地应力场量化模型精细计算模型，见图8.7。在本章进行地应力场反演的过程中，使用的是具有 12 核 24 个线程的工作站，保证了大规模地应力场

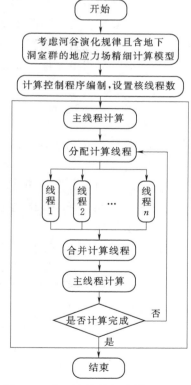

图 8.7　基于多核并行计算的地应力场量化模型精细计算流程

精细识别的顺利开展。

8.3 工程应用——锦屏一级水电站

8.3.1 地质构造背景分析

研究表明,地质构造是控制初始地应力场分布规律的最根本因素。地质构造对地应力的影响主要体现为:①在同一构造单元体内,被断层或其他较大结构面切割的各个块体中地应力场分布较均匀,而靠近断层或其他较大结构面附近时,地应力的量级和方向会存在较大变化;②在水平面内,最大主应力方向常垂直于构造线,在垂直面内最大主应力方向与岩层倾向保持一致或者呈较小夹角;③未经褶皱作用的沉积岩区域地应力量级相对较小,地应力场分布较均匀,褶皱区域地应力量级相对较大,地应力场分布不均匀。所以,在厂区初始地应力场分析过程中,首先对区域地质构造背景进行分析,初步判断地应力方位,为准确识别工程区地应力场分布规律提供了前提。

对于锦屏一级水电站工程区,根据现今活动断裂构造的分布格局,其处于鲜水河断裂带、安宁河断裂带、则木河—小江断裂带及金沙江—红河断裂带所围限的"川滇菱形断块"之东部。这些边界断裂均为多期继承性活动的断裂带。喜山期以来,由于印度洋板块向欧亚板块的强烈推挤,导致在青藏高原急剧抬升的同时,川滇菱形断块亦向南东方向推移,各边界断裂均发生强烈的水平剪切错动,成为现代地震活动的发震构造。在川滇菱形断块内部,以金河—箐河断裂为界划分为雅江—稻城断块和攀枝花—楚雄断块两个Ⅱ级构造单元。锦屏一级水电站即位于雅江—稻城断块内理塘—前波断裂所分割的Ⅲ级断块——雅江—九龙断块上(见图 8.8)。

工程区位于区域性断裂—锦屏山断裂西侧 2km 处,印支期紧闭同倾三滩向斜之南东翼(正常翼)。三滩向斜轴向总体 NNE,平面上呈舒缓 S 形展布,长度约 15km,平均宽度约 2km。该向斜控制了坝区岩层产状及空间分布特征,坝区所在的向斜正常翼地层倾向左岸,平均产状为 N30°E,NW∠35°左右,但由于岩性、厚度、变形差异及后期叠加褶皱等因素的影响,其产状变化较大。

厂址区主要发育有 NE 向的 f_{13}、f_{14}、f_{18} 等断层(见图 8.9),以及 NEE 向和 NW~NWW 向的小断层。

f_{13} 断层:长度大于 1000m,斜穿过厂房安装间部位,断层带起伏,总体产状 N60°~70°E/SE∠60°~80°,走向与厂房洞轴线夹角约 50°,主错带宽 1~2m,最宽达 3m,主要由碎裂岩、角砾岩、糜棱岩构成,胶结,挤压紧密,多强风化,上盘面还见 1~2cm 厚的灰色不连续断层泥。断层下盘影响带宽 1~3m,破碎,呈镶嵌碎裂结构,但嵌合紧密;断层上盘影响带宽 10~20m,受断层及地下水影响带内裂面普遍强烈锈染,呈黄褐色,可见 2~5mm 褐黄色风化晕。岩体呈碎裂结构,局部滴渗水。

f_{14} 断层:断层带起伏,总体产状 N60°~70°E/SE∠70°~80°,破碎带宽 0.2~3.5m 不等。上下盘影响带宽度一般为 3~5m,局部(如厂房上层下游侧)影响范围则近 20m,风化较强,岩体呈黄色。该断层穿过厂房主机间、主变室以及 1 号尾水调压室等洞室。

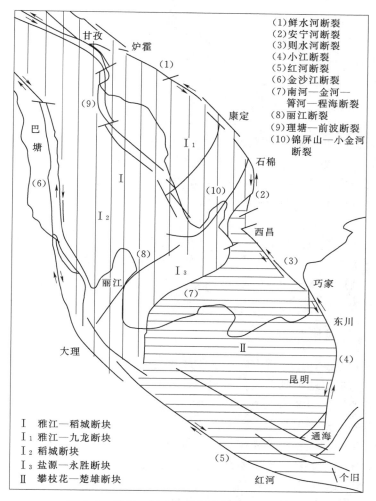

（1）鲜水河断裂
（2）安宁河断裂
（3）则水河断裂
（4）小江断裂
（5）红河断裂
（6）金沙江断裂
（7）南河—金河—
　　箐河—程海断裂
（8）丽江断裂
（9）理塘—前波断裂
（10）锦屏山—小金河
　　　断裂

Ⅰ　雅江—稻城断块
Ⅰ₁　雅江—九龙断块
Ⅰ₂　稻城断块
Ⅰ₃　盐源—永胜断块
Ⅱ　攀枝花—楚雄断块

图 8.8　锦屏一级水电站坝区构造地质区块图

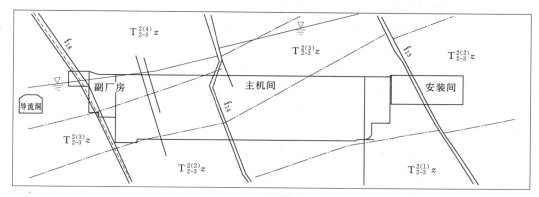

图 8.9　地下厂房沿机组中心线地质纵剖面图

f_{18} 断层：产状 N70°E/SE∠70°～80°，带宽 20～40cm，主要有灰黑色糜棱岩、角砾岩组成。沿左岸Ⅱ勘探线上游的煌斑岩脉与大理岩接触面发育，大角度斜穿河床延至右岸。

节理裂隙发育的优势方向：①N30°~60°E，NW∠30°~40°，层面裂隙，一般间距1~3m（局部小于20cm，主要分布于第2层内），延伸2~4m，部分大于10m（第2层内多大于10m）；②N50°~70°E/SE∠60°~80°，一般间距1~3m，个别延伸长，平直；③N25°~40°W/NE（SW）∠80°~90°，主要见于安装间部位；④N60°~70°W/NE（SW）∠80°~90°，一般间距较大，面多锈染，起伏粗糙、多闭合，个别张开0.5~3cm，最大张开可达20cm，充填少量岩屑及泥。

根据上述分析可知，锦屏一级水电站工程区地处青藏高原向四川盆地过渡之斜坡地带，由于青藏高原的快速隆起并向东部扩展推移，在自北而南挤压和自西而东的挤压作用下，坝址区的现今构造应力场为NW~NWW向主压应力场。地应力测量与区域构造运动研究的已有研究成果表明，现阶段地壳内应力场多半是与本区控制性的构造变形场相一致。因此，第一主应力的方位应该为NW~NWW。另外，由于坝区谷坡高陡，相对高差达1500~2500m，自重应力量值高。上述两种应力叠加造成坝区天然状态下地应力较高；同时，由于河流快速下切，谷坡一定范围内地应力释放和调整。总体来说，坝区现今高岩体应力场是在两岸山体1000~2500m高差形成的自重应力及岩体构造应力、构造残余应力叠加而形成的。

8.3.2 河谷演化规律分析

锦屏一级水电站工程区地貌上右岸呈陡缓相间的台阶状，该区域的现代地貌是在喜马拉雅运动塑造的构造山地基础上演化而来的。依据该区内地形、地貌特征，大体上可以将雅砻江河谷地貌的演化划分为三个发展时期，即准平原期、宽谷期和峡谷期。

（1）准平原期：第三纪晚期，研究区为一向东缓倾斜的掀斜面，海拔在1000m左右，是第三纪不均匀抬升和上新世地壳相对稳定时准平原化的产物。残积广泛发育，现今区内保存的一级夷平面就是上新世准平原被抬升、解体而成的。

（2）宽谷期：随着青藏高原的抬升和川滇菱形断块向东挤出，形成的断陷盆地基底与西部山地高差较小，在游荡性河流的基础上发育成宽谷。由于宽谷期下切速度慢，河流纵比降小。这一时期一直持续到中更新世中期。

（3）峡谷期：中更新世晚期开始进入峡谷期，下切速率较慢，在中更新世晚期，形成Ⅶ和Ⅵ级阶地。进入晚更新世下切速率加快，形成典型的高山峡谷地貌。

从上述工程区域深切河谷演化的规律以及区域地质调查结果显示，锦屏一级水电站河谷区域以2100~2200m高程为界，上、下峡谷形态存在明显差异，主要表现为该线以上为宽谷形态，谷坡坡度40°，保存有一级夷平面；该线以下为峡谷形态，保存有Ⅰ~Ⅶ级阶地，主要为基座阶地或侵蚀阶地（见图8.10）。总体来看，锦屏一级水电站工程区域所有阶地的阶面均较窄，普遍倾向雅砻江，倾角一般在5°~10°之间，符合峡谷段的侵蚀特征。

8.3.3 地下厂房区域初始地应力场识别

8.3.3.1 地下厂房工程概况

锦屏一级水电站地下厂房于2007年1月开工建设，2010年3月厂房开挖完成，2011

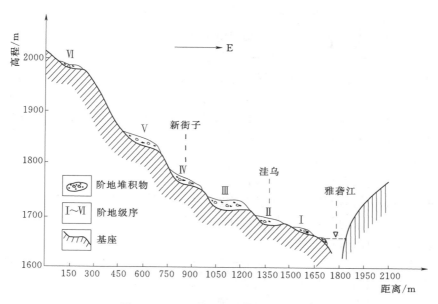

图 8.10　工程区河谷阶地剖面示意图

年 3 月尾水系统开挖完成，2013 年实现首台机组投产发电。引水发电系统布置于坝区右岸，地下厂区洞室群规模巨大，主要由引水洞、地下厂房、母线洞、主变室、尾水调压室和尾水洞等约 40 个洞室组成，三大洞室平行布置，见图 8.11。厂房纵轴线方位采用 N65°W，厂内安装 6 台 600MW 机组，主厂房全长 276.99m，吊车梁以下开挖跨度 25.60m，以上开挖跨度 28.90m，开挖高度 68.80m；主机间尺寸为 204.52m × 25.90m × 68.80m（长×宽×高），顶拱高程为 1675.10m。主变室位于主厂房下游，厂房和主变室之间的岩柱厚度为 45m，主变室长 197.10m，宽 19.30m，高 32.70m，顶拱高程 1679.20m。尾水调压室设置两个圆形调压室。1 号调压室顶高程 1689.00m，高 80.50m，上室直径 41m，下室直径 38m。2 号调压室顶高程 1688.00m，高 79.50m，上室直径 37m，下室直径 35m。

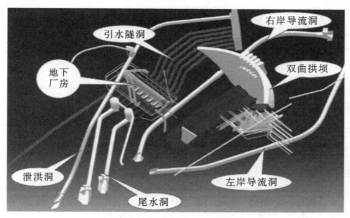

图 8.11　锦屏一级水电站地下洞室群布置示意图

厂区出露地层主要为三叠系中上统杂谷脑组第二段第 2～4 层大理岩（$T_{2-3}^{2(4)}z$）地层。第 2 层，位于厂房、主变室最里段，靠山里侧的压力管道，尾水管涉及该层，前期勘探厚约 30～80m。上部岩性以中薄层状大理岩为主夹少量绿片岩，层面裂隙发育。下部为角砾状大理岩，厚层～块状结构。在厂区开挖揭示的该层既有中～厚层状大理岩，又有薄层状大理岩，夹顺层绿片岩，中硬与坚硬岩相间分布。第 3 层，厚 20～50m，以条纹状大理岩、同色角砾状大理岩为主，夹极少量薄层绿片岩，岩体多呈厚层～块状结构。第 4 层，厚 80～100m，岩性为灰白色大理岩、杂色角砾状大理岩，角砾成分以大理岩质岩块、岩屑为主，其次为透镜状、团块状绿片岩和石英片岩，零星分布的绿片岩构成了第 4 层中的软弱结构面。后期侵入少量云斜煌斑岩脉（X），呈平直延伸的脉状产出，一般宽 2～3m，局部脉宽可达 7m。总体产状 N60°～80°E/SE∠70°～80°，延伸长多在 1000m 以上，部分地段可见小分支、尖灭现象，后期构造运动使煌斑岩脉与围岩接触面多发育成小断层，厂区煌斑岩脉明显有断层错动迹象，脉体一般破碎，自稳能力差。

锦屏一级厂区岩性较复杂，既有成分较纯大理岩，又有杂色、角砾状大理岩，还有绿片岩等，各类岩石饱和单轴抗压强度取值见表 8.2。洞室区围岩划分为 4 个大类，由于深埋洞室与浅埋洞室围岩的紧密状态、地应力量级存在较大差异，第 2 层大理岩在厂区岩体结构表现为厚层～块状结构，部分地段层面裂隙发育，以中厚层状结构为主，因此，将 Ⅲ 类围岩又细分为 Ⅲ₁ 类、Ⅲ₂ 类。地下洞室区围岩整体上以 Ⅲ₁ 类、Ⅲ₂ 类为主，局部 Ⅳ 类。地下厂房区域围岩力学参数见表 8.3。

表 8.2　　　　　　　　　　　岩石饱和单轴抗压强度　　　　　　　　　　单位：MPa

微晶大理岩	条纹状大理岩	条带状大理岩	角砾状大理岩	绿片岩	弱风化大理岩	煌斑岩
60～75	60～75	60～75	60～75	25～50	40～60	60

表 8.3　　　　　　　　锦屏一级水电站地下厂房围岩力学参数表

围岩类别		变形模量 E_0/GPa		弹性模量 E_0/GPa		泊松比 ν	抗剪断强度	
		平行结构面	垂直结构面	平行结构面	垂直结构面		f'	C'/MPa
Ⅱ		22～30	19～28	29～42	25～42	0.25	2.35	2.00
Ⅲ	Ⅲ₁	9～15	8～13	16～22	13～22	0.25	1.07	1.50
	Ⅲ₂	6～10	4～7	9～17	5～11	0.3	1.02	0.9
Ⅳ		3～4	2～3	3～4	2～3	0.35	0.7	0.6
Ⅴ		0.4～0.8	0.2～0.6	1～2	0.6～0.9	0.35	0.3	0.02

8.3.3.2　三维地质概化模型

锦屏一级水电站厂址，地质构造复杂，岩性岩相变化大，构造变形强烈，有不同规模、不同性质的断裂发育，岩层普遍遭受变质。区域地貌发育受新构造活动及构造格架控制，山高谷深，谷坡陡峻，崩塌、滑坡作用发育，工程地质条件复杂。岩体结构的这种复杂性以及区域地形、地貌的影响，决定了工程区域河谷岩体内地应力分布规律的复杂性。因此，在分析工程区域的地质构造历史特征以及实测地应力总体特点的基础上，建立三维地质概化模型和数值计算模型，以实测地应力资料为目标，对锦屏一级水电站厂址区域地应力场进行反演分析，同时也为后续的数值分析提供初始应力条件。

为此，依据前述分析以及地质勘察资料，首先建立三维地质概化模型，见图 8.12。在三维地质概化模型中除考虑了不同的岩层分布、围岩类别、厂区出露的 f_{13}、f_{14}、f_{18} 三大断层以及煌斑岩脉之外，还根据声波测试和监测资料分析成果在主厂房、主变室和尾调室等三大洞室的围岩内分别设置了卸荷松弛圈。另外，根据区内地形、地貌特征，大体上将雅砻江河谷演化分为七级阶地，主要用于考虑河谷演化规律的非线性地应力场反演。同时，为反映河谷特征并为简化建立复杂的计算网格模型，在地质概化模型中，适当对河谷左岸山体进行了简化处理，将有助于对深切河谷区域右岸地下厂房初始地应力场分布规律进行合理化描述。

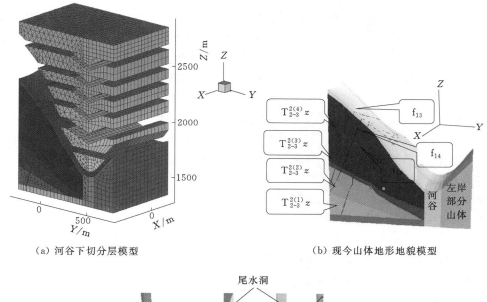

（a）河谷下切分层模型　　　　　　　　（b）现今山体地形地貌模型

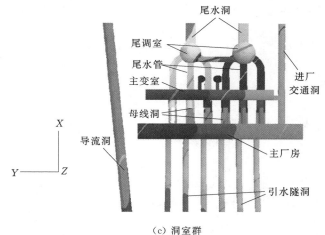

（c）洞室群

图 8.12　厂址三维地质概化模型及网格模型

在数值计算模型中，X 轴指向 N25°E，Y 轴指向 N65°W，Z 轴铅直向上，坐标原点位于 1 号机组中心点。按此坐标系，则与设计采用的厂纵、厂横桩号标识相一致。三维模

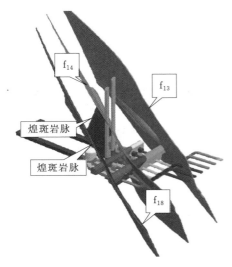

图 8.13　三维地质概化模型中
地下洞室群与断层及煌斑岩脉

型中，X 方向模拟范围为 $-245 \sim 450\mathrm{m}$，Y 方向模拟范围为 $-280 \sim 420\mathrm{m}$，Z 方向从高程 1400m 至地表。混合采用六面体、五面体和四面体单元进行网格剖分，单元数为 1097186 个，节点数为 251496 个。

整个三维地质概化模型涉及岩层从下往上依次为 $\mathrm{T}_{2-3}^{2(1)}z$、$\mathrm{T}_{2-3}^{2(1)}z$、$\mathrm{T}_{2-3}^{2(2)}z$、$\mathrm{T}_{2-3}^{2(3)}z$、$\mathrm{T}_{2-3}^{2(4)}z$ 以及地表卸荷带。地下洞室群的整体结构包括主厂房、主变室、尾水调压室、母线洞、出线洞以及引水洞、尾水洞、导流洞和进场交通洞；另外，还显示了穿越厂区的 f_{13}、f_{14} 和 f_{18} 三大断层以及煌斑岩脉，从该图中可以清楚地看到 3 条断层以及煌斑岩脉与地下洞室群复杂的空间交切位置关系，见图 8.13。

8.3.3.3　地应力实测结果分析

根据厂房布置方案，地应力测点主要布置在相应平洞中，采用孔径法共获得了 9 组测试成果。采用全空间赤平投影方法和平面投影应力解析对这 9 组地应力测点的应力张量特征进行量化分析，并与前期勘探平洞出现的破坏现象的力学定性分析成果进行对比研究和印证，对地应力测试结果的代表性和可靠性进行甄别（见图 8.14 和图 8.15，测点地应力张量的全空间赤平投影，其中圆圈●、方块■、菱形◆分别表示第一、二、三主方向单位矢量，XY 平面、XZ 平面和 YZ 平面代表 3 个切面上的投影平面应力椭圆，其中椭圆长轴为相应平面内最大主应力，椭圆短轴为平面内最小主应力），筛选出能够从宏观上体现工程区域地应力场分布特征的实测地应力测试结果进行厂区初始应力场反演。将所筛选出的地应力测试数据转换至三维计算模型整体坐标系下，获得了各地应力测点在全局坐标系下的应力分量数据，见表 8.4。

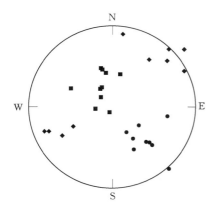

图 8.14　地应力测点主方向全空间
赤平投影

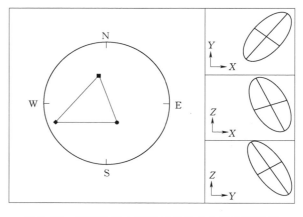

图 8.15　典型地应力实测结果的全空间赤平投影
与平面应力解析（测点 σ_{27-4}）

表 8.5 中给出了甄别出的厂区地应力测点平面主应力比值和应力矢量特征角度，从这些数据可以发现，厂房水平面（XY 平面）内的最大主应力与最小主应力的比值介于 1.89～3.85，其平均值为 2.47，投影应力椭圆长轴方向偏向下游侧，与厂房轴线方向的平均夹角为 28.47°；厂房横剖面（XZ 平面）内的最大主应力与最小主应力的比值介于 1.32～3.33，其平均值为 1.99，投影应力椭圆长轴方向偏向上游侧，其与 Z 轴的平均夹角为 15.61°；厂房纵剖面（YZ 平面）内的最大主应力与最小主应力的比值介于 1.27～2.70，其平均值为 1.91，应力椭圆长轴方向均倾向山外且平均俯角为 45.95°。可见，各平面内大小主应力之比平均值在 1.9～2.5 之间，相对较大。

需要说明的是，根据相关单位在前期对坝区地应力的分析，按地应力方位相对优势将地应力测点分为两组；经全空间赤平投影分析和平面应力矢量分析，两组地应力在厂房水平面（XY 平面）、厂房横剖面（XZ 平面）以及厂房纵剖面（YZ 平面）内上的投影应力椭圆总体上均服从表 8.4 所揭示的规律。这也进一步表明，由于三维地应力空间方位的复杂性，锦屏一级地下厂房洞室群围岩的稳定性并非由某一方向主应力的单一因素起主导作用，而是由三维应力状态和量值共同作用，见表 8.5。

表 8.4　　　　　　　　　　**地应力测点转换三维计算坐标系下应力分量**　　　　　　　单位：MPa

测点编号	σ_{xx}	σ_{xy}	σ_{xz}	σ_{yy}	σ_{yz}	σ_{zz}
σ_{27-1}	−5.73	−2.19	3.43	−10.95	2.32	−13.04
σ_{27-2}	−15.64	−4.65	0.18	−23.59	2.68	−22.47
σ_{27-4}	−7.87	−2.76	2.73	−9.17	4.17	−13.37
σ_{27-5}	−14.98	−4.85	0.45	−16.78	3.26	−19.71
$\sigma_{27-47-1}$	−7.58	−2.54	0.34	−14.14	6.76	−15.67
σ_{47-1}	−10.87	−6.01	3.34	−13.59	3.82	−12.34
σ_{45-1}	−7.71	−5.21	1.66	−21.15	3.99	−12.53

表 8.5　　　　　　　　　　**地应力测点平面主应力比和应力矢量特征角度**

测点编号	XY 平面		XZ 平面		YZ 平面	
	主应力比值	特征角度 /(°)	主应力比值	特征角度 /(°)	主应力比值	特征角度 /(°)
σ_{27-1}	2.38	20.04	3.33	21.58	1.54	57.15
σ_{27-2}	1.92	24.72	1.43	1.47	1.27	39.10
σ_{27-4}	2.00	38.38	2.13	22.37	2.44	58.38
σ_{27-5}	1.89	39.76	1.32	5.40	1.49	57.09
$\sigma_{27-47-1}$	2.22	18.84	2.08	2.40	2.70	48.22
σ_{47-1}	3.03	38.63	1.85	38.79	1.85	40.36
σ_{45-1}	3.85	18.89	1.82	17.29	2.08	21.38
平均值	2.47	28.47	1.99	15.61	1.91	45.95

注　XY 平面中的特征角度是指与 Y 轴，也即厂房轴线方向的夹角；XZ 平面中的特征角度是指与 Z 轴的夹角；YZ 平面中的特征角度是指与 Y 轴的夹角。

8.3.3.4 地应力场反演

　　锦屏一级水电站地下厂房区域的岩性主要为层状大理岩，岩体的变形与强度皆反映出不同程度的各向异性特征，导致岩体的变形行为和破坏机制呈现出与各向同性岩体较明显的差异。所以，采用层状岩体本构模型（具体见文献［140］和文献［141］）和上述考虑河谷演化规律的非线性初始地应力场模拟分析方法，对锦屏一级地下厂房区域地应力进行反演分析，获得了厂房区域地应力场量化模型及应力分布规律，见图8.16。图 8.17 为厂房区域地应力反演结果与实测结果对比结果（为对比方便，地应力分量符号均取反）。从这些结果中可见，由反演获得的测点地应力的结果，无论是正应力还是剪应力均与实测地应力吻合较好，且两者的正负符号完全一致，正应力之间的比值关系基本相同。

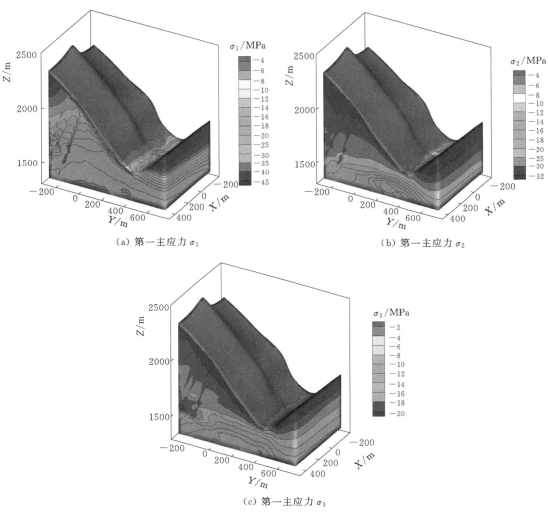

（a）第一主应力 σ_1　　　　　　　（b）第一主应力 σ_2

（c）第一主应力 σ_3

图 8.16　厂址区域主应力分布图

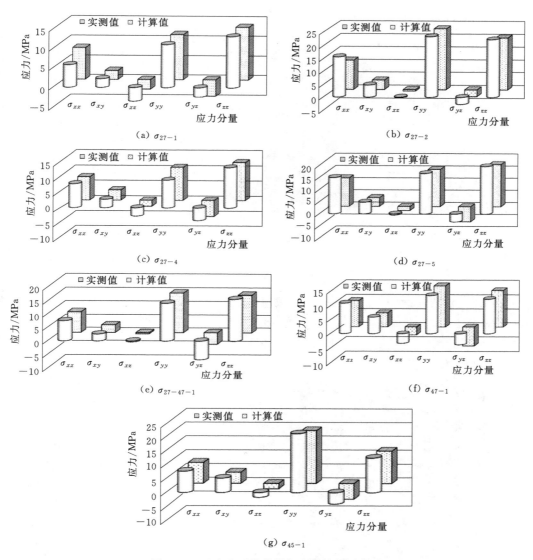

图 8.17 地应力反演结果与实测结果对比图

8.3.4 厂区初始地应力场分布规律及验证

8.3.4.1 初始地应力场分布规律

通过对锦屏一级水电站厂址工程区域进行非线性地应力反演分析,在构造应力和自重应力相互叠加构成的以水平应力为主的初始应力场基础上,通过再现雅砻江的侵蚀下切及下切以后浅部岩体的卸荷作用过程,获得了地下厂房工程区域的初始地应力场。

工程区域地应力场的总体特征:工程区域的地应力场分布受河谷演化和断层及煌斑岩脉的双重影响,宏观上存在 5 个分区,即岸坡浅表层的应力卸荷区、河谷底部的应力集中区、岩体深部的原岩应力区、应力卸荷区和原岩应力区之间的应力过渡区以及断层等构造影响的断层应力影响区，见图 8.18。

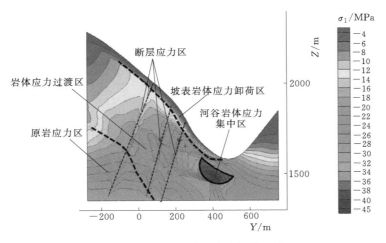

图 8.18　工程区域地应力场分区图

（1）岸坡浅表层的应力卸荷区：该区域主要位于岸坡浅表层强弱风化卸荷岩体中，在河谷形成过程中，岩体中的应力逐步释放，岩体力学特性进一步劣化，导致岩体卸荷松弛，逐步形成现今河谷坡表较低的应力赋存环境。从地应力场反演结果来看，该区域的最大主应力基本在 10MPa 以内。

图 8.19　坝区右岸 II_1 线 P312 钻孔饼芯

（2）河谷底部的应力集中区：该区域主要位于河床基岩以下 50～120m 附近区域，最大主应力的量值可以达到 40～55MPa，水平应力集中程度高，强度应力比低于 2.0，满足岩芯饼裂出现的条件，而前期勘探过程中的钻孔岩芯饼裂现象普遍（见图 8.19，P312 孔口高程 1650m，孔口垂直埋深 225m，水平埋深 100m，这是孔深 51.95～63.80m 段岩芯），证实了该区域存在应力集中现象。

（3）岩体深部的原岩应力区：该区域主要位于河谷岸坡较大埋深以内，应力场基本不受河谷下切卸荷影响，保持了原始应力状态。

（4）应力过渡区：该区域主要位于应力卸荷区和原岩应力区之间，约在水平距岸坡表面 100～300m 范围，岩体赋存最大主应力量级为 20～36MPa，该区的应力明显较大，而地下厂房洞室群大部分区域正好位于该区。

（5）断层应力影响区：工程区域地应力场受构造影响显著，在断层等构造带上，应力量值较低，而在断层等构造带附近较为完整的岩体中，应力量值则明显较高。所以，在断层带附近区域的岩体应力梯度变化较为显著，存在明显的应力松弛和集中区，形成了独特的断层应力影响区。

另外，从地应力场应力矢量上来看（见图 8.20）图中 S_{min} 代表最大主应力方向（实

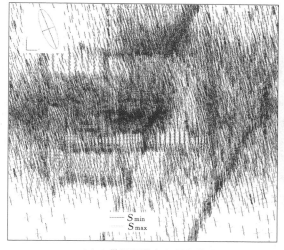

（a）3号机组段中心（*YZ* 平面）　　　　　　（b）高程 1650m 平面（*XY* 平面）

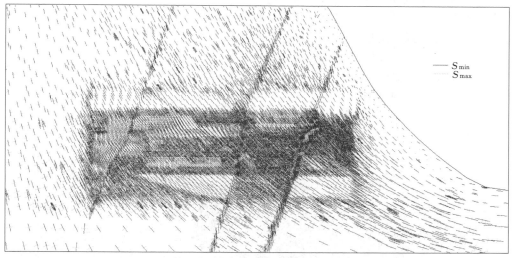

（c）主厂房中心轴线（*XZ* 平面）

图 8.20　典型断面主应力矢量图

（图中 S_{min} 代表最大主应力方向，S_{max} 代表最小主应力方向）

线），S_{max} 代表最小主应力方向（虚线）。*XZ* 平面内大主应力在山体内部的 1 号机组部位为近竖直方向到山体外侧的 6 号机组段逐步向上游方向发生偏转，且倾向河谷方向，反映了河谷地应力场的特征，也即距河谷越近，水平构造作用越显著，主应力的方向基本上受其控制，而越往山体内部，随着埋深的增加，山体自重作用逐步成为主导因素，最大主应力方向基本上近垂直；大主应力方向与厂房轴线呈小角度相交且偏向下游侧，且在断层附近的应力场发生了局部分异，断层部位的应力在河谷形成过程中，由于断层部位的岩体较弱，存在卸荷松弛现象，主应力矢量明显偏转。从量值上来看，地下厂房洞室群区域最大主应力的量值为－19～－31MPa，中间主应力的量值为－11～－19MPa，最小主应力的量值为−6～−12MPa。围岩强度应力比为1.5～3，洞室群处于极高～高应力状态。

从整体上来看，锦屏一级地下厂房区域地应力量值较高，主应力差较大，受河谷演化、陡峭山体地形以及局部地质构造等影响，地应力分布不均，洞室群处在应力过渡带上，局部受地质构造影响显著，显示了初始地应力场空间分布的变异性和复杂性。

8.3.4.2 地应力场验证

洞室围岩的破坏一般可分为应力控制型和岩体结构控制型两种，前者多见于高地应力区，而应力控制型的围岩变形破坏现象对于从宏观上把握和认识地应力场的方位和量值具有重要的启示和验证作用。在锦屏一级地下洞室群的开挖施工过程中，发现了诸多与高应力相关的变形破坏现象，且具有很强的规律性，总体上表现为：

（1）对于垂直河流向的洞室，围岩变形破坏现象主要出现的位置基本在下游侧拱腰（见图8.21）和上游侧边墙，其中主厂房下游拱腰部位出现了喷层开裂、脱落，岩体劈裂、内鼓和压碎以及混凝土喷层开裂、钢筋弯折内鼓，主变室下游拱座附近出现喷层裂缝等变形破坏现象，而上述现象在上游侧顶拱部位没有出现。同时，厂房下卧过程中主厂房上游边墙中下部围岩劈裂破坏表现强烈，表层岩体劈裂呈鳞片状。这种破坏类型的工程表现为无论开挖过程中还是支护后，破坏都较明显。

（2）对于与河流流向近平行的洞室如尾水管、母线洞、导流洞等，围岩变形破坏主要出现的位置基本上是山外侧顶拱区域变形破坏严重（见图8.21），破坏形式表现为山外侧顶拱片帮剥落，或内鼓弯折（对于薄层大理岩），混凝土脱落处多见衬砌钢筋露出且向洞内弯曲鼓出；山内侧洞室围岩下部劈裂、卸荷松弛，混凝土剥落后钢筋外露且也向洞内弯曲。另外，大桩号侧（临近河谷方向洞室）围岩的破坏程度和发生频率比小桩号（往山体内部方向洞室）围岩往往表现地更为严重和频繁。

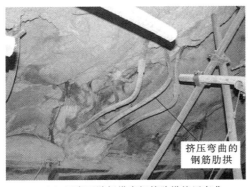

（a）厂房下游侧拱肩钢筋肋拱挤压弯曲　　　　（b）主变室下游拱座喷层裂缝

图8.21　垂直河流方向洞室围岩变形破坏现象

在上述获得的大规模地应力场量化模型的基础上，图8.22～图8.24进一步给出了采用三维数值分析进行洞室群开挖的数值模拟结果，可以发现，地下厂房开挖后，在主厂房下游拱脚和上游边墙中下部、主变室下游拱脚部位以及导流洞山外侧顶拱和山内侧边墙下部墙脚部位均有明显的切向应力集中现象，应力集中系数可达2.4左右；主厂房和主变室下游侧顶拱以及导流洞山外侧顶拱的切向应力显著大于上游侧顶拱部位。可见，主厂房和

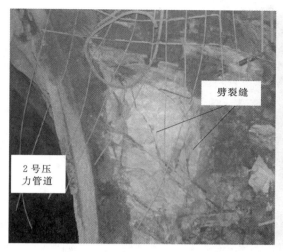
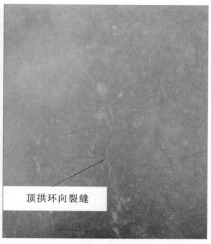

（a）压力管道山外侧拱肩岩体劈裂　　　　　　（b）母线洞顶拱环向裂缝

图 8.22　平行河流方向洞室围岩变形破坏现象

（a）主厂房和主变室等垂直河流方向洞室

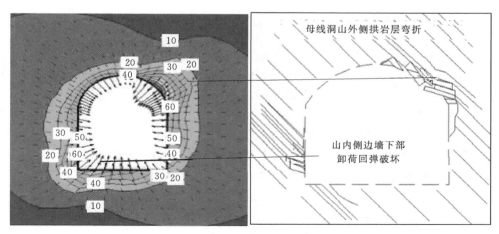

（b）母线洞等平行河流方向洞室

图 8.23　地下厂房洞室群开挖模拟结果与围岩变形破坏位置的对应关系

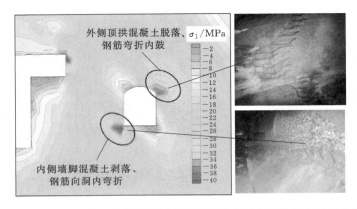

图 8.24 导流洞等洞室数值模拟结果与围岩变形破坏位置的对应关系

主变室等垂直河流向洞室的下游拱脚部位以及母线洞和导流洞等平行河流洞室山外侧顶拱围岩、喷层及衬砌弯曲鼓出所表现出的强烈的高应力破坏特征主要与厂区地应力场的空间方位和大小有关，该地应力场在主厂房和主变室等垂直河流向洞室以及母线洞和导流洞等平行河流洞室的横断面上形成了一种十分不利的初始应力状态，再加之洞室开挖后较高的初始地应力产生较大的开挖释放荷载，使得洞室开挖后在垂直河流向洞室的下游拱脚以及平行河流洞室山外侧顶拱等部位围岩的切向主压应力集中现象更为显著，易达到甚至超过岩体的抗压强度，导致洞室围岩的变形破坏。同时，断面上的主应力比相对较大，易导致围岩的劈裂破坏和层面裂隙地张开，加剧表层岩体的内鼓弯折变形及破坏。

综上所述，锦屏一级地下厂房开挖过程中围岩和支护出现的这些破坏现象，从发生位置来看，基本揭示了地下厂房区域地应力场主应力的方位特征和量值的空间分布特征，而工程区初始地应力场的分布规律和三维数值模拟结果，显示了其与洞室群开挖后出现的与这些宏观变形破坏现象的发生位置和影响规律以及分布特征是基本一致的，表明了所获得的地下厂房洞室群初始地应力场量化模型及应力场分布的合理性。

8.3.5 高山峡谷高地应力区地下厂房洞室群布置设计思路和方法探讨

当前，我国修建的多数水电站位于水能丰富的西部高山峡谷地区，地下厂房主洞室特别是主厂房的跨度和高度（跨度在 30m 左右，高跨比平均约 2.35）因装机规模大而超过一般水电站主厂房，且具有洞室地应力高、地质条件复杂等特点，给高山峡谷高地应力区地下厂房洞室群布置设计提出了新的挑战。多年来的岩石力学研究和大量的工程实践显示，最大主应力以及规模较大结构面（如区域性断层、普通断层及其影响带、错动带）是洞室群整体稳定性评价与厂房布置需要考虑的主导因素。因此，在常规的水电站地下厂房洞室群布置设计理念中，通常需要确保主洞室轴线与最大主应力成较小夹角，与结构面尽量呈较大夹角。目前，高地应力区域地下厂房的布置也遵循了这一设计理念。然而，诸如上述的锦屏一级水电站、猴子岩水电站等高地应力区大型地下厂房在施工过程中，洞室开挖卸荷后出现了较为严重的围岩变形破坏现象，如围岩松弛卸荷深度大、围岩大变形、时效显著及岩体压裂等一系列的工程技术风险，威胁着工程的安全。从这些洞室围岩变形破坏的机理来看，较高的地应力和较低的岩石强度形成的低强度应力比、三维地应力场（包含应力场分布、主应力比或主应力差、最大水平主应力）等成为影响高地应力区大型地下厂房洞室群围岩稳定和安全的关键因素。因此，在高山峡谷高地应力区地下厂房洞室群结构布置设计时，除应考虑常规地下厂房洞室群布置的两个要求外，尚需考虑岩石强度应力和三维地应力场的影响。

在对高山峡谷高地应力区初始地应力场分布规律认识的基础上，建议一种基于最大水平主应力、岩石强度应力比和岩体结构特征的高地应力区地下厂房洞室群结构布置设计方法。这种设计方法兼顾了传统布置设计要求，同时考虑三维地应力特征（不仅考虑最大主应力量值和方位，而且增加考虑地应力场分布、主应力比等）、岩石强度应力比等这些在高山峡谷高地应力区至关重要因素进行地下厂房洞室群布置设计，本质上，考虑了地下洞室群围岩结构特征及承载能力（岩石强度）、荷载特征（三维地应力）等因素的协同耦合作用。

地下厂房洞室群的布置设计主要包括洞室位置、纵轴线、间距和洞型的确定等工作内容，一般先确定主洞室（主厂房、主变室等）位置，再确定主洞室轴线方位，然后确定主洞室之间的岩柱厚度，最后确定主洞室洞型。基于此，以锦屏一级地下厂房为工程依托，下面给出对高山峡谷高地应力区地下厂房洞室群布置设计思路和原则的一些思考和启示。

（1）对主洞室位置的确定：水电站地下厂房布置一般在河床较低高程，距岸坡水平距离 100～400m。从锦屏一级水电站地下厂房布置来看，地下厂房洞室群中的主厂房和主变室左端侧距河岸坡 112m 左右，右端侧距河岸坡大于 388m，符合一般水电站地下厂房工程的布置规律，但锦屏一级地下厂房位于深切河谷附近应力变化较大且应力水平相对较高的应力过渡区，并受三大断层和煌斑岩脉等不良地质构造带对地应力场分异作用的影响，以及地表以上历史滑移卸载以及顺坡结构滑移变形倾向等作用使得洞室群区域的主应力比增大。这些因素的存在，且兼具较低的岩石强度应力比，在主洞室区域特别是主厂房和主变室区域的围岩大变形分布范围及卸荷松弛深度超过同等规模的地下厂房洞室群。位于高地应力区的猴子岩水电站地下厂房也遇到同样的问题。

受这些已建工程位置选择的实践启示，在高地应力环境下确定地下厂房洞室群主洞室位置时，应首先对地下洞室群厂址区河谷地应力场进行特征识别，从谷坡至山体深部划分不同的三维地应力场控制区，如岸坡应力卸荷区、河谷应力集中区、岩体深部的原岩应力区、应力卸荷区和原岩应力区之间的应力过渡区等。根据厂区三维地应力场识别结果和分区情况，确定的地下厂房位置应避开谷坡应力松弛带和应力集中区，并超过应力变化较大且应力水平相对较高的应力过渡区边缘；特别地对于最大主应力场与河谷走向相互垂直情况，或岩石强度应力比偏小时，应尽量远离深切河谷坡角，增加地下厂房洞室群距岸坡的水平距离。在此基础上，尚需考虑主洞室尽量避开规模较大的不利地质构造，降低地质构造对主洞室围岩稳定的控制性影响。

（2）对主洞室轴线的确定：在确定主洞室轴线方位时，一般方法为主洞室轴线同岩体主要结构面走向和最大主应力方位的夹角来确定主洞室轴线方位。围岩主要结构面走向与主洞室轴线方位呈较大夹角时，结构面对洞室群的影响往往只发生在局部区域，在采取相应的加固措施后可以保证这些部位的稳定性；主洞室如主厂房和主变室等洞室纵轴线方位与最大主应力方位采用较小夹角,可减少开挖后洞室顶拱偏压及应力集中系数,防止岩爆或降低岩爆级别,同时减小高边墙侧向变形,有利于高边墙的稳定。另外,主洞室纵轴线方位与最大主应力方位的夹角过小时,又对与主洞室纵轴线方位垂直布置的其他洞室围岩的稳定不利。对于锦屏一级水电站地下厂房,主洞室纵轴线方位 N65°W,与初始地应力最大主应力方向夹角为平均 28.5°;与 f_{13}、f_{14} 等断层走向的夹角分别为 45.0°～55.0°和 45.0°～60.0°。其他高地应力区建设的水电站如官地、二滩、瀑布沟、大岗山、猴子岩等水电站地下厂房纵轴线与最大主应力方位的夹角平均值为 15°～40°。可见,锦屏一级地下厂房所选定的主洞室纵轴线与初始地应力的最大主应力方向的夹角适中,与主要结构面夹角较大。

应当注意到,当地应力水平相对较高,一般达到岩石单轴抗压强度的 0.3～0.5 倍时,也即岩石强度应力比约低于 3 时,地应力逐步起主导作用,特别是洞室断面的主应力之比或者主应力之差较大时,洞室在不支护或支护不及时抑或支护强度不足时将出现普遍的变形破坏现象,严重时可引发洞室围岩的灾变如剧烈岩爆或大变形。相反,如果主应力之比或者主应力之差较小,即便洞室处于高地应力环境中,由于围岩应力水平接近或达到静水压力状态,洞室仍可保持自稳。从锦屏一级地下厂房来看,主洞室横剖面内的主应力比平均约 2.0,最大可达 3.3,岩石强度应力比达 1.5～3。鉴于此,在确定高地应力环境中地下厂房主洞室纵轴线方位时,当岩石强度应力比较低和主应力比较大时,主洞室轴线与最大主应力方位的夹角取值宜相应减小;相反,主洞室轴线与最大主应力方位的夹角取值则可适当增加。

高山峡谷高地应力区三维地应力场空间分布复杂,洞室群的稳定性并非由某一方向主应力的单一因素起主导作用,而是由三维应力状态共同作用。为此,可采用地应力张量全空间赤平投影的方法将三维地应力投影到主洞室三个正交的剖面(指主洞室水平面、横剖面和轴线纵剖面)上,其中在水平面的投影,便于确定初始最大水平主应力方位与厂房纵轴线的夹角,在其他剖面上特别是主洞室横剖面便于确定大小主应力之比或者主应力之差。同时,结合岩石取样的室内试验,确定岩石强度应力比。

总之,在满足结构功能和总体布置要求的前提下,根据三维地应力(特别是最大水平主应力)以及岩石强度应力比并兼顾围岩结构面发育特征,可综合确定高地应力区地下厂房洞室群的主洞室纵轴线方位。

三维地应力在水平面上的投影计算如下:假设正应力以压为正、拉为负,最大水平主应力 σ_H 和最小水平主应力 σ_h 可以由三个主应力及主应力方向换算得到,换算过程如下:

$$
\left.
\begin{aligned}
\sigma_x &= l_1^2 \sigma_1 + m_1^2 \sigma_2 + n_1^2 \sigma_3 \\
\sigma_y &= l_2^2 \sigma_1 + m_2^2 \sigma_2 + n_2^2 \sigma_3 \\
\sigma_z &= l_3^2 \sigma_1 + m_3^2 \sigma_2 + n_3^2 \sigma_3 \\
\tau_{xy} &= l_1 l_2 \sigma_1 + m_1 m_2 \sigma_2 + n_1 n_2 \sigma_3 \\
\tau_{xz} &= l_1 l_3 \sigma_1 + m_1 m_3 \sigma_2 + n_1 n_3 \sigma_3 \\
\tau_{yz} &= l_3 l_2 \sigma_1 + m_3 m_2 \sigma_2 + n_3 n_2 \sigma_3
\end{aligned}
\right\}
\tag{8.7}
$$

式中:l_i、m_i、n_i($i=1$,2,3)为主应力方向与 $OXYZ$ 坐标系各轴夹角的函数:

$$\left. \begin{array}{l} n_i = \sin \alpha_i \\ m_i = \cos \alpha_i \sin(\beta_0 - \beta_i) \\ l_i = \cos \alpha_i \cos(\beta_0 - \beta_i) \end{array} \right\} \tag{8.8}$$

式中：α_i 为主应力倾角；β_0 为 X 正方向在 NOE 平面上与 N 向的顺时针夹角；β_i 为主应力方位角。在水平面上（XOY 平面），最大水平主应力 σ_H 和最小水平主应力 σ_h 的表达式如下：

$$\left. \begin{array}{l} \sigma_H = \dfrac{(\sigma_x + \sigma_y)}{2} + \dfrac{\tau_{xy}}{\sin 2\theta} \\[2mm] \sigma_h = \dfrac{(\sigma_x + \sigma_y)}{2} - \dfrac{\tau_{xy}}{\sin 2\theta} \\[2mm] \tan 2\theta = \dfrac{2\tau_{xy}}{\sigma_x - \sigma_y} \end{array} \right\} \tag{8.9}$$

最大水平主应力 σ_H 与 Y 轴正方向的夹角 θ 按式（8.10）计算：

$$\left. \begin{array}{l} \sigma_x - \sigma_y \geqslant 0: \theta = \dfrac{1}{2} \tan^{-1} \dfrac{2(l_1 l_2 \sigma_1 + m_1 m_2 \sigma_2 + n_1 n_2 \sigma_3)}{(l_1^2 - l_2^2)\sigma_1 + (m_1^2 - m_2^2)\sigma_2 + (n_1^2 - n_2^2)\sigma_3} \\[3mm] \sigma_x - \sigma_y < 0: \theta = \dfrac{1}{2} \tan^{-1} \dfrac{2(l_1 l_2 \sigma_1 + m_1 m_2 \sigma_2 + n_1 n_2 \sigma_3)}{(l_1^2 - l_2^2)\sigma_1 + (m_1^2 - m_2^2)\sigma_2 + (n_1^2 - n_2^2)\sigma_3} \pm 90° \end{array} \right\} \tag{8.10}$$

当取 Y 方向为主洞室轴线方向时，θ 即为最大水平主应力 σ_H 与主洞室轴线的夹角方向的夹角。

（3）对主洞室岩柱厚度的确定：地下厂房主要洞室之间的距离较大时对洞室围岩稳定有利，但会相应增加工程投资和长期电能损耗。所以，水电站地下厂房洞室群间距选择的传统原则是在保证洞室间岩体稳定的前提下，以方便机组运行，缩短母线和尾水管长度、减少工程量，且尽量压缩三大主洞室间距。国内近十年来已建或在建的大型水电站地下厂房主厂房和主变室的间距多为 35～50m。锦屏一级水电站地下厂房洞室群中主洞室如主厂房、主变室、尾水调压室采取并列平行布置形式，尾水调压室中心线与厂房顶拱中心线间距为 145m，主变室与主厂房间岩柱厚度为 45m（吊车梁以下），主变洞与尾水调压室之间的净距 49.2m。可见，锦屏一级水电站主厂房与主变洞之间岩柱厚度处于中等水平，但从施工期出现的围岩变形和破坏程度来看，其主洞室间距可适当增大。

根据上述分析，在进行地下厂房洞室群间距选择时，应首先考虑满足机电布置和水力运行要求、尾水调节保证计算等，初步确定主厂房和尾调室之间中心线的距离；对于相邻主洞室之间（如主厂房和主变室之间）的岩柱厚度则可根据统计结果（国内外大型水电站地下厂房相邻主洞室之间的岩柱厚度为大洞室高度的 0.5～0.8 倍以及相邻洞室的平均开挖跨度的 0.8～2.5 倍），在保证洞室群的整体稳定性的前提下，洞室之间应该保留足够的完整岩体厚度，同时应考虑三维地应力和岩石强度应力比等因素，综合确定地下洞室群主洞室之间的岩柱厚度。这一方法的总体原则是岩石强度应力比高和主应力之比或者主应力之差较小时，岩柱厚度取值宜相应减小，反之则可适当增加，也即高地应力环境中应采用较大的洞室间距，可降低主厂房和主变室之间、主变室与尾水调压室/尾闸室之间的岩柱塑性区连通的风险，对三大洞室的整体稳定较为有利。

（4）对主洞室洞型的确定：地下厂房洞室群中的主洞室一般分为地下主厂房、主变室和尾水调压室。地下主厂房和主变室的洞型采用圆拱直墙型或卵型。在大型水电站地下厂房三大洞室的洞型优化时，为便于施工及岩壁吊车梁结构布置等因素，地下主厂房和主变室一般采用圆拱直墙型。当主洞室采用圆拱直墙型断面时，顶拱矢跨比（矢高和洞室跨度的比值）一般为 1/3～1/5。对于锦屏一级水电站，地下厂房主洞室如主厂房、主变室采用了圆拱直墙型断面，顶拱的矢跨比分别为 1/3.8 和 1/4.2，开挖期间拱腰部位变形破坏现象较为严重，与顶拱矢跨比偏小有一定的关系。因此，在高地应力环境中，特别是岩石强度应力比较小和主应力之比或者主应力之差较大时，宜采用较大的顶拱矢跨比，以减轻拱座附近应力过于集中导致的变形破坏现象。

尾水调压室一般采用圆筒形和长廊形两种布置方式。根据数值分析成果和实际工程经验，长廊形调压室高边墙和中隔墙的围岩卸荷松弛和块体稳定问题较为突出。锦屏一级水电站尾水调压室地质条件复杂，f_{14}、f_{18} 和煌斑岩脉通过，设计采用"三机一室一洞"布置形式，设置了两个圆形调压室，直径分别为 37.0m 和 41.0m，高 80.5m 和 79.5m，两调压室中心线相距 95.1m，为了世界上开挖高度和直径最大的圆筒形阻抗式尾水调压室，而尾调室开挖过程中围岩整体稳定性良好，未出现较为显著的变形破坏现象，与选择圆筒形结构关系密切。

根据上述分析，对于高山峡谷高地应力区修建的水电站地下厂房，地下洞室群主洞室合理洞型确定的总体原则为，岩石强度应力比低和主应力之比或者主应力之差较大时，宜采用卵圆形或圆形断面；若采用圆拱直墙型断面，应采用较大的顶拱矢跨比；而尾水调压室则宜采用圆筒形。

综合上述分析可见，对高山峡谷高地应力区地下厂房洞室群结构进行布置设计，其基础是应结合工程枢纽的总体布置，且有利于水电站安全运行、缩短工期、节省工程量和投资等，并需辅助进行三维数值模拟计算进行多方案的优化论证。上述分析也仅仅从已有研究成果和工程实践角度提出了一些定性的思考和建议，关于高地应力区地下厂房洞室群结构布置定量化的分析尚需下一步开展深入的研究，特别是提出岩石应力强度比以及主应力比（或主应力差）等具体量值。另外，上述对地下厂房洞室群的布置主要考虑主洞室平行布置的情况，未涉及主洞室布置格局方面，如主变室位于厂房下游侧、与厂房平行且高于厂房布置等，这一方面也需要进一步研究。

8.4 认识与讨论

本章给出的考虑河谷演化规律的地应力场模拟方法和具体实施步骤，可用于解决地应力张量空间分布特征及其与洞室群布置相对关系的问题；同时利用多核并行计算技术，将复杂地质环境下三维地应力场模型与洞室群精细开挖计算模型相耦合，建立地下厂房地应力场量化精细计算模型的研究方法，为水电站地下厂房洞室群地应力场量化模型的建立提供了一种新思路。

在建立的厂址区域地应力场量化模型基础上，划分了河谷初始地应力场不同区域，结果表明，锦屏一级地下厂房洞室群位于深切河谷附近应力变化较大且应力水平相对较高的应力过渡区，该区域的初始高地应力环境是源于河谷地应力场与断层等构造的耦合作用，岩石强度应力比为 1.5～3.0，主应力之比平均值为 1.9～2.5。在这种高地应力-低强度应力比-高驱动应力强度比联动效应下，在主厂房和主变室等主洞室围岩中出现的大变形分布范围及卸荷松弛深度超过同等规模的地下厂房洞室群。而施工期地下厂房洞室出现的一系列应力型变形破坏现象，其发生位置、影响规律以及分布特征，佐证了所获得的厂址初始地应力场的合理性，同时也验证了所给出的考虑河谷演化规律地应力场模拟方法的科学性和可行性。

在对高地应力区三维地应力场特征认识和锦屏一级等水电站地下厂房工程实践的基础上，提出了一种考虑最大水平主应力、岩石强度应力比和岩体结构特征的高山峡谷高地应力区地下厂房洞室群结构布置设计方法，本质上体现了地下洞室群围岩结构特征及承载能力（岩石强度）、荷载特征（三维地应力）等因素的协同耦合作用，不仅兼容了传统布置设计要求，同时考虑三维地应力特征（不仅考虑最大主应力量值和方位，而且增加考虑地应力场分布、主应力比等）、岩石强度应力比等重要因素。根据这一布置设计方法，从定性角度建议了洞室位置、洞室纵轴线、洞室间距和洞型等确定的一些原则和思路。

对处于高地应力环境中的水电站地下厂房洞室群，由于在前期布置设计阶段未充分考虑高应力问题或存在认识不足和局限等问题，导致主洞室布置上的缺憾且又无法及时调整，增加了工程技术上的风险。虽然近年来相关专家和学者针对高地应力环境下地下洞室围岩稳定开展了一些研究工作，也取得了重要研究成果，但目前尚未见针对高地应力环境中水电站地下厂房洞室群布置设计方面较为系统的研究成果。本章根据已有研究成果和工程实践，对高地应力区地下厂房洞室群布置提出一些的思考和建议，下一步尚需定量化开展高地应力区地下厂房洞室群结构布置的系统研究工作。

第 9 章

考虑应力分区的深埋长隧洞地应力场反演方法及工程应用

9.1　引言

随着西部大开发战略的实施，我国在水电工程、跨流域调水工程、交通工程等领域的建设正密集展开，与此相关的超长深埋隧洞工程越来越多。与一般的地下工程相比，由于自身功能性的要求，超长深埋隧洞大多面临着洞线长、埋深大、地质构造及地层岩性复杂多变等赋存环境，使得其地应力分布在空间上常呈现出明显的应力分区现象，且各应力分区范围内的隧洞段地应力分布往往相差较大。局部分段反演分析是工程计算中常用的一种手段，但由于场地和测试经费的限制，超长深埋隧洞工程的地应力测点相对较少，测试部位一般沿洞轴线零星分布，且相邻测点间距较远（几百米至数千米），尤其是在工程勘探设计阶段。若仍采用该方法进行分析，则会引起两方面问题：一是由于可用的测点数目较少，计算区域内的反演结果可靠性和准确性很难判断；二是对于相距几公里的无测点洞段，该范围内的地应力分布状况很难通过反演计算获取。因此，在地应力测点较少的情况下，为了获取超长深埋隧洞工程不同部位的地应力分布特征，还应以整个线路工程为研究对象进行反演分析，同时，还应充分考虑应力分区现象对反演计算的影响。然而，现有的研究尚处于探索阶段，有关超长深埋隧洞的应力分区指标和实施方案等成果鲜有报道，有必要进行深入的研究。此外，当前的反演方法大部分属于一次反演，对于地质条件复杂的长大工程区，该方法计算量非常大、反演效率较低甚至失败。此外，现有方法尚未考虑长大工程区出现的应力分区现象及其对计算结果的影响，未能合理反映不同地质构造单元下地应力形成的差异性，对于跨越多个地质构造单元、赋存环境复杂多变的超长深埋隧洞，该方法反演精度有待进一步提高，因此，需要在此基础上，进一步探讨适合超长深埋隧洞的地应力场反演新方法。

本章通过对我国现代构造应力分区成果及大量地应力实测数据进行统计分析，尝试提出适用于深埋长隧洞的应力分区原则及实施方案，同时融合二次反演思想，提出考虑应力分区影响的超长深埋隧洞地应力场精细反演分析方法，并将其直接应用于滇中引水香炉山隧洞中去，为类似深埋长线路工程应力场的准确获取提供借鉴。

9.2 应力分区的基本原则及方法

9.2.1 基本原则及控制指标

通过对我国现代构造应力分区成果及大量地应力实测数据进行统计分析，本章将地应力状态［主应力方向、侧压力系数（应力水平大小）、应力场类型］、断层力学性质、震源机制解及断层滑动反演成果作为应力分区的主控指标，以同一应力分区下各主控指标整体一致性较好为原则，实现对长线路工程应力场进行应力分区，各应力分区的边界一般以大断裂为界。

9.2.2 具体实施方案

（1）资料收集和整理。收集包括工程区域地质资料、岩石（体）力学试验资料、地应力实测资料、工程现场破坏现象（勘探支洞揭露的应力诱导型破坏部位、钻孔岩芯饼化）、震源机制解及断层滑动反演资料等。

（2）应力分区的初步划分。依据中国大陆地壳应力环境基础数据库系统，对工程区震源机制解、断层滑动反演分析等成果进行统计分析，确定工程区最大水平主应力优势方位及地应力水平，实现对工程区应力分区进行初步划分，应力分区边界（即应力转换带）一般以大断裂为界。

（3）工程区地应力与地质构造及区域地应力场的关联性。通过采用应力张量全空间赤平投影方法和典型特征平面投影应力解析对地应力测试数据进行全面的量化分析，同时结合区域构造地质背景及发育演化规律，获得工程区地应力的宏观分布特征，在此基础上，进一步揭示工程区地应力与地质构造及区域地应力场的关联性。

（4）应力分区的细化和边界的确定。在上述基础上，结合地应力实测数据，工程现场破坏现象等多元化信息的集成分析成果，量化应力分区的主控指标，以同一应力分区下各主控指标整体一致性较好为原则，实现对长线路工程应力场进行应力分区，揭示各分区地应力分布特征。

9.3 考虑应力分区的地应力场模拟方法

9.3.1 荷载施加方法

基于应力分区成果，构建沿线路工程轴向方向的应力分段函数并施加于模型边界，各应力分区内的荷载边界相互独立，分别施加反映应力分区的均布和侧压力系数荷载作用边界，研究不同荷载作用形式（分段均布荷载法或分段侧压力系数法）对地应力场反演准确性的影响。反映应力分区特征的荷载施加分案见图9.1，图中假定线路工程可分为5个应力分区，当为均布荷载方案时，正应力 P_i、剪应力 S_i（$i=1$，2，3，…，6）沿垂直深度不变；当为侧压力系数荷载方案时，P_i 沿垂直深度逐渐变小，当低于 0.5 时，取 $P_i=$ 0.5，而剪应力 S_i 与均布荷载方案一致。

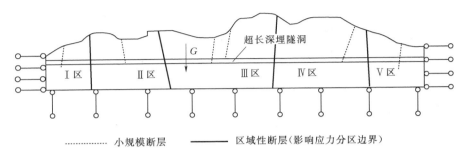

（a）垂直纵剖面图（沿深埋隧洞轴线）

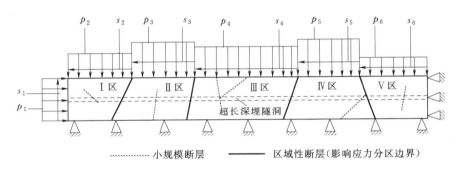

（b）水平切面图

图 9.1　计算模型示意图

9.3.2　考虑应力分区的深埋长隧洞地应力场反演方法

依据超长深埋隧洞的应力分区成果，考虑整个工程区大范围地形地貌、地层岩性、断层、褶皱等宏观影响因素，建立大尺度非连续接触分析模型，同时施加反映应力分区的荷载作用边界，采用多元回归分析法，对工程区应力场进行一次反演。

综合考虑局部小规模地质构造缺陷及构造运动作用的差异，同时融合地应力场二次反演思想，在同一应力分区内构建相应的工程尺度（或小尺度）精细模型（FLAC[3D] 或 3DEC），通过从一次反演中提取小范围模型边界上的应力值，并采用反映岩性变化的回归模型（将岩体弹性模量及埋深作为自变量）进行拟合，初步获得精细模型的非线性边界条件，利用遗传神经网络对边界参数进一步优化，对小范围工程区岩体应力场进行精细反演。考虑应力分区的超长深埋隧洞地应力场精细反演分析方法如图 9.2 所示。

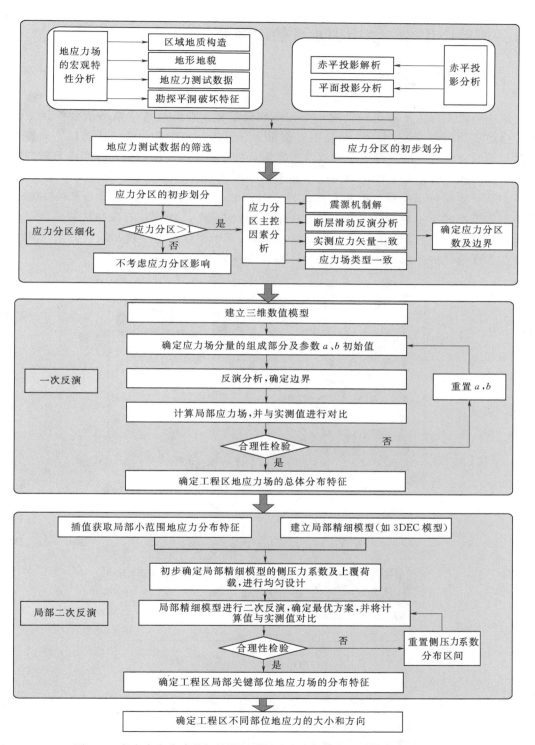

图 9.2　考虑应力分区的超长深埋隧洞地应力场精细反演分析方法流程图

9.4 工程应用——滇中引水香炉山隧洞

9.4.1 工程地质条件

滇中引水工程由水源工程和输水工程两部分组成，在石鼓修建泵站从金沙江干流引水，多年平均引水量 34.03 亿 m³，渠首流量 135m³/s。工程受水区包括丽江、大理、楚雄、昆明和玉溪、红河。输水工程线路方案为：总干渠渠首位于石鼓，线路由石鼓向南至大理转而向东，经楚雄至昆明转向南东至玉溪、红河蒙自，沿线依次向各受水区及滇池、杞麓湖、异龙湖分水；总干渠不利用滇池、洱海输水，石鼓至蒙自线路总长 661.07km。滇中引水工程线路示意图见图 9.3。滇中引水工程大理 I 段线路从石鼓冲江河向南，经香炉山、松桂镇、西邑至长育村，全长 115.61km，其中冲江河至松桂镇段以隧洞形式穿越金沙江与澜沧江的分水岭——马耳山脉，称为"香炉山隧洞"。

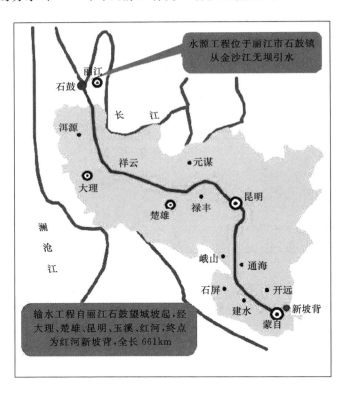

图 9.3 滇中引水工程线路示意图

香炉山隧洞属于大理 I 段，为滇中引水工程的控制性工程，起点桩号 DL I 0+000，与冲江河倒虹吸相接，终点桩号 DL I 63+426，与衍庆村渡槽相接。隧洞洞线长 63.426km，进口位于丽江石鼓镇冲江河右岸，距离冲江河口约 1.8km，沿途经玉龙县白汉场、汝寒坪、中螳螂、汝南河，红麦、鹤庆县沙子坪、安乐坝、石灰窑、下马厂、松桂大沟，在鹤庆县松桂镇与衍庆村渡槽相接。隧洞埋深汝南河槽谷以北一般为 600～1000m，最大埋深约 1138m，槽谷以南埋深一般为 900～1200m，最大埋深约 1412m。隧洞起点设计水位 2020m，隧洞纵坡 1/3125。单洞方案隧洞断面为圆形，直径 9.80m，隧洞均匀流计算水深 7.36m。隧洞穿越马耳山脉，地势陡峻，总体呈北高南低，沿线地面高程一般为 2900～3350m，主要为高—中山地貌，隧洞埋深汝南河槽谷以北一般为 600～1000m，最大埋深约 1138m，槽谷以南埋深一般为 900～1200m，最大埋深约 1412m；沿线穿越主要穿越打锣箐、白汉场谷地、汝南河、花椒箐、银河箐、蝙蝠箐、松桂大沟等水系，大多常年流水。隧洞沿线主要出露泥盆系下统冉家湾组（D_1r）、中统穷错组（D_2q）、二叠系玄武岩组（$P\beta$）、黑泥哨组（P_2h）、三叠系下统青天堡组（T_1q）、中统（T_2^a、T_2^b）、北衙组（T_2b）、上统中窝组（T_3z）、松桂组（T_3sn）、燕山期不连续分布的侵入岩脉及第四系（Q）等地层。其中隧洞穿越软岩累计长度 15.01km，约占整个洞段长度的 23.67%；可溶岩洞段穿越累计长度 20.70km，占整个洞段的 32.64%。围岩初步分类为：隧洞Ⅲ类围岩长 22.634km，占隧洞长度的 35.69%，Ⅳ类围岩 32.674km，占隧洞长度的 51.51%，Ⅴ类围岩 8.117km，占隧洞长度的 12.80%，Ⅳ、Ⅴ类围岩约占隧洞长度的 64.31%，洞室围岩稳定问题较为突出。

9.4.2 区域构造环境概况、主要断裂及运动性状

黄润秋教授绘制出中国西南地区构造应力特征图（见图 9.4）。根据图 9.4 可知，印度板块向北推挤作用使中国西南部地壳发生南北向缩短，而东西发生侧向变形而伸展。青藏高原因侧向伸展作用使西昌—宁南一带的构造主压应力方位为 NW 向。工程区受印度板块北移运动的控制，地壳内发生 NNE 向构造应力作用，而青藏高原软流层物质向 SE 向侧移又产生 NNW 向地壳应力，同时，受到华南块体的阻挡，在块体边缘形成 NW 向应力作用。在复杂动力环境及演化过程中，两种力源对川滇块体的作用方式在块体内均有所体现。

香炉山隧洞地处青藏高原南缘，位于青藏滇"歹"字形构造体系的南部，"川滇菱形块体"西部；区内以北东、北北东向构造带和北西向构造带为主体，在香炉山隧洞穿越区还出现了与近东西向构造体系的复合，断裂构造十分发育；输水线路两侧 150km 范围内深大断裂共 23 条，其中龙蟠—乔后断裂以西地区断裂以北西向为主，以东地区以北东、北北东向断裂为主；这些断裂大多数延伸长、切割深，属于区域性大断裂或深大断裂带。各断裂带大多经历了较长的地质发育历史，大多属继承性活动断裂，它们对不同时代地层、岩浆岩起控制作用。

与香炉山隧洞相交的深大活动断裂带较发育（见表 9.1），它们对区域构造稳定、岩相变化以及地貌等都具有一定的控制作用和影响。小金河—丽江—剑川断裂（F_{11}）、红河断裂（F_{15}）为全新世活动断裂，表现为强烈的现今地震活动性，发生多次 6.0 级以上地震，最大为大理洱海南东 7 级地震；中甸—龙蟠—乔后断裂（F_{10}）、鹤庆—洱源断裂（F_{12}）、维西—乔后—巍山断裂带为晚更新世至全新世活动断裂，表现为较强的现今地震活动性，发生多次 6.0 级以上地震；南西侧金沙江断裂（F_1）则表现为较弱现今地震活动性。

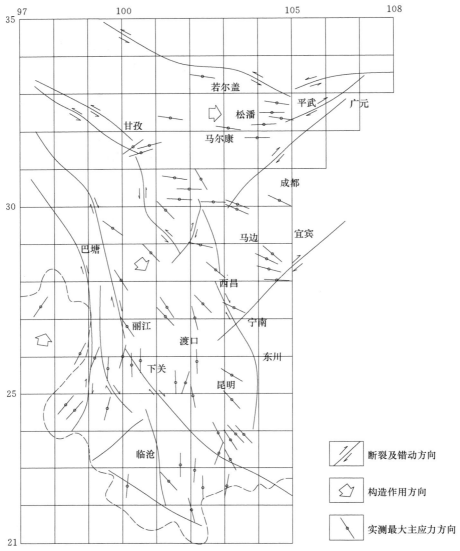

图 9.4　中国西南地区构造应力场基本特征

表 9.1　　　　　　　　　　　**大理Ⅰ段区域主要断裂特征简表**

编号	名称	产状/(°)			长度/km	断 层 特 征	性质	活动性及历史地震情况推测断裂附近应力方位
		走向	倾向	倾角				
F₃	德钦—中甸断裂	NW	NE/SW	40～60	220	区域性深大活动断裂，是川滇菱形块体边界附近的一条重要的北西向右旋走滑断裂。发生多次 $M \geqslant 6$ 级地震。该断裂在贺龙桥—奔子栏河段沿江左岸延伸，至奔子栏处穿过金沙江后向北西延伸，经白马雪山至德钦。该断裂为全新世活动断裂，右旋走滑速率为3～4mm/年	右旋压性	晚更新世至全新世活动断裂。1961年中甸6级，1966年中甸东南6.4级

编号	名称	产状/(°)			长度/km	断层特征	性质	活动性及历史地震情况 推测断裂附近应力方位
		走向	倾向	倾角				
F₁	金沙江断裂	北段350、南段205	SW/NE	50～80	330	地貌上清楚,呈断层崖和低地。成弧形断裂,断面倾向东;倾角较缓,西盘北推东盘南压,在弧形顶端的北段,东盘向西方向推压,二叠系玄武岩逆推在三叠系各组之上;绕过弧形顶端的南段,东盘下降,两侧的三叠系缺失较多,张扭性质十分明显。断裂活动主要表现在德荣以北,最新活动时代为晚更新世中期,晚更新世以来平均水平滑动速率为3.3～4.1mm/年,垂直滑动速率为0.2mm/年	北段属压扭性、南段显张扭性质	弱的现今活动性影响较大的南段推测主压应力
F₁₀	龙蟠—乔后断裂	NNE	NW	65～70	＞200	断裂南起岩峰场,沿黑潓江而上,经沙溪坝、剑川坝西侧,至乔后。该断裂至少自早古生代即开始活动,表现了它长期以来多期活动的复合性质。断开本身,成宽100～2000余米不等的断裂破碎带,断面为一向东陡倾的逆冲断裂,是云南的重要孕震构造之一,近代地震沿断裂带频繁发生,晚更新世晚期～全新世仍有活动。该断裂带在线路区分为3支	逆冲断裂,兼顺扭性	全新世活动断裂。水平、垂直位错速率分别达到2.7～3.03mm/年、0.41～0.43mm/年;剑川1751年6 3/4级
F₁₁	丽江—剑川断裂	NE	W	＞70	＞100	丽江—剑川断裂亦为一规模较大之西倾兼左旋兼正断层性质,截断了近东西向逆断层,南西延入剑川盆地,断裂控制了沿线吉子盆地、中村盆地、红麦盆地的发育。并于清水江一带有喜山期基性岩喷溢。在南溪盆地但读村级剑川北化龙采石场断裂破碎带极为明显,形成宽达百余米角砾岩带,带内角砾岩胶结一般。断裂沿线错断最新地层为晚更新世粉质黏土层,断裂晚更新世以来活动过。断裂在线路附近分为3支	逆断层	全新世活动断裂。晚更新世晚期以来,平均位移速率3.3～3.8mm/年;1976、1998年宁蒗东北先后6.4级、6级地震,1951年剑川6.2级地震
F₁₂	鹤庆—洱源断裂	46～78	NW	54～75	约40	断层延伸规模较大,断层破碎带发育,并有断层擦痕、断层角砾岩等,断裂破碎带宽达百余米,常见温泉分布。该断层错断了老第三纪角砾岩,南延至三营煤矿区见其被新第三纪含煤岩层所掩,沿断裂并有喜山期基性岩喷溢活动,断裂控制了鹤庆盆地的发育,为全新世活动断裂	左旋走滑逆断层	全新世活动断裂。水平运动速率2.2～2.5mm/年,垂直位移速率0.5mm/年;1839年洱源盆地6 1/4级

9.4.3 区域构造应力场分布特征

常用的区域应力场分析方法主要有:现场测试(水压致裂法、应力解除法、钻孔崩落法及声发射法等)、地质分析法(断裂构造运动性状分析法)、地球物理法(粘滞剩磁法、地震资料分析法)和利用GPS测定地块位移方向等方法。其中,现场测试法较为可靠,但测试深度有限,不能反映深部岩体的构造应力状态。因此,本项目在进行区域应力场分析时，采用工程区附近已有实测成果、断层运动性状和震源机制解三方面的资料进行定性分析。

9.4.3.1　工程区附近前期实测结果

中国地震局地壳应力研究所与美国地调局和威斯康星大学合作，于 1983 年先后对下关和永平两个 500m 深钻孔做了水压致裂应力测量。测得下关和永平两个测点最大水平主应力方向分别是 N20°E 和 N30°E。

1985 年和 1986 年中国地震局地壳应力研究所和美国辛普莱克公司合作在云南省剑川县西南 11km 的狮子桥 800m 深孔采用钻孔崩落和水压致裂法测得最大水平主应力方向平均为 N15°E。

表 9.2 总结了工程区附近以往水压致裂应力测量点的位置和水平最大主应力方香炉山隧洞区附近最大水平主应力方向为 NNE。

表 9.2　　　　　　　　　工程区及其附近以往地应力实测方位

编号	地点	测量位置		测量深度 /m	最大水平主应力 方位/(°)
		$\varphi_N/(°)$	$\lambda_E/(°)$		
1	下关	99.43	25.48	445	31
2	剑川	99.84	26.46	751	20
3	下关	100.30	25.58	451	20
4	丽江	100.33	26.92	423	19
5	永平			445	30
6	剑川狮子桥			710	20

由于测试深度范围不超过 1km，测试结果仅代表浅层应力状态。前期地应力实测结果表明：香炉山隧洞区附近浅层地表的最大水平主应力方向为 NNE。

9.4.3.2　断裂构造运动性状反演的构造应力场

活动断层的构造形迹及其运动组合特征为我们分析确定断层所在区域的应力状态提供了直接可靠的信息。由断层擦痕资料确定的我国西南地区现代构造应力场的方向结构特征。该期应力张量在区内几乎所有测点上捕获，这说明现代构造应力场在区域范围内的影响是普遍存在和居支配地位的。

从西南地区第四纪以来两期构造应力场，即现代构造应力场和第四纪早期构造应力场来看，滇中引水工程所在的区域（东经 99°30′～104°14′，北纬 23°12′～26°41′）构造应力方位主要呈现 NNW～NE 向特征，且最大主应力方向为近水平向，与断裂构造的应力构造为走滑型相符。由断层滑动方向直观地反映了断层浅层岩体的滑动方向，可认为 NNW～NE 向构造应力方位特征代表了该区域上部岩体应力方位。可见，在滇西南应力区由断层滑动资料确定的西南地区上部岩体应力方位与香炉山隧洞工程区附近前期的地应力测量结果较为接近。

9.4.3.3　地震震源机制解

震源机制解是研究区域构造应力场主要依赖手段，地质报告统计了滇中调水工程沿线附近区域 5 级以上 99 个地震主压应力方位，主要集中分布在南东东～南东向角域，占总数的 48％，另有部分分布在北东东向与北北东向角域，分别占总数的 16％和 10％。滇中引水工程线路大部分位于安宁河—则木河—小江断裂带以西的川—滇应力区，主压应力轴方位为 NNW～SSE。线路在洱源—大理—弥渡一带，涉及以红河断裂为界的滇西南应力区，主压应力轴方位以 NNE～SSW。线路在接近开远研究区涉及安宁河—则木河—小江断裂带及其以东的华南主体应力区，现代构造应力场优势方位为 NEE～NE 为主。

香炉山隧洞及其附近较小范围内（纬度 25°～28°，经度 98°～102°）的震源机制解的研究结论与地质报告一致，香炉山隧洞区域构造应力场的优势方位为 NEE～NE。统计分析研究区地震震源机制解节面走向和主压应力轴（P 轴）的倾角均为缓倾角，说明地震断层面的应力构造为走滑型。

9.4.4　实测地应力成果分析

9.4.4.1　地应力测试成果

香炉山隧洞沿线共进行了 12 个钻孔的地应力测试，分别是 TSZK53、TSZK54、TSZK55、 TSZK56、 XLZK2、 XLZK4、 XLZK10、 XLZK11、 XLZK16、 XLZK17、XLZK18 和 XLXZK1 钻孔，各线路孔布置如图 9.5 所示。

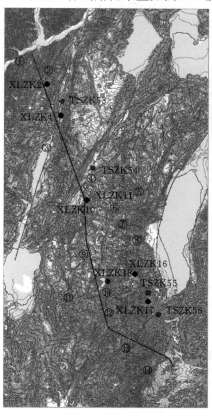

图 9.5　实测地应力测孔平面布置图

9.4.4.2 实测地应力成果分析

滇中引水工程大理Ⅰ段香炉山隧洞线路工程区地应力测试方法主要采用水压致裂法。在项目建议书阶段进行了 4 个钻孔的地应力测试，分别是 TSZK53、TSZK54、TSZK55 和 TSZK56 钻孔；可行性研究阶段进行了 8 个钻孔的地应力测试，分别是 XLZK2、XLZK4、XLZK10、XLZK11、XLZK16、XLZK17、XLZK18 和 XLXZK1 钻孔（各线路孔布置如图 9.5 所示）。测试情况见表 9.3。鉴于 XLXZK1 为西线测孔，其距离香炉山隧洞线路较远，因此，在分析地应力分布特征时将其忽略。

表 9.3　　　　　　　　　　香炉山隧洞地应力测试情况一览表

测孔序号	隧洞名称	孔号	孔深/m	测试孔深范围/m	测点数	备　　注
1	香炉山隧洞比选区	XLZK2	410	188～303	12	孔深 308m 附近存在流沙层，其下未能试验
2		XLZK4	385	207～379	12	
3		XLZK10	590	197～560	9	孔深 296.3～406 范围有套管
4		XLZK11	780	463～724	15	水位 410m
5		XLZK16	950	501～907	20	第 1 次测试水位 533m，第 2 次 820m，共 14 测点获得完整数据，最大测深 850.0m，损毁设备多套
6		XLZK17	600	313～492	12	孔深大于 500m 岩芯碎块状
7		XLZK18	681	239～502	13	水位 452m；孔深 509～514m 钻具事故，之下未能试验；多数孔段岩芯碎块状
8		XLXZK1	495	408～486.3	13	

对上述线路孔进行统计分析，发现最大测值为洞 XLZK16 钻孔孔深 580.5m 测点，最大水平主应力 $\sigma_H = 25.9$MPa，最小水平主应力 $\sigma_h = 14.0$MPa。测试钻孔 σ_H 量值集中为 7～20MPa，σ_h 量值集中为 5～13MPa。

为研究构造应力和自重应力各自对现今地应力场的贡献，下面对平面内水平主应力侧压力系数进行分析。图 9.6 为香炉山隧洞水平主应力侧压力系数沿埋深分布散点图。由图 9.6 可知，最大水平主应力方向侧压力系数 $\lambda_H(\sigma_H/\sigma_z)$ 分布范围为 0.78～2.14，集中分

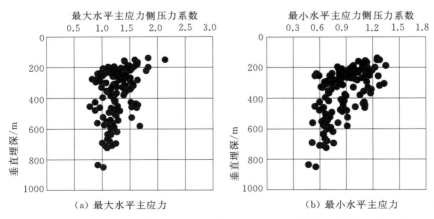

图 9.6　香炉山隧洞最大、最小水平主应力侧压力系数沿埋深分布散点图

布在 $0.90 \sim 1.65$；最小水平主应力方向侧压力系数 λ_h（σ_h / σ_z）分布范围为 $0.47 \sim 1.35$，集中分布在 $0.60 \sim 1.30$。总体而言，香炉山隧洞线路测区最大水平主应力大于自重应力，测试范围内应力场以水平应力为主。此外，香炉山隧洞研究区线路孔最大水平主应力方向集中为 NE20°～50°，而区内龙蟠—乔后断裂走向 15°～20°，丽江—剑川断裂走向 35°～45°，鹤庆—洱源断裂走向 NE 向，即区内深大断裂走向呈 NNE～NE 向。可见，线路区钻孔最大水平主应力方向与附近断层走向有着较大关联，隧洞线路区最大主应力实测方向接近测区 NNE～NE 向控制性断裂走向，显示测区应力场主要受该向断裂控制，但较浅测点的应力方向受地形地貌影响也很大。

由上述分析可知，香炉山隧洞线路区地应力场受深大断裂影响较大，不仅体现在主应力方位上，且对主应力的量值也有较大的影响（即最大、最小水平主应力侧压力系数较分散）。

9.4.4.3　隧洞围岩应力状态评估

香炉山隧洞研究区内高山、深谷、盆地相间排列，总体呈现北高南低的地势特征。区内地貌受断裂控制，山脉及主要水系走向呈近南北向、北北东向或北西向，与区域构造线近于平行。其中龙蟠—乔后断裂走向 15°～20°，丽江—剑川断裂走向 35°～45°，为香炉山隧道研究区的 NNE～NE 向深大断裂。统计所有测试结果，测孔最大水平主应力方向集中为 20°～50°，应力量值随埋深亦有相近的变化规律。统计香炉山隧洞完整段测试结果，以 400m 为深部和浅部分界点，以测点水平主应力侧压力系数均值作为隧洞围岩水平主应力量值计算式系数，式（9.1）为围岩水平主应力拟合式。

$$
\left.
\begin{aligned}
\sigma_H &= 1.40 \gamma H \\
\sigma_h &= 1.02 \gamma H
\end{aligned}
\right\} \quad (H < 400\text{m}) \\
\left.
\begin{aligned}
\sigma_H &= 1.20 \gamma H \\
\sigma_h &= 0.74 \gamma H
\end{aligned}
\right\} \quad (H > 400\text{m})
\tag{9.1}
$$

式中：γH 为垂直应力，为自重应力，γ 为岩石容重，取为 26.5kN/m^3。

统计香炉山隧洞研究区最大水平主应力方向测试结果分布频度如图 9.7 所示（最大水平主应力方向为对称方向），显示测区最大水平主应力方向分布较为集中，主要分布区间为 NNE～NE 向，反映测区主要受 NNE～NE 向断裂影响。因此，建议取 35°为测区最大水平主应力方向。

香炉山隧洞中线研究区高山、深谷、盆地相间排列，区内地貌主要受断裂控制。其中龙蟠—乔后断裂走向 NNE，丽江—剑川断裂和鹤庆—洱源断裂走向 NE，为中线研究区的深大断裂。对比地应力测试成果，以上断裂对香炉山隧洞地应力场有较大影响。初步工作表明，以上述断裂划分多个区进行应力场评估的方案和现有方案的评估结果有一定差异，但测孔不足以覆盖所有区域，因此该方案有待进一步研究，并需进行工程区岩体应力场数值模拟计算。结合对地应力测试数据的分析成果，从 12 个钻孔中筛选出 6 个代表性地应力钻孔进行反演分析，即 XLZK2、XLZK4、XLZK10、XLZK11、XLZK16、XLZK17，同时去掉了局部破碎围岩的测点数据（见表 9.4）。

表9.4　香炉山隧洞线路区各钻孔应力量值统计表

编号	测试钻孔					测试结果						
	钻孔	钻孔深度/m	地层岩性	测试孔位隧洞埋深/m	测试范围/m	最大水平主应力 σ_H				最小水平主应力 σ_h /MPa	铅直应力 σ_z /MPa	侧压力系数 λ_H (σ_H/σ_z)
						区间值/MPa	方向/(°)	与洞轴线夹角/(°)	最大 σ_H 值测深/m			
1	TSZK53	412.30	白云质灰岩	385.71	133.1~388.9	6.6~13.1	291	50~63	388.90	4.5~10.6	3.6~10.5	1.2~2.3
2	TSZK54	545.00	玄武岩	514.40	291.3~305.6	8.5~9.0	—	—	291.30	6.5~6.8	7.9~8.3	1.1
3	TSZK55	420.00	砂泥岩、灰岩	379.25	190~220	7.9~8.9	25	40~50	218.30	5.7~6.6	5.1~5.9	1.4~1.6
4	TSZK56	245.00	灰岩、砂页岩	209.58	135.9~240.2	4.0~7.9	36	55~70	218.90	3.4~6.5	3.7~6.5	1.1~1.6
5	XLZK2	410.20	板岩、片岩	389.32	188.6~303	2.7~9.3	27~36	45~54	251.40	2.4~7.6	4.9~7.9	1.2~1.5
6	XLZK4	385.10	断裂带	367.42	207.4~379.2	5.5~13.7	44~53	64~73	379.20	5.1~11.2	5.4~9.9	1.0~1.6
7	XLZK10	590.50	灰岩及玄武岩	559.83	197.0~560.0	5.7~17.4	35，42	45，62	560.0	4.1~11.7	5.1~14.6	1.0~1.6
8	XLZK11	781.50	灰岩夹砂泥岩	774.40	463.5~723.5	14.0~22.5	29~40	50~60	693.40	7.7~13.6	12.1~18.8	1.1~1.3
9	XLZK16	950.43	白云质灰岩	943.69	501.5~850	13.6~25.9	11~43	30~63	580.50	7.7~14.0	13.3~22.1	0.9~1.7
10	XLZK17	600.56	灰岩	550.31	313.1~491.8	8.5~14.0	20~29	63~72	463.50	5.4~9.4	8.1~12.8	0.8~1.4
11	XLZK18	681.10	灰岩	984.10	239.7~501.6	5.8~13.3	46~54	65~74	417.90	3.5~7.6	6.2~13.0	0.9~1.4

注　测点位置的岩芯破碎实测值略，未进行统计计算。

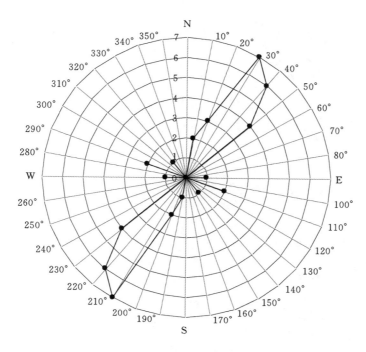

图 9.7　最大水平主应力方向分布频度图
（N 向轴旁数值为最大水平主应力方向出现次数）

9.4.5　工程区的应力分区及分布特征

　　为了较合理地反映隧洞线路区不同部位地应力场的差异性，以上述 3 个深大断裂为界初步划分为 6 个区域，分别对各个分区地应力实测孔进行统计分析，地应力场分区和线路测孔分布如图 9.8 所示。由该图可知，隧洞线区地应力测试钻孔测试深度远小于隧洞最大埋深，且 I 区和 IV 区仅有 1 个浅孔，II 区和 F_2 区无测孔分布，因此，现有统计结果可能仅代表局部应力场，当条件成熟时需进一步增加相应分区的测孔。

　　图 9.9～图 9.12 分别为 I 区、F_1 区、III 区和 IV 区钻孔实测水平主应力侧压力系数沿埋深分布散点图。由图可知，各分区内的侧压力系数分布范围相对集中，且量值相差明显，体现了不同隧洞段应力场的显著差异性，如第 3 分区最大主应力测压系数集中在 0.9～1.3，第四分区的最大主应力集中在 1.1～1.4，同时也说明了进行隧洞线路分区研究的必要性。

　　上述研究表明，应力分区初步化为 6 个应力分区。由于断层的动力地质构造作用，使得其临近的应力场有别于区域范围应力场。结合实测地应力的分布特征，根据应力分区原则，同时便于对整个隧洞应力场的宏观把控，以大断裂为界，以同一应力分区下各主控指标整体一致性较好为原则，将香炉山隧洞划分为 4 个分区，即应力分区 I～应力分区 IV，通过该超长深埋隧洞应力分区的划分，加深了对该区域应力场分布的认识，为后续隧洞开挖和岩爆风险评估提供依据。

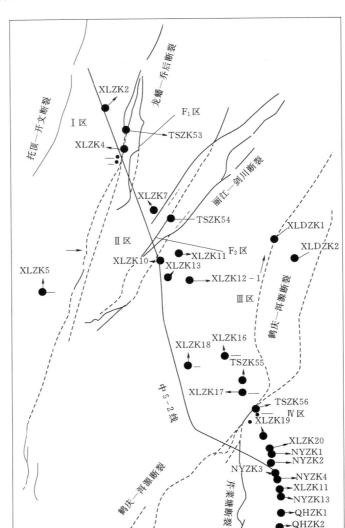

图 9.8　香炉山隧洞地应力场分区示意图

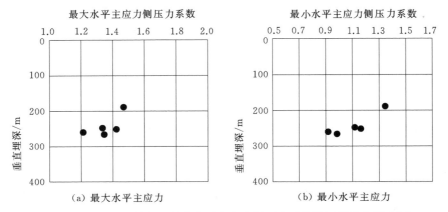

图 9.9　工程Ⅰ区最大、最小水平主应力侧压力系数沿埋深分布散点图

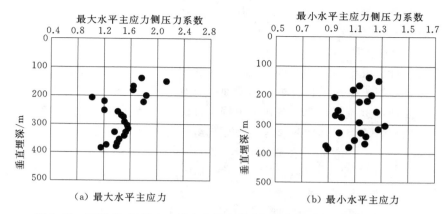

图 9.10　工程 F_1 区最大、最小水平主应力侧压力系数沿埋深分布散点图

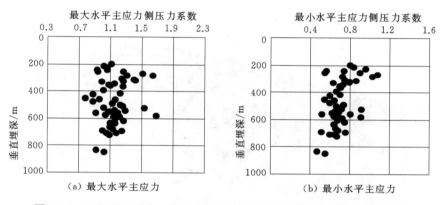

图 9.11　工程Ⅲ区最大、最小水平主应力侧压力系数沿埋深分布散点图

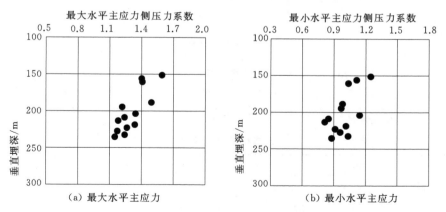

图 9.12　工程Ⅳ区最大、最小水平主应力侧压力系数沿埋深分布散点图

9.4.6　香炉山隧洞地应力场精细反演分析

考虑到本线路工程涵盖 4 个应力分区，且工程尺度较大，涉及的反演参数众多，本节

采用多元回归分析法进行一次反演，然后基于一次反演成果，对本工程局部关键区域进行岩体应力场进行精细化反演。

9.4.6.1　一次反演分析

地质模型是计算模型的基础，对工程地质条件的深入认识和概化是合理建立地质模型的重要前提。建立滇中引水工程香炉山隧洞地应力有限元分析模型时，将计算模型的基本岩层结构、主要断层进行了必要的概化。根据设计部门的要求和以往的计算经验，综合考虑地形地貌特点、岩层力学性能的差异性、结构组合特点以及地质构造等影响因素，确定计算范围为 70000m×35000m，底部高程为－20000m。为方便建模，取大地坐标系中正东方向为 X 轴，正北方向为 Y 轴，铅直向上方向为 Z 轴，计算原点对应三峡院提供的地形图坐标为（589198，2910090，2180）。

有限元计算模型见图 9.13，模型共计 502817 个节点，2922341 个单元。根据地应力场的弹性假定，采用线弹性材料本构模型。应用国际标准通用有限元分析程序 ANSYS 进行应力场的求解。

图 9.13　有限元计算模型图

根据地质资料及计算区域内的岩层划分，按照地质年代、岩性、围岩等级等因素进行适当概化，并对地质勘察报告中的物理力学参数按照厚度加权予以取值，岩体物理力学参数见表 9.5，在计算区域内考虑的主要断层构造及荷载加载示意图如图 9.14 所示。

表 9.5　　　　　　　　　　　　　　岩体物理力学参数表

岩 体 类 型	变形模量/GPa	泊松比	密度/(kg/m³)
托顶—开文断裂（F_8）	0.6	0.35	2100
大栗树断裂（F_9）	1.1	0.33	2100
龙蟠—乔后断裂（F_{10}）	0.6	0.35	2100
丽江—剑川断裂（F_{11}）	0.6	0.35	2100
金棉—七河逆断裂（F_{II-2}）	0.6	0.35	2100
水井村断裂（F_{II-3}）	0.6	0.35	2100

岩 体 类 型	变形模量/GPa	泊松比	密度/(kg/m³)
石灰窑断裂（F_{II-4}）	0.6	0.35	2100
马场逆断裂（F_{II-5}）	0.6	0.35	2100
汝南哨断裂组（F_{II-6}～F_{II-8}）	0.6	0.35	2100
青石崖断裂（F_{II-9}）	0.6	0.35	2100
黄蜂厂—清水江断裂（F_{II-17}）	0.6	0.35	2100
下马塘—黑泥哨断裂（F_{II-32}）	1.1	0.33	2100
鹤庆—洱源断裂（F_{12}）	0.6	0.35	2100
芹菜塘断裂（F_{II-10}）	1.1	0.33	2100
围岩 D_2q	8.0	0.28	2750
围岩 T_2^a	9.0	0.27	2700
围岩 $P\beta$	7.5	0.27	2900
围岩 $N\beta$	6.0	0.29	2750
围岩 T_2b^2	15.0	0.26	2700
盆地覆盖层	0.01	0.40	1900

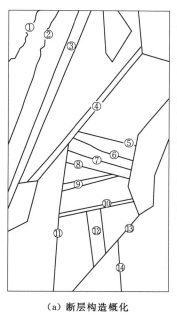

主要断裂
①托顶—开文断裂
②大栗树断裂
③龙蟠—乔后断裂
④丽江—剑川断裂
⑤金棉—七河逆断裂
⑥水井村断裂
⑦石灰窑断裂
⑧马场逆断裂
⑨汝南哨断裂
⑩青石崖断裂
⑪黄蜂厂—清水江断裂
⑫下马塘—黑泥哨断裂
⑬鹤庆—洱源断裂
⑭芹菜塘断裂

（a）断层构造概化

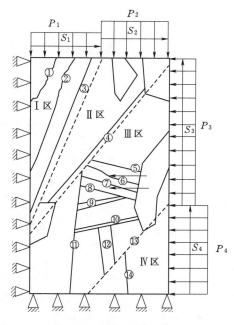

（b）考虑应力分区的荷载加载示意图

图 9.14　计算模型考虑断层示意图

根据测试报告的统计分析，利用计算区域内 6 个测孔水压致裂法地应力测试资料和三维有限元模拟地应力场结果，用最小二乘法多元回归分析，求得有限元模型的边界条件，用最小二乘法多元回归分析，得到 9 个自变量［分别对应自重应力 P_0、南北方向挤压构造应力（P_1、P_2）和水平面内剪切应力（S_1、S_2）、东西方向挤压应力（P_3、P_4）和水平面内剪切应力（S_3、S_4）] 的回归系数 $P_0=1.03$，$P_1=0.46$，$P_2=0.58$，$S_1=0.26$，$S_2=0.21$，$P_3=0.13$，$P_4=0.18$，$S_3=0.15$，$S_4=0.22$。根据回归分析求得的边界条件，通过正演计算即得到工程区岩体应力分布。下面给出典型测孔在实测位置的回归计算值与实测值，见表9.6和表9.7。

表 9.6　　　　　　　　　　XLZK2 钻孔实测值与回归计算值比较表

埋深/m	对比项	σ_x/MPa	σ_y/MPa	σ_z/MPa	τ_{xy}/MPa
247.8	实测值	7.64	8.16	6.60	0.65
	计算值	7.47	11.87	8.74	2.52
	相对差	0.17	−3.71	−2.14	−1.88
251.4	实测值	8.08	8.82	6.70	0.76
	计算值	7.52	11.91	8.85	2.52
	相对差	0.56	−3.08	−2.15	−1.76
259.9	实测值	6.83	7.57	6.90	0.93
	计算值	7.62	11.99	9.08	2.52
	相对差	−0.79	−4.42	−2.18	−1.59
265.9	实测值	7.32	8.78	7.00	1.01
	计算值	7.67	12.04	9.22	2.51
	相对差	−0.36	−3.26	−2.22	−1.50
283.9	实测值	6.91	7.59	7.50	0.55
	计算值	7.85	12.19	9.64	2.51
	相对差	−0.94	−4.60	−2.14	−1.95
295.7	实测值	6.83	7.88	7.80	0.91
	计算值	7.96	12.29	9.91	2.50
	相对差	−1.13	−4.41	−2.11	−1.59
303.0	实测值	6.41	7.49	8.00	1.02
	计算值	8.03	12.35	10.08	2.50
	相对差	−1.62	−4.86	−2.08	−1.48

表 9.7　　　　　　　　　　XLZK16 钻孔实测值与回归计算值比较表

埋深/m	对比项	σ_x/MPa	σ_y/MPa	σ_z/MPa	τ_{xy}/MPa
501.5	实测值	9.85	15.25	13.30	2.60
	计算值	13.29	10.49	15.97	3.34
	相对差	−3.44	4.76	2.83	−0.74

埋深/m	对比项	σ_x/MPa	σ_y/MPa	σ_z/MPa	τ_{xy}/MPa
510.5	实测值	10.64	15.96	13.50	2.57
	计算值	13.32	10.58	10.58	3.34
	相对差	−2.68	5.38	2.92	−0.77
540.5	实测值	10.31	15.49	14.30	2.50
	计算值	13.46	10.95	16.57	3.31
	相对差	−3.15	4.54	3.23	−0.81
574.5	实测值	10.56	14.94	15.20	2.12
	计算值	13.66	11.48	11.77	3.26
	相对差	−3.11	3.47	3.43	−1.14
590.0	实测值	12.24	17.06	15.60	2.33
	计算值	13.76	11.71	17.57	3.25
	相对差	−1.52	5.35	3.53	−0.92
636.1	实测值	12.75	17.05	16.90	3.72
	计算值	14.03	12.39	18.48	3.20
	相对差	−1.28	4.66	3.92	0.52
690.4	实测值	10.43	16.77	18.30	3.06
	计算值	14.36	13.19	19.55	3.15
	相对差	−3.92	3.57	4.25	−0.09
835.2	实测值	13.26	16.94	22.10	4.54
	计算值	15.23	15.34	22.40	3.01
	相对差	−1.96	1.59	5.20	1.54
850.0	实测值	17.04	17.76	22.50	5.19
	计算值	15.32	15.57	22.72	2.99
	相对差	1.72	2.20	5.28	2.20

统计各个钻孔测点位置的实测值与计算值可知，大部分测点的一次反演计算值与实测值较接近，且测点的反演主应力与实测主应力分布规律基本一致，表明考虑地层剥蚀过程的一次反演结果可靠，可以反映工程区地应力场的分布特征。

图 9.15 为香炉山隧洞纵剖面最大水平主应力等值线图，图 9.16 为香炉山隧洞沿线水平主应力分布图。由图可知，除了断裂带内最大主应力方向近似为铅直方向外，其余洞段大都呈现 $\sigma_H > \sigma_z$ 的特征，即工程区总体上以水平构造应力为主；隧洞最大埋深超过 1400m，最大水平主应力约 38MPa，最小水平主应力为 27MPa；此外，侧压力系数随着埋深的增加而减小，在埋深 300~400m 洞段最大水平主应力侧压力系数集中在 1.3~1.8 之间，在 400~800m 洞段分布范围为 1.1~1.5，埋深 800m 以上时分布在 1.0~1.1 之间，

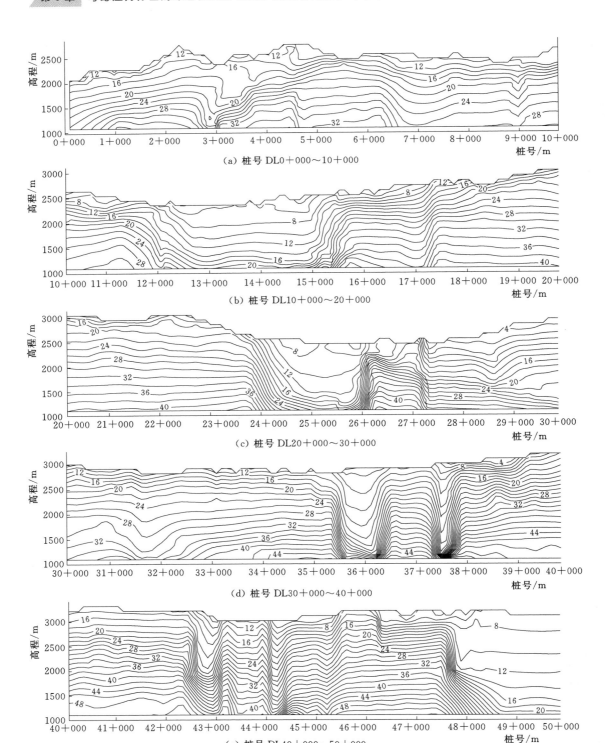

(a) 桩号 DL0+000~10+000

(b) 桩号 DL10+000~20+000

(c) 桩号 DL20+000~30+000

(d) 桩号 DL30+000~40+000

(e) 桩号 DL40+000~50+000

图 9.15（一） 香炉山隧洞纵剖面最大水平主应力分布图

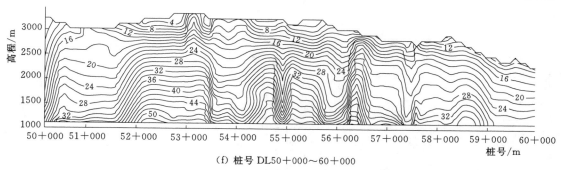

（f）桩号 DL50＋000～60＋000

图 9.15（二）　香炉山隧洞纵剖面最大水平主应力分布图

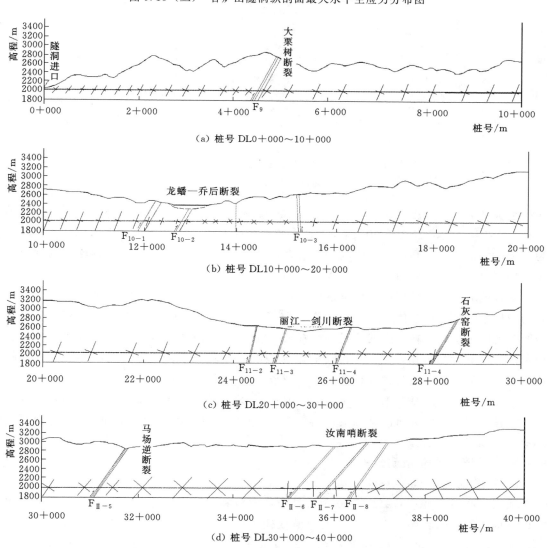

（a）桩号 DL0＋000～10＋000

（b）桩号 DL10＋000～20＋000

（c）桩号 DL20＋000～30＋000

（d）桩号 DL30＋000～40＋000

图 9.16（一）　香炉山隧洞水平主应力分布图

注：图中，长线、短线分别为最大、最小水平主应力，向上为正北，向右为正东。

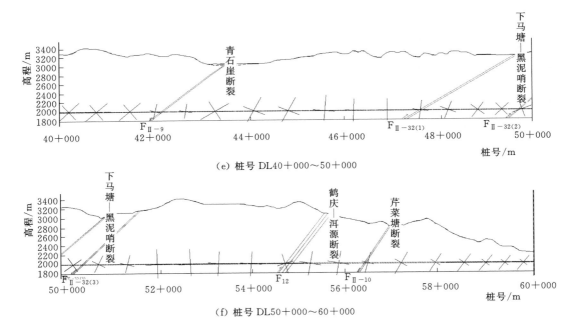

(e) 桩号 DL40+000～50+000

(f) 桩号 DL50+000～60+000

图 9.16（二） 香炉山隧洞水平主应力分布图

注：图中，长线、短线分别为最大、最小水平主应力，向上为正北，向右为正东。

而最小水平主应力侧压力系数（$\lambda_2 = \sigma_h/\sigma_z$）分布在 0.6～0.9 之间。此外，隧洞线路区围岩最大水平主应力方位以 NNE 向为主，而断裂带内及附近的最大水平主应力方位分布较为复杂，如：龙蟠—乔后断裂两侧岩体最大水平主应力方位为 NNE 向，但断裂内部及主要影响区最大水平主应力方位为 NW5°～NW75°。

结合地应力实测数据统计分析结果可知，除了主断带内及其影响带附近外，不同剖面处的测压系数计算值总体上与估算值吻合较好，且二者的主应力方位均以 NNE 向为主，表明在地应力实测资料有限的情况下，有限元数值回归分析结果可作为典型剖面隧洞围岩稳定性分析的计算依据。然而，由于有限元模型尺度较大，使得模型在一些软弱地质构造（含断裂带）处的概化程度较大，部分桩号剖面隧洞处的地应力计算结果与实际情况的误差可能较大，尤其是在活动断裂附近。因此，为了获取该主断裂附近较为合理的地应力场，需在有限元数值分析的基础上，结合地应力实测数据，构建局部精细化模型，进行局部地应力场优化反演分析。

9.4.6.2 局部精细化反演分析

1. 桩号 DL11+560 附近

依据隧洞线路桩号 DL11+560 附近地质勘察资料，综合考虑地形地貌、地层岩性以及地质构造等影响因素，建立了三维地质概化模型（见图 9.17）。计算模型所取范围为 1500m×1000m×1460m（$X \times Y \times Z$），其中 X 轴沿洞轴线方向，且指向水流方向为正；Y 轴垂直于洞轴线方向（服从右手法则）；Z 轴铅直向上，底部高程为 1200m。计算模型共划分四面体单元数 520442 个，节点数 90450 个。

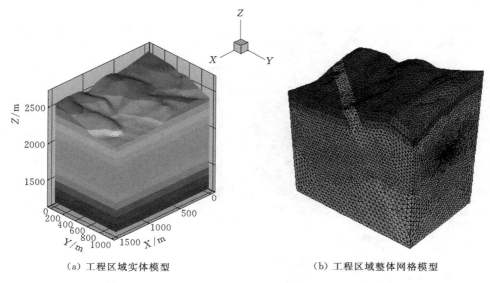

（a）工程区域实体模型　　　　　　　　　　（b）工程区域整体网格模型

图 9.17　隧洞桩号 DL11＋560 附近三维数值分析模型

　　本次计算模型涉及的岩层主要为 T_2b 灰岩、白云质灰岩及白云岩、F_{10-1} 断裂带、T_2a 片岩、板岩夹少量灰岩及强弱风化带岩体。计算模型中，各岩层均采用以 Mohr – Coulomb 准则为屈服函数的理想弹塑性模型，模型内各岩层及断裂带均采用实体单元模拟。

　　图 9.18 为隧洞桩号 DL11＋560 附近不同切面的主应力矢量分布，图 9.19 为隧洞轴线纵剖面最大、最小主应力等值线图。由图 9.18 和图 9.19 可知，反演获得的初始应力场在隧洞剖面桩号 DL11＋560 位置处的主应力方向约 NE28°，第一主应力和第三主应力分别为 18.92MPa 和 12.21MPa，最大、最小水平测压系数分别为 1.35 和 0.87，该计算结果与实测数据统计分析结果较吻合，主应力方向与有限元计算值相近，表明三维初始地应力场反演精度较高，进一步说明了初始地应力场反演方法的合理性和反演结果的可靠性。

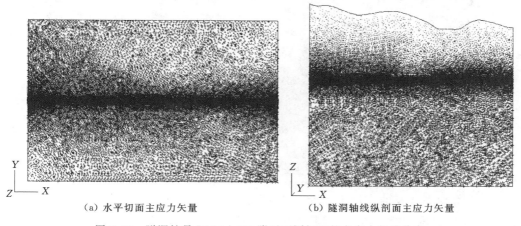

（a）水平切面主应力矢量　　　　　　　　　（b）隧洞轴线纵剖面主应力矢量

图 9.18　隧洞桩号 DL11＋560 附近不同切面的主应力矢量分布

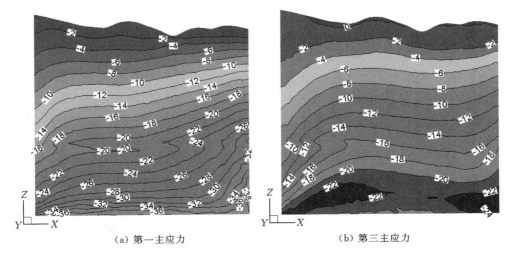

（a）第一主应力　　　　　　　　　　　（b）第三主应力

图 9.19　隧洞洞轴线纵剖面最大、最小主应力等值线图

2. 桩号 DL25＋500 附近

依据隧洞线路桩号 DL25＋500 附近地质勘察资料，综合考虑地形地貌、地层岩性以及地质构造等影响因素，建立了三维地质概化模型。计算模型所取范围为 900m×900m×1000m（$X×Y×Z$），其中 X 轴沿洞轴线方向，且指向水流方向为正；Y 轴垂直于洞轴线方向（服从右手法则）；Z 轴铅直向上，底部高程为 1700m。计算模型及网格划分如图9.20 所示，共划分六面体单元数 852866 个，节点数 632439 个。

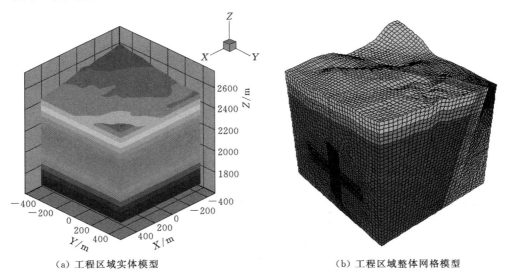

（a）工程区域实体模型　　　　　　　　（b）工程区域整体网格模型

图 9.20　隧洞桩号 DL25＋500 附近三维数值分析模型

本次计算模型涉及的岩层主要为 T_2b_1 泥质灰岩、T_1q 砂岩及泥页岩、F_{11-2} 断裂带、$P\beta$ 玄武岩及强弱风化带岩体。计算模型中，各岩层均采用以 Mohr‐Coulomb 准则为屈服函数的理想弹塑性模型，模型内各岩层及断裂带均采用实体单元模拟。

图 9.21 为隧洞桩号 DL25＋500 附近不同切面的主应力矢量分布，图 9.22 为隧洞轴线纵剖面最大、最小主应力等值线图。由图 9.21 和图 9.22 可知，反演获得的初始应力场在隧洞剖面桩号 DL25＋500 位置处的主应力方向约 NW30°，第一主应力和第三主应力分别为 14.74MPa 和 8.34MPa，最大、最小水平测压系数分别为 1.35 和 0.77，该计算结果与实测数据统计分析结果较吻合，主应力方向与有限元计算值相近，表明三维初始地应力场反演精度较高，进一步说明了初始地应力场反演方法的合理性和反演结果的可靠性。

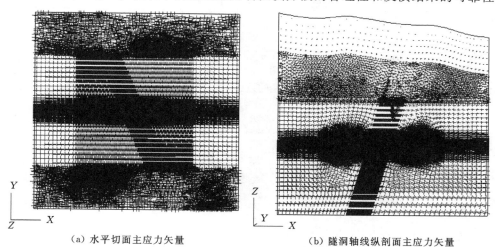

（a）水平切面主应力矢量　　　　　　　　　（b）隧洞轴线纵剖面主应力矢量

图 9.21　隧洞桩号 DL25＋500 附近不同切面的主应力矢量分布

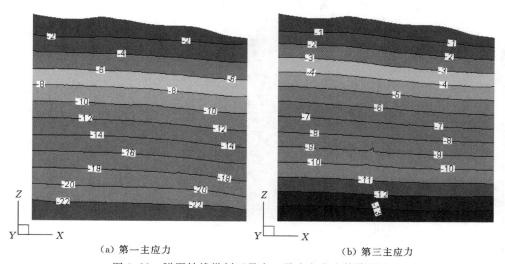

（a）第一主应力　　　　　　　　　　　　　（b）第三主应力

图 9.22　隧洞轴线纵剖面最大、最小主应力等值线图

根据有限元分析结果，采用应力张量转换公式，将原坐标系下的各隧洞应力值转化为相应局部坐标系（以隧洞轴线顺水流方向为 x 轴正向、z 轴铅直向上、y 轴垂直洞轴线，且服从右手定则）下的应力计算值，同时结合桩号 DL11＋560、DL25＋500 的优化反演结果，从而可以获得各典型剖面隧洞应力值（见表 9.8），为后续围岩稳定性分析和计算提供依据。

表9.8　局部坐标系下的隧洞洞围岩稳定性分析典型剖面主应力计算值汇总表

断面桩号/m	σ₁主应力			σ₂主应力			σ₃主应力			应力分量值/MPa						侧压力系数	
	量值/MPa	方位角/(°)	倾角/(°)	量值/MPa	方位角/(°)	倾角/(°)	量值/MPa	方位角/(°)	倾角/(°)	σ_{xx}	σ_{yy}	σ_{zz}	τ_{xy}	τ_{yz}	τ_{zx}	σ_H/σ_z	σ_h/σ_z
DL6+600	21.92	200.69	9.52	16.92	155.58	−76.63	11.53	109.12	9.30	17.62	15.83	16.92	−4.97	−1.20	0.07	1.30	0.68
DL17+960	30.19	199.75	−3.69	24.30	299.50	−69.15	13.31	108.36	−20.49	24.05	20.77	22.98	−7.58	3.07	1.95	1.31	0.58
DL20+000	30.71	206.74	−37.90	28.86	14.32	−51.44	17.62	111.99	−6.07	24.43	23.33	29.43	−6.10	1.53	0.17	1.04	0.60
DL40+634	38.03	229.86	44.37	36.23	229.27	−45.63	26.25	139.57	0.29	28.41	34.99	37.11	−4.34	−0.83	0.35	1.02	0.71
DL52+254	36.61	177.91	36.26	31.00	180.29	−53.72	24.29	88.74	−1.13	26.66	32.28	32.96	−4.35	−2.27	1.42	1.11	0.74
DL57+040	27.57	218.52	14.54	22.72	196.02	−74.32	14.85	127.03	5.75	15.35	26.85	22.95	2.22	−1.02	−1.01	1.20	0.65
DL31+100	28.55	224.15	37.88	25.21	209.89	−51.25	18.82	128.68	6.99	23.53	22.67	26.37	−4.15	−1.75	0.62	1.08	0.71
DL0+714	12.99	221.47	9.36	10.90	318.35	−36.01	8.30	119.1	52.41	10.81	12.05	9.32	−1.33	−1.12	−0.79	1.42	1.19
DL11+560	18.92	208.31	−7.14	14.23	314.56	−65.88	12.21	115.27	−22.91	15.41	15.96	14.00	−3.15	0.94	0.13	1.35	0.87
DL25+500	14.74	150.93	−15.48	10.84	22.18	−66.13	8.34	66.01	17.71	14.36	8.67	10.89	0.72	−0.88	−0.94	1.35	0.77
DL54+950	35.11	173.38	−13.05	31.87	324.32	−75.14	21.87	81.76	−6.97	26.24	30.72	31.89	−6.06	1.29	0.59	1.11	0.69

注　表中的"局部坐标系"定义为以隧洞轴线顺水流方向为x轴正向，z轴铅直向上，y轴垂直洞轴线，且服从从右手定则。

第 10 章

考虑应力张量形式的地应力场
精细反演方法及工程应用

10.1 引言

现有的反演方法在对地应力场进行拟合时尚存在以下两个方面的问题：一是在模拟地质构造作用时，常通过在模型边界施加均布或线性分布荷载来近似模拟地质构造作用的影响，而较少从地应力张量的分布形式及意义出发，该近似处理在工程区范围足够大时可以获得满意的结果（圣维南原理），但对于工程区范围有限的地区，荷载边界效应对地应力分布的影响很难估计；二是当前的初始应力场反演方法大部分是基于有限元或有限差分的一次反演，在工程计算模型尺度不大、地质条件相对简单时可获得较为合理的岩体应力场，但对于地质构造运动强烈的深切河谷区，常常会遇到不连续结构面的影响（如断层、节理），若在该部位仍采用连续数值模拟方法分析，则可能会产生较大的误差。

本章通过对地应力张量的分布形式进行优化，将其分解为自重应力、构造应力及非线性应力 3 个部分，初步明确了地应力张量的各组成部分及意义，并将三维有限差分和离散元数值模拟手段相结合，提出了考虑地应力张量分布形式的初始应力场二次反演方法。最后，以乌东德水电站为例，通过对坝址区初始地应力场进行研究分析，进一步验证该方法的有效性及实用性。

10.2 地应力测试数据的筛选方法

10.2.1 基于地质构造信息的区域构造应力场分布特征

一般而言，工程区构造应力方向与区域构造历史和当前的构造活动关系密切。通过研究工程区区域地质构造、近场区构造与构造应力的关系，初步揭示工程区应力场的定性分布特征。

研究工程区地形地貌（包括高山和深切河谷）与构造应力的关系，初步判定工程区地形地貌对地应力分布的影响特征。

结合勘探平洞可能出现的围岩破坏现象，初步判定构造应力场强弱及洞室断面主应力方位。

10.2.2　基于赤平极射投影的地应力量化分析

为满足对地应力测试数据的全面分析需要，应用 OOP 编程技术，采用 C＋＋语言和开放图形库 OpenGL 开发了 3D Geostress 软件。该程序可以通过交互式操作输入测试成果，并根据需要对测试数据进行检查和相关计算分析。

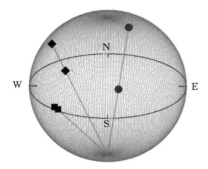

图 10.1　下极点全空间赤平
投影原理图

利用该方法不仅可以初步确定实测数据 3 个主应力张量的优势方位，还可以通过平面投影特征较方便地确定实测点在各投影面的应力特征。图 10.1 给出了该方法的投影示意图。图 10.1 中，圆圈●、方块■、菱形◆分别表示第一至第三主方向单位矢量（下同），赤道平面上的标志为单位矢量的投影极点。

为了简述该方法的应用效果，表 10.1 给出了某工程采用利用空心包体式孔壁解除法获得的相邻测点地应力测试数据。图 10.2（a）、图 10.2（b）分别为表10.1 中的测点 1、2 的典型主应力方向单位矢量的全空间赤平投影，以及在三维数值模型坐标系下，XY 平面、XZ 平面和 YZ 平面上的投影应力椭圆。其中，Sigma1（2 或 3）后的数值分别表示主应力（MPa）、方位角（°）和倾角（°）。由图 10.2 可知，测点 1 和测点 2 在 YZ 平面存在显著的差异，其与图 10.3（a）、图 10.3（b）中的围岩破坏状态相对应。

表 10.1 　　　　　　　　利用空心包体式孔壁解除法地应力测试结果

测点编号	钻孔	水平埋深/m	垂直埋深/m	σ_1/MPa	倾角/(°)	倾向/(°)	σ_2/MPa	倾角/(°)	倾向/(°)	σ_3/MPa	倾角/(°)	倾向/(°)
1	PD42	365	340	22.68	30.90	140.10	10.80	31.70	251.80	6.57	42.70	16.50
2	PD44	370	350	21.38	−0.20	150.5	14.52	55.10	240.20	8.57	34.90	60.70

注　实测主应力方位角均以正北顺时针转为正。

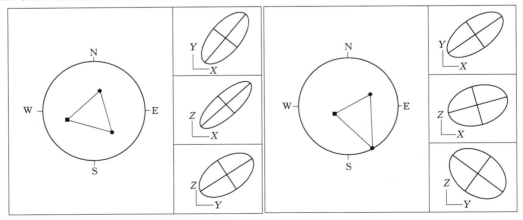

（a）测点 PD42　　　　　　　　　　　　　（b）测点 PD44

图 10.2　地应力测点主应力方向单位矢量全空间赤平投影与平面投影应力椭圆示意图

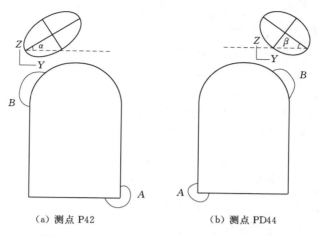

（a）测点 P42 （b）测点 PD44

图 10.3   不同地应力测点处的围岩变形特征

基于工程区宏观定性分析及地应力测试数据的赤平极射投影解析，可以确定能够反映工程区地应力总体分布特征的代表性测点。

10.3   考虑地应力张量分布形式的地应力场精细反演方法

10.3.1   地应力分布形式及优化

自地应力概念被提出以来也只是近百年的事情，迄今为止，有关其形成机理尚不十分清楚，人们只能通过外部的观测信息来把握。早期获取初始地应力场的方法主要是按照某种理论给出一个简单的应力场，如侧压力系数法。然而，大量的地应力实测数据表明，水平地应力很少服从这一规律，更为一般的是，水平地应力大于垂直应力，甚至是几倍关系。当前的地应力状态是由重力和历次地质构造作用（包括垂直升降和水平挤压运动）所引起，同时又受到长期外动力地质作用诸如沉积和剥蚀作用、地心引力、地下水、温度等因素的影响而不断演化，伴随着岩体物理力学性质的变化，从而形成岩体中保存至今的岩体应力状态。

Brown 和 Hoek 通过对世界上大量的地应力测试资料进行统计分析，发现存在一个主应力可近似为垂直状态，且量值随深度呈线性分布。因此，在假定一个主应力为垂直线性分布状态下，地应力更为一般的分布关系可表示为

$$\sigma^0 = S + \alpha\gamma h + \frac{b}{h+a}k\gamma h \tag{10.1}$$

其中， $S = \begin{bmatrix} S_{xx} & S_{xy} & 0 \\ S_{yx} & S_{yy} & 0 \\ 0 & 0 & 0 \end{bmatrix}$, $\alpha = \begin{bmatrix} \alpha_{xx} & 0 & 0 \\ 0 & \alpha_{yy} & 0 \\ 0 & 0 & \alpha_{zz} \end{bmatrix}$, $k = \begin{bmatrix} k_{xx} & k_{xy} & 0 \\ k_{yx} & k_{yy} & 0 \\ 0 & 0 & 0 \end{bmatrix}$

式中：σ^0 为实测应力值；S 为岩体构造应力矩阵；α 为 3×3 矩阵系数，其值由自重作用确定；γ 为单位岩体重度；h 为埋深；k 为水平应力呈线性分布的 3×3 矩阵系数；a、b 为

影响地应力分布的未知因素代表参数,可通过对实测值进行统计分析确定,这些未知因素包括地形地貌、地心引力、地球旋转、岩浆侵入及地壳非均匀扩容等,以及一些尚无法确定的成分,该参数依据最小二乘法原则,对地应力实测数据进行拟合分析确定。考虑到矩阵 S 和 k 的对称性,式(10.1)中的未知变量个数为 9 个,即 $\{S_x, S_y, S_{xy}, ax, ay, az, k_x, k_y, k_{xy}\}$。

针对式(10.1)右侧的地应力分布形式,考虑到矩阵系数 α 主要由自重产生,在实际情况下也可能受到地表风化、沉积或剥蚀作用等影响,引入一个修正系数 λ,则式(10.1)可变为

$$\sigma^0 = S + \lambda \alpha \gamma h + \frac{b}{h+a} k \gamma h \tag{10.2}$$

式中:$\alpha_{xx} = \alpha_{yy} = \nu/(1-\nu)$,$\alpha_{zz} = 1$;$\lambda$ 为修正系数。

可见,式(10.2)中需要确定的未知变量个数仅有 7 个,即 $\{S_x, S_y, S_{xy}, \lambda, k_x, k_y, k_{xy}\}$,未知变量个数显著减少。

10.3.2　一次反演方法

依据弹性叠加法原理来确定工程区初始地应力场的非线性分布特征。基本计算原理如下:

设 σ_{ij}^c 为任一点的计算值,则有

$$\sigma_{ij}^c = A_{ij,pq} S_{pq} + B_{ij,pq} \alpha_{pq} + C_{ij,pq} k_{pq} \tag{10.3}$$

式中:$A_{ij,pq}$ 为单位构造应力 S_{pq} 作用下的计算系数;$B_{ij,pq}$ 为单位自重应力 α_{pq} 作用下的计算系数;$C_{ij,pq}$ 为单位非线性应力 k_{pq} 作用下的计算系数。

对于任一点的应力实测值 σ_{ij}^m,将 $\sigma_{ij}^m = \sigma_{ij}^c$ 代入式(10.3)可得

$$\sigma_{ij}^m = A_{ij,pq} S_{pq} + B_{ij,pq} \alpha_{pq} + C_{ij,pq} k_{pq} \tag{10.4}$$

将地应力实测值代入式(10.4),并进行整理,可得实测应力分量与边界应力之间的关系为

$$\begin{Bmatrix} \sigma_{xx}^{m,1} \\ \sigma_{yy}^{m,1} \\ \sigma_{xy}^{m,1} \\ \vdots \\ \sigma_{xy}^{m,n} \end{Bmatrix} = \begin{bmatrix} A_{xx,xx}^1 & A_{xx,yy}^1 & A_{xx,xy}^1 & B_{xx,xx}^1 & B_{xx,yy}^1 & B_{xx,zz}^1 & C_{xx,xx}^1 & C_{xx,yy}^1 & C_{xx,xy}^1 \\ A_{yy,xx}^1 & A_{yy,yy}^1 & A_{yy,xy}^1 & B_{yy,xx}^1 & B_{yy,yy}^1 & B_{yy,zz}^1 & C_{yy,xx}^1 & C_{yy,yy}^1 & C_{yy,xy}^1 \\ A_{xy,xx}^1 & A_{xy,yy}^1 & A_{xy,xy}^1 & B_{xy,xx}^1 & B_{xy,yy}^1 & B_{xy,zz}^1 & C_{xy,xx}^1 & C_{xy,yy}^1 & C_{xy,xy}^1 \\ \vdots & \vdots & \vdots & \vdots & \vdots & \vdots & \vdots & \vdots & \vdots \\ A_{xy,xx}^n & A_{xy,yy}^n & A_{xy,xy}^n & B_{xy,xx}^n & B_{xy,yy}^n & B_{xy,zz}^n & C_{xy,xx}^n & C_{xy,yy}^n & C_{xy,xy}^n \end{bmatrix} \begin{Bmatrix} S_{xx} \\ S_{yy} \\ S_{xy} \\ \alpha_{xx} \\ \alpha_{yy} \\ \alpha_{zz} \\ k_{xx} \\ k_{yy} \\ k_{xy} \end{Bmatrix} \tag{10.5}$$

式中:n 为测点数;m 为应力分量实测值。

由于方程的个数通常要多于未知变量数,因此,可采用最小二乘法来获得方程组的最优解。

对于 n 个观测点，最小二乘法残差平方和定义如下：

$$S_{残} = \sum_{k=1}^{n} \sum_{j=1}^{6} (\sigma_{kj}^{m} - \sigma_{kj}^{c})^2 \qquad (10.6)$$

式中：j 为对应初始应力的 6 个分量，$j=1\sim6$。

解此方程，即可获得上述 7 个未知变量的计算系数，利用叠加法原理及式（10.4），即可求得计算域内任一点的应力计算值。

此外，由于区域构造应力的差异，使得不同地区的水平应力差异较大，即使同一工程区不同部位也可能有较大的变化。因此，计算结果的合理性需要结合现场实际情况进行综合判别。工程实践表明，合理的地应力场反演结果应满足如下 3 个准则：①测点应力计算值与实测值在量值和方位上基本保持一致；②反演获得的初始应力场分布规律应与地形地貌、地层岩性、临近构造等因素的影响作用相吻合，且与区域地应力场分布规律基本一致；③计算结果揭示的应力异常区域与工程现场破坏现象（应力诱导型破坏部位）及发生部位基本吻合。若计算结果不满足上述要求，则需重新评估方程参数 a、b，并重新求解未知变量 $\{S_x, S_y, S_{xy}, \lambda, k_x, k_y, k_{xy}\}$ 的计算系数，直至获得满意的结果。

10.3.3　局部关键区域精细反演方法

子模型法主要依据圣维南原理的边界荷载等效法则，基本思想是在大型复杂整体结构计算分析的基础上，取出关键部位并将网格进一步精细后再进行细致分析。该方法对于线弹性问题完全适用，但对于弹塑性问题还应考虑子模型的分布范围对计算结果的影响。

为了弥补子模型法应用于深切河谷可能出现的边界应力失真问题，提出了复杂条件下岩体初始应力场的二次反演方法，该方法是在子模型法基础上的进一步延拓。然而，对于小范围计算区域，荷载边界效应可能会对计算区域内的地应力分布产生较大的影响，尤其是在弹塑性分析条件下地应力呈高度非线性分布的深切河谷区。此外，对于局部地质构造较为强烈，岩体较为破碎或不连续结构面（如断层、节理）影响较为突出的区域，若仍采用连续数值模拟方法进行计算分析，可能会引起较大的误差，甚至产生错误。

针对这一问题，本项目根据局部关键区域地质构造概况，建立包括小规模断层、褶皱、节理组等三维非连续介质力学的地质模型。基于一次反演计算结果，初步确定精细模型上覆荷载、测压系数及自重影响系数取值范围。在此基础上，利用均匀设计理论对测压系数及自重组合方案进行设计，确定一系列计算方案。

将各计算方案分别施加到三维非连续介质力学模型进行数值计算分析，依据测点处应力实测值和计算值误差最小为原则，确定最优的计算方案。将关键区域测点的应力计算值与实测值进行对比，进一步检验反演效果的合理性。若计算值与实测值误差满足工程要求，则进入到下一步；若误差较大，则重新评估测压系数及自重系数取值区间。值得说明的是，关键区域二次反演是在一次反演的基础上进行的，一般只需少数计算方案即可获得满意的结果。在此基础上，将获得的最优测压系数及自重影响系数施加到精细模型进行计算，从而获得关键区域内的应力场分布特征。具体实施方案流程见图 10.4。

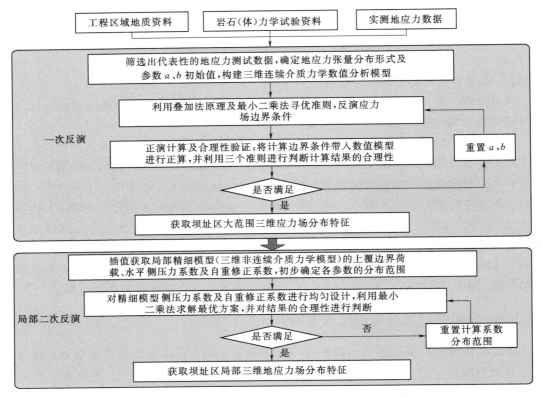

图 10.4　复杂条件下工程区初始应力场二次反演方法流程图

10.4　工程应用——乌东德水电站

本节从地应力张量的组成及意义入手，对地应力张量的分布形式进行优化，并将三维连续和非连续介质力学数值模拟手段相结合，将提出的考虑地应力张量分布形式的初始应力场二次反演方法直接应用于乌东德水电站岩体应力场反演分析中，进一步验证上述反演方法的合理性和可靠性。

10.4.1　工程概况

在建的乌东德水电站位于金沙江下游河段 4 个水电梯级——乌东德、白鹤滩、溪洛渡、向家坝中的最上游，装机容量 10200MW，多年平均发电量 389.3 亿 kW·h。坝址所处河段左岸隶属四川省，右岸隶属云南省昆明市。该电站属山原峡谷地貌类型，北面分割山顶面高程多在 2500~3000m，南面普遍保留有 2000~2500m 高原面。坝址区峡谷两岸地形陡峻，河谷呈狭窄的 V 形，两岸地形不对称。金沙江以 SE160° 方向流经坝址区，河谷狭窄，岸坡陡立，坡角一般为 60°~75°。该电站深切河谷地形地貌特征如图 10.5 所示。

乌东德水电站区域地质构造十分复杂，该电站在大地构造分区属于扬子准地台西部边缘区，其西北、西南及东南面分别与松潘—甘孜褶皱系、三江褶皱系和华南褶皱系相邻。

图 10.5 坝址区深切河谷地形

坝址区出露的地层岩性主要有因民组（Pt_{2y}）灰色中厚—厚层白云岩、灰质白云岩，上覆灯影组（Z_{2d}）中厚—巨厚层微晶白云岩，峨眉山组（P_{3em}）玄武安山岩及角闪安山岩，落雪组（Pt_{2l}^{1-2}）浅灰色、灰色中厚—厚层白云岩、灰质白云岩和薄层灰岩，落雪组（$Pt_{2l}^{3-1} \sim Pt_{2l}^{3-5}$）灰色中厚层夹薄层灰岩、灰白色中厚层大理岩及厚层灰质白云岩，落雪组（Pt_{2l}^{4-10}）灰色、深灰色薄层—中厚层灰岩及灰白色薄层—厚层大理岩。坝址区地质构造总体以断层为主，规模较大的断层从上游至下游分别为 F_3、F_{14}、F_6 及 F_7，且与河谷基本垂直。F_{42}、F_{15} 断层规模不大，其结构较为紧密。断层类型较多，有压性逆断层（F_3）、走滑断层（F_{14}）、张性走滑断层（F_{15}）及正断层（F_6、F_7），反映出该区域的地质构造运动及演化的复杂性。此外，右岸坝址区基底地层经历了强烈的褶皱作用，产状陡立，倾向 $260° \sim 280°$，倾角 $60° \sim 80°$，形成斜横向河谷。右岸地下厂房岩体中还发育两组不连续结构面，其中一组节理位于主厂房附近，其产状为倾向 $170°$、倾角 $77°$；另一组节理位于尾调室附近，其产状倾向 $190°$、倾角 $80°$。

根据工程地质条件和岩石力学试验结果，坝区各岩层材料力学参数见表 10.2。

表 10.2   岩 体 物 理 力 学 参 数

岩性	重度 γ /(kN/m³)	弹性模量 E/GPa	泊松比	抗剪断（峰值）强度	
				φ/(°)	c/MPa
Z_{2d}	26.95	7.5	0.29	41.99	0.85
Pt_{2l}^{1-2}	27.4	16	0.26	47.73	1.3
Pt_{2l}^{3}	26.9	22.5	0.24	52.43	1.6
Pt_{2l}^{4-10}	26.9	20	0.25	52.43	1.6
Pt_{2y}	27.3	16	0.26	47.73	1.3
P_{3em}	29.0	20.4	0.22	50.19	2.2
F_3、F_{14}、F_6、F_7	24.0	2	0.33	33.02	0.1

10.4.2　实测地应力分析

乌东德水电站地下厂房区域地应力测试方法主要采用浅孔应力解除法、深孔应力解除法和水压致裂法。浅孔应力解除法地应力测量元件应变计（CKX-97）由长江科学院参考澳大利亚 CSIRO 应变计改进研制而成。深孔解除法三维地应力测量元件应变计（CKX-01）由长江科学院在引进瑞典深钻孔水下三向应变计和澳大利亚 CSIRO 型空心包体式钻孔三向应变计的基础上改进研制而成，测试深度大大增加。此外，改进后的应力解除法（CKX-97、CKX-01）能适应于软弱、多裂隙、完整性差的岩体，操作方便，测试成功率较高，已在多个复杂工程中进行了应用。水压致裂法采用国际岩石力学学会推荐的方法进行地应力测试。

鉴于水压致裂法以平面应力为主，为了从空间上研究电站地下厂房区域地应力分布特征，本节主要依据应力解除法测试结果进行分析，其中，ZK210、ZK201 采用深孔应力解除法进行测试。地应力测点布置见图 10.6，测试数据见表 10.3。

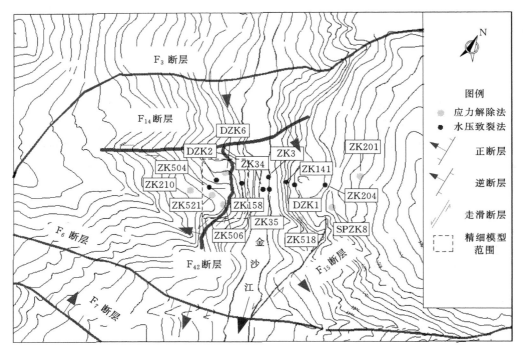

图 10.6　计算区域及测点平面布置图

表 10.3　　　　　　　　　　　　坝区应力解除法地应力测量结果

编号	钻孔名称	上覆埋深 /m	σ_1 /MPa	α_1 /(°)	β_1 /(°)	σ_2 /MPa	α_2 /(°)	β_2 /(°)	σ_3 /MPa	α_3 /(°)	β_3 /(°)
1	ZK506-01	311.4	6.7	63.0	219.0	4.8	22.0	3.0	2.9	14.0	98.0
2	ZK506-02	319.2	7.3	52.0	157.0	5.6	26.0	27.0	4.5	25.0	284.0
3	ZK210-01	388.5	9.0	71.0	126.0	6.5	2.0	221.0	3.6	19.0	311.0

编号	钻孔名称	上覆埋深/m	σ_1/MPa	α_1/(°)	β_1/(°)	σ_2/MPa	α_2/(°)	β_2/(°)	σ_3/MPa	α_3/(°)	β_3/(°)
4	ZK210-02	428.2	13.0	83.0	156.0	9.1	2.0	47.0	6.4	6.0	316.0
5	DZK6-01	188.8	5.7	80.0	284.0	4.1	8.0	144.0	3.3	6.0	53.0
6	DZK6-02	192.0	5.8	79.0	300.0	4.1	9.0	155.0	3.7	6.0	64.0
7	ZK523-01	346.1	8.3	44.0	85.0	4.6	7.0	181.0	3.2	45.0	278.0
8	ZK523-02	352.1	8.8	49.0	84.0	3.9	9.0	185.0	3.0	39.0	283.0
9	ZK201-01	622.0	17.0	70.0	258.0	12.6	11.0	21.0	8.2	16.0	114.0
10	ZK201-02	640.0	19.0	72.0	12.0	14.3	16.0	225.0	8.3	10.0	132.0
11	SPZK7-01	580.0	15.1	71.0	272.0	12.9	12.0	42.0	9.3	14.0	135.0
12	SPZK8-01	490.0	13.6	52.0	266.0	9.7	22.0	26.0	2.6	30.0	129.0
13	ZK519-01	300.0	8.3	43.0	274.0	6.9	46.0	88.0	4.9	3.0	181.0
14	ZK519-02	304.0	8.9	59.0	256.0	5.4	28.0	103.0	3.6	12.0	6.0
15	ZK519-03	306.0	9.7	52.0	267.0	5.2	35.0	112.0	3.9	12.0	13.0

注 $\alpha_1 \sim \alpha_3$ 分别为第一、第二、第三主应力的水平面倾角，正为上倾，负为下倾；$\beta_1 \sim \beta_3$ 分别为第一、第二、第三主应力的方位角，以正北顺时针转为正。

10.4.3 地应力测试数据筛选

10.4.3.1 宏观地质构造分析

1. 区域地质构造与应力场的关系

乌东德水电站在大地构造分区属于扬子准地台西部边缘区，其西北、西南及东南面分别与松潘—甘孜褶皱系、三江褶皱系和华南褶皱系相邻。区域构造基本特征，总体上以断裂构造为主，区内断裂走向主要为南北向，次为北东、北西向。

研究区经历了极为复杂的构造变动和变形发展历史。新构造运动以来，在喜马拉雅山运动印度板块与欧亚板块碰撞的强大水平挤压持续作用下，青藏地块强烈隆起，受其影响本区地壳大面积隆起，古老断裂切割，形成"川滇菱形块体"新构造活动格局。工程近场区位于"川滇菱形块体"内，且位于剪应力值分布的低值区。通过对工程区临近发生的地震进行分析可知，近场区地震构造应力场呈现与区域应力场一致的 SSE 向压应力场，同时受 SEE 向压应力场影响。

然而，大量的地应力测试数据表明，乌东德水电站岩体深部和河床区实测最大水平主应力方向为 NNE～NEE 向，与附近主要断层走向相吻合，而与区域压应力场并不一致。这主要是由于工程区地质构造及地表改造作用较为复杂，不仅受局部断层和褶皱的影响，还受到深切河谷的下切剥蚀作用。图 10.7 为坝址区附近地质构造分布图。坝址区断层走向主要有 SN 组（走向 340°～20°）、EW（走向 70°～90°和 270°～290°）和 NE 组（40°～80°）三组。长度大于 1000m 的断层有 5 条，从上游至下游分别为 F_3、F_{14}、F_6、F_{15} 及 F_7。除了断层 F_{15} 与河谷斜交外，其余四条大断层与河谷基本垂直。此外，断层类型较多，有压性逆断层（F_3）、平移断层（F_{14}）、张性平移断层（F_{15}）及正断层（F_6、F_7），反映出该区域的地质构造运动及演化的复杂性。此外，右岸坝址区基底地层经历了强烈的褶皱作用，产状陡立，倾向 260°～280°，倾角 60°～80°，形成斜横向河谷。可见，乌东德坝址区地应力场是自重应力和区域构造应力控制下的局部应力场。

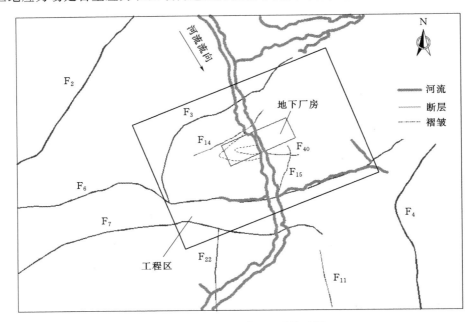

图 10.7　工程区附近地质构造图

2. 深切河谷地形地貌对地应力的影响

河谷区地应力场是在区域地应力的基础上由于地表剥蚀、河流侵蚀等地质作用或受河谷地形影响而形成的局部地应力场。现有的研究表明，典型 V 形河谷地形地应力分布存在 3 个区，即应力释放区，应力集中区和应力稳定区。一般而言，在河谷谷坡的中、上部，应力释放表现突出，它直接由河谷发育的卸荷作用引起；而在谷坡的下部、坡脚及河床一带，在河谷演变过程中岩体变形（尤其是水平向变形）受到约束，产生应力集中现象。当水平埋深或垂直埋深超过一定范围后，河谷应力场的上述特征逐渐减弱，表现出区域地应力场的特点。

乌东德水电站属山原峡谷地貌类型，北面分割山顶面多在 2500～3000m，南面普遍保留有 2000～2500m 高原面。坝址区峡谷两岸地形陡峻，河谷呈狭窄的 V 形，两岸地形不对称。金沙江以 SE160° 方向流经坝址区，河床地面高程 800～805m。河谷狭窄，岸坡陡立，坡角一般为 60°～75°。现场地应力测试结果表明：河床区钻孔出现饼状岩芯现象，即河床区存在应力集中现象；近岸坡区最大水平主应力方向与岸坡走向近乎平行，反映了边坡卸荷的影响效应。上述现象表明：地形地貌对乌东德水电站坝址区地应力分布特征影响较大，现场测试成果与已有的研究成果基本一致。

3. 勘探平洞破坏特征与地应力的关系分析

一般而言，在其他条件大致相同的情况下，开挖洞室发生应力控制型破坏的部位，主要取决于洞室轴线与地应力方位之间的相对关系，利用工程区洞周围岩的破坏部位和特征可以大致推断洞室断面构造应力的强弱及方向。

然而，现场勘探资料表明，在勘探平洞开挖过程中，未发现较明显的岩爆或片帮等因应力集中而出现的应力释放现象。可见，由于金沙江河谷的侵蚀和下切，使得深切河谷区的水平应力得到了一定程度的释放，坝址区总体构造应力水平不高。因此，坝址区的应力释放现象是它的主要特征，而应力集中是局部的和有条件的，这与该工程区以自重应力为主的局部应力场分布特征相一致。

4. 坝区初始应力场特征的初步分析

通过对坝址区区域地质构造及演化史、地形地貌及现场实测资料等进行综合分析可知：坝址区的最大水平应力方位总体位于 NNE～NEE 向，与附近主要断层走向基本一致；此外，受地形地貌及重力场的影响，最大主应力方位在岸坡附近应倾向河谷方向。基于上述认识，可以初步获取地应力张量在地下厂房洞室群 XY 面及 XZ 面上的投影平面应力特征（见图 10.8）。值得说明的是，由于勘探平洞开挖过程中未发现明显的围岩破坏现象，因此，YZ 平面上的应力特征有待进一步分析。

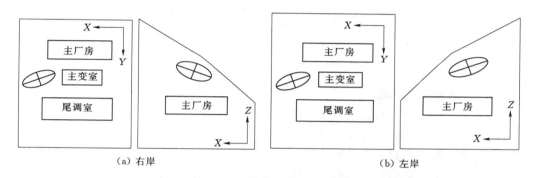

(a) 右岸　　　　　　　　　　　　　　　　　(b) 左岸

图 10.8　推测地应力张量在平面上的投影应力特征

10.4.3.2　赤平投影分析

依据表 10.3 中 15 个地应力测点的 3 个主方向方位信息可获得 3 个正交的单位矢量，采用全空间赤平投影技术分析地应力张量主方向的优势方位（见图 10.9）。由图可知，该电站地下厂房区附近地应力测点的 3 个主应力方位均较为分散，但各自分布特征具有一定

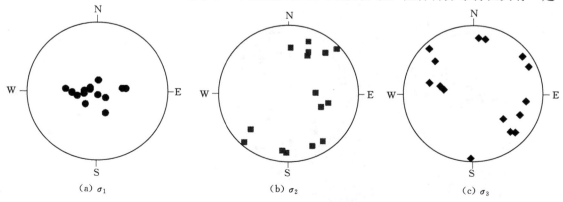

(a) σ_1　　　　　　　　　　(b) σ_2　　　　　　　　　　(c) σ_3

图 10.9　地应力测点主方向全空间赤平投影

的差异，具体表现在：最大主应力方位主要集中在圆心附近，倾角位于 43°～83°，表明厂区应力场以自重为主；中间主应力方向主要集中于第一、第二象限；最小主应力的方位主要位于第二、第四象限。

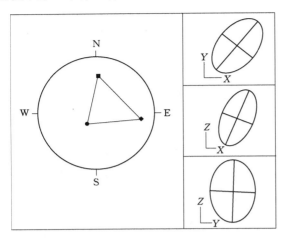

图 10.10　测点 1 号主应力单位矢量全空间赤平投影与平面投影应力椭圆示意图

根据第 10.2.2 节，对表 10.3 中的 15 个地应力测点分别进行平面投影分析，以 1 号测点为例。图 10.10 给出了 1 号测点主应力方向单位矢量的全空间赤平投影，以及在三维数值模型坐标系下各典型平面上的投影应力椭圆。由图 10.10 可知，该测点的平面投影应力椭圆具有以下特征：①在 XY 平面上，投影应力椭圆长轴方向均偏向上游侧；②在 XZ 平面上，投影应力椭圆长轴方向倾向山内一侧；③在 YZ 平面上，投影应力椭圆长轴方向倾向下游。

同理，可分别获得其余测点在不同切面上的平面投影特征。

10.4.3.3　测试结果的选取

通过对工程区地应力的宏观特征及地应力测试数据的赤平投影进行综合分析可知：乌东德水电站坝址区实测地应力以自重应力为主，最大水平主应力方向为 NNE～NEE 向，实测地应力张量在各平面上的投影应符合图 10.8 的特征；此外，考虑到测点 5 号、6 号位于右岸主厂房上游侧的褶皱构造内，其应力方位与褶皱力学特性较一致，因此，可将其用于后续应力场反演。综上所述，选取 10 个地应力测点作为后续反演的基础信息，其测点编号依次为 1 号、2 号、3 号、4 号、5 号、6 号、9 号、10 号、11 号、12 号。

图 10.11 给出了所选测点的全空间赤平投影图。由图 10.11 可知，经过筛选后，除 5 号、6 号测点外，各主应力均较为集中，进一步说明了选取测点的有效性及合理性，为工程区地应力的科学估算提供依据。

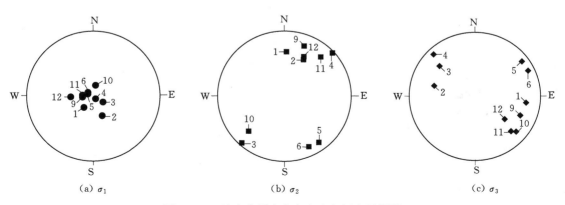

图 10.11　地应力测点主方向全空间赤平投影

10.4.4 二次反演分析方法

1. 基于三维连续介质力学的一次反演分析

计算坐标系以实际大地坐标（563074.27m，912886.79m，0）为坐标原点，x轴正向为S66°W，y轴正向为S24°E，z轴方向为铅直向上。结合坝区地质条件及实测点的分布情况，为消除人工边界误差在重要结构部位的影响，确定计算区域：在平面上，x轴、y轴的计算范围为3000m×2100m；在铅直方向上，底部高程从100m一直延伸到山顶。为便于反演，在建立计算模型时主要考虑了河谷地形，地势，F_3、F_6、F_7及F_{14}大断层和褶皱的影响，忽略局部地质构造作用。共划分网格单元680507个，节点数117650个。一次反演模型网格划分见图10.12。

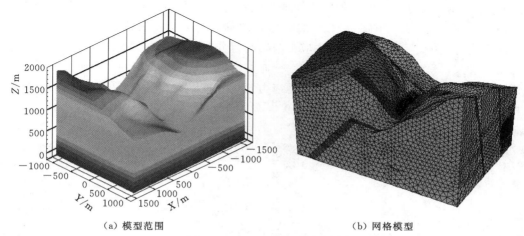

（a）模型范围　　　　　　　　　　　　　　（b）网格模型

图 10.12　有限差分网格模型

基于优选的9组地应力测试结果，采用FLAC³ᴰ模拟方法求解方程的应力矩阵系数。在计算开始时，通过对水压致裂法地应力实测数据进行筛选，扣除了受浅部地形地貌及谷底应力集中区影响的测试值，共获得186组有效的地应力实测数据，然后，依据最小二乘法原则对Brown和Hoek给出的地应力非线性分布模式进行拟合分析，获得初始参数$a=762.4$，$b=675.2$m。在此基础上，选取最小二乘法准则实现多决策问题的最优解。第一次计算结果表明，$F<F_{0.01}$，因此，需要对参数a、b进行重新设置。当$a=748.5$，$b=632.7$m时，多元复相关系数等于0.95，F分布检测值是72.19，显著性水平$\gamma=0.01$时的临界值$F_{0.01}(7,60-7-1)=3.04$，$F>F_{0.01}$，表明计算结果满足工程精度要求。表10.4给出了模型边界应力张量各组成部分系数的计算结果。

表 10.4　　　　　　　　　　　　　边界应力张量各组成部分的确定

边界应力成分	边界应力成分系数	边界应力成分计算值
S_x	$S_x=0.28$	0.28
S_y	$S_y=1.96$	1.96
S_{xy}	$S_{xy}=1.109$	1.109

续表

边界应力成分	边界应力成分系数	边界应力成分计算值
$k_x \dfrac{a}{b+h}\gamma h$	$k_x = 0.12$	$0.12 \dfrac{a}{b+h}\gamma h$
$k_y \dfrac{a}{b+h}\gamma h$	$k_y = 0.26$	$0.26 \dfrac{a}{b+h}\gamma h$
$k_{xy} \dfrac{a}{b+h}\gamma h$	$k_{xy} = -0.237$	$-0.237 \dfrac{a}{b+h}\gamma h$
$\alpha_x \gamma h$	$\alpha_x = 0.946 \dfrac{v}{1-v}$	$0.946 \dfrac{v}{1-v}\gamma h$
$\alpha_y \gamma h$	$\alpha_y = 0.946 \dfrac{v}{1-v}$	$0.946 \dfrac{v}{1-v}\gamma h$
$\alpha_z \gamma h$	$\alpha_z = 0.946$	$0.946\gamma h$

　　表 10.7 给出了地应力测点处的实测值与最终计算值之间的对比关系。图 10.13 为坝址区横剖面的应力等值线图。由图 10.13 及表 10.7 可知：大部分测点的一次反演计算值与实测值吻合较好，且反演获得的主应力与实测值分布规律基本一致；谷底局部范围出现应力集中现象，呈现出典型的"应力包"分布特征，这与现场揭露的"河床区浅部钻孔出现饼状岩芯现象"相吻合。可见，考虑地应力张量分布形式的反演结果是合理的，能够反映坝址区大范围初始应力场的分布特征。

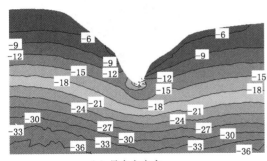
（a）最大主应力

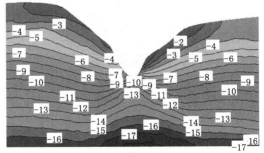
（b）中间主应力

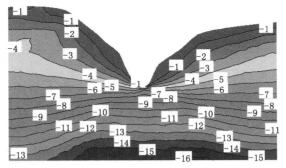
（c）最小主应力

图 10.13　坝址区横剖面主应力等值线图（单位：MPa）

　　值得说明的是，由于一次反演是基于线弹性计算，未合理反映开挖扰动可能引起的局部塑性屈服现象，且建模时未考虑局部小规模断层、节理等地质构造的影响，该部位获得的初始应力场与实测值相差较大（如测点 ZK506-1，其应力量值误差达 37%），因此需要在局部地区进一步完善。

2. 基于三维非连续介质力学的二次反演分析

为了反映工程区局部地质构造及勘探平硐开挖对地应力场扰动的影响，建立三维离散元局部精细模型，模型内部将隧洞切割为勘探平洞形状。综合考虑模型的计算范围及反演效率，模型范围为 $250\text{m}\times350\text{m}\times140\text{m}$，局部精细模型坐标系与整体模型一致。此外，结合现场地质构造的实际分布状态，该模型还考虑了局部小断层 F_{42} 及主厂房、尾调室附近节理组的影响。地下厂房区域开挖平洞、不同剖面节理组分布特征及数值分析模型如图 10.14 所示。模型中采用了变形块体，岩体材料和节理采用弹塑性模型和摩尔—库仑准则，岩层材料力学参数及主要结构面力学参数分别见表 10.2、表 10.5。

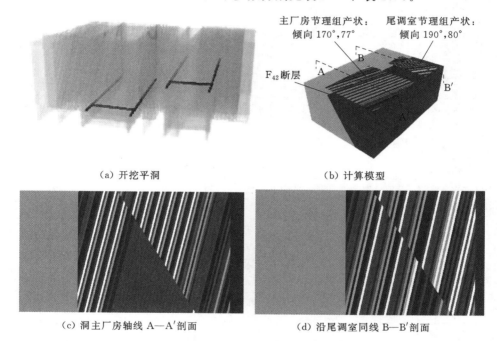

（a）开挖平洞　　　　　　　　　　（b）计算模型

（c）洞主厂房轴线 A—A′ 剖面　　　　（d）沿尾调室同线 B—B′ 剖面

图 10.14　开挖平洞几何形状及三维离散元分析模型

表 10.5　　　　　　　　　　　　　结 构 面 力 学 参 数

结构面	法向刚度 /(MPa/m)	切向刚度 /(MPa/m)	抗拉强度 /MPa	黏结力 /MPa	内摩擦角 /(°)
节理	50	25	2.0	5.0	60.0
断层	50	25	0.1	0.2	39.0

依据一次反演计算结果，提取局部精细模型的边界应力值，模型顶部施加垂直荷载 5.0MPa。通过试算，确定水平侧压系数 k_1、k_2 及自重修正系数 k_3 取值范围（见表 10.6）。根据均匀设计法，选取 U_{12}（4^3）构造试验样本，将 k_1、k_2 及 k_3 分别划分为 4 个水平，由此构造 12 种荷载组合方案。为了克服模型边界荷载施加可能带来的边界效应问题，在数值模拟过程中，模型底部和侧面采用 3 个方向位移约束，以便提供模型侧向完整约束以及水平位移不可动状态。

表 10.6　　　　　　　　　　　　　二次反演参数的取值范围

变量	k_1	k_2	k_3
取值范围	0.5~0.8	0.6~0.9	0.9~1.05

将各计算方案及垂直荷载施加到模型进行计算。当 k_1、k_2 及 k_3 分别对应 0.5、0.7 和 1.05 时，误差平方和最小。将最优方案在各测点的主应力大小和方向计算值与实测值进行对比，发现多元复相关系数等于 0.96，F 分布检测值是 90.67，显著性水平 $\gamma = 0.01$ 时的临界值 $F_{0.01}$（3，24-3-1）=4.94，$F > F_{0.01}$，表明反演结果具有较高的计算精度。将局部精细反演得到的边界荷载作用于局部精细模型进行弹塑性计算，最终得到精细模型区域的初始地应力场。二次反演计算值见表 10.7。

表 10.7　　　　　　　　　　　　　地应力实测值与计算值对比

测点编号	取值类型	主应力取值/MPa			应力分量取值/MPa						相对误差	
		σ_1	σ_2	σ_3	σ_x	σ_y	σ_z	τ_{xy}	τ_{yz}	τ_{xz}	误差1	误差2
1	实测	6.70	4.80	2.90	3.91	4.33	6.16	1.00	0.11	1.08		
	一次反演	8.38	5.41	4.48	5.92	5.40	7.96	0.12	0.85	1.67	27.30%	36.89%
	二次反演	7.20	4.98	3.58	3.59	4.97	7.20	−0.05	−0.01	−0.03	9.88%	23.06%
2	实测	7.30	5.60	4.50	5.03	5.96	6.41	0.47	1.09	−0.29		
	一次反演	9.24	6.00	4.54	6.21	5.70	7.86	−0.02	1.48	1.52	19.34%	26.44%
	二次反演	7.52	5.12	3.72	3.72	5.11	7.52	−0.06	−0.03	−0.03	9.20%	22.58%
3	实测	9.00	6.50	3.60	6.15	4.52	8.44	0.84	1.49	−0.71		
	一次反演	9.89	6.51	5.42	6.83	6.17	8.81	−0.08	1.00	1.59	17.36%	27.01%
4	实测	13.00	9.10	6.40	8.87	6.75	12.89	0.76	0.84	−0.07		
	一次反演	14.86	7.54	5.96	7.32	8.44	12.61	−0.68	−2.90	2.43	14.42%	30.79%
5	实测	5.70	4.10	3.30	3.38	4.08	5.64	−0.19	−0.12	0.32		
	一次反演	6.29	3.08	2.09	3.41	3.79	4.27	0.48	1.24	1.69	21.77%	31.97%
	二次反演	6.03	4.13	3.05	3.05	4.13	6.02	−0.04	0.08	−0.08	5.35%	8.93%
6	实测	5.80	4.10	3.70	3.73	4.14	5.73	−0.04	−0.26	0.24		
	一次反演	7.58	4.93	3.91	5.36	4.82	6.24	0.34	1.00	1.40	24.66%	31.76%
	二次反演	6.06	4.16	3.07	3.05	4.16	6.05	−0.05	0.03	−0.08	8.54%	10.84%
9	实测	17.00	12.60	8.20	11.37	10.34	16.09	1.90	−1.19	2.22		
	一次反演	18.43	12.13	6.46	12.68	6.82	17.53	1.30	−0.44	2.28	10.14%	18.40%
10	实测	19.00	14.30	8.30	13.48	9.60	18.52	2.29	−1.86	−0.32		
	一次反演	18.59	12.21	6.47	11.98	7.58	17.71	2.42	−0.28	−2.24	11.15%	14.52%
12	实测	13.60	9.70	6.60	10.47	7.98	11.46	0.45	−1.88	2.32		
	一次反演	15.31	8.03	6.16	8.31	7.61	13.58	1.77	2.01	2.36	13.53%	28.88%

注　误差 1 仅考虑 3 个主应力，误差 2 考虑了 6 个应力分量。

图 10.15 给出了勘探平洞开挖后的最大主应力分布云图。图 10.16 给出了沿钻孔轴向提取的不同埋深处应力计算值与实测值对比情况。由图 10.15、图 10.16 可知，随着埋深

的增大，3 个主应力均逐渐增大，且测点处的 3 个主应力在数值上与实测值吻合较好，进一步表明二次反演的有效性及合理性。值得说明的是，由于勘探平洞尺寸为 2.5m×2.5m，开挖面与测点位置相距较远，因此，地应力实测值受勘探平洞开挖扰动影响有限，主要受不连续结构面及断层的影响。

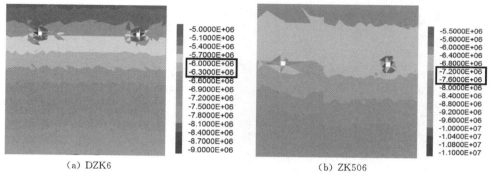

图 10.15　勘探平洞开挖后不同钻孔部位最大主应力分布图（单位：MPa）

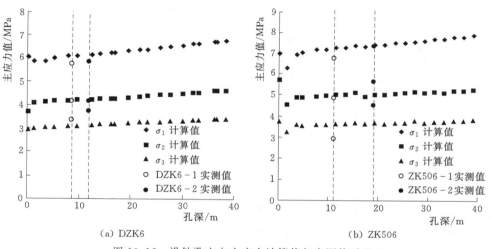

图 10.16　沿钻孔方向主应力计算值与实测值对比

图 10.17 给出了利用赤平投影技术获得的各测点地应力计算值与实测值主应力方位对比效果。可以看出各钻孔测试部位处的主应力方向计算结果与实测结果吻合较好，上述成果可为该电站关键区域的科学化设计和施工提供依据。

10.4.5　计算结果对比分析

采用 FLAC³ᴰ进行初始地应力场反演时，反演模型没有考虑局部发育节理、小规模断层等地质条件，而 3DEC 计算模型充分考虑了所有影响初始地应力场的主要不连续结构面，同时还模拟了勘探平洞的开挖扰动影响。一次反演、二次反演的计算值与实测应力值对比见表 10.7，定义相对误差为

$$\Delta = \left| \frac{\| 实测值 \|_2 - \| 计算值 \|_2}{\| 实测值 \|_2} \right| \times 100\% \qquad (10.7)$$

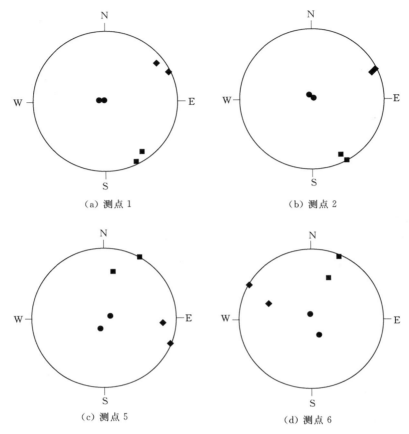

（a）测点 1　　　　　　　　　　　　（b）测点 2

（c）测点 5　　　　　　　　　　　　（d）测点 6

图 10.17　在不同测点的赤平投影（下半球，等角度）主应力方向极点图

式中：$\| \cdot \|_2$ 为 2－范数。

　　由表 10.7 可知，右岸地下厂房地应力测点 ZK506－1、ZK506－2、DZK6－1、DZK6－2 的一次反演主应力和实测值的相对误差分别为 27.30%、19.34%、21.77%、24.66%，应力张量各分量的相对误差分别为 36.89%、26.44%、31.97%、31.76%；二次反演主应力与实测值的相对误差分别为 9.88%、9.20%、5.35%、8.54%，应力张量各分量的相对误差分别为 23.06%、22.58%、8.93%、10.84%。

　　对比上述数据可知，无论是主应力值还是应力张量各分量计算值，二次反演的精度均得到明显的提高，主要有以下几个方面的原因：①局部精细模型较全面地反映了地下厂房附近小断层及发育节理等因素的作用；②二次反演时采用的是三维离散元模拟方法，合理反映了勘探平洞开挖引起的局部扰动效应，与实际情况较为一致；③二次反演是在一次反演的基础上，对精细模型初始条件的进一步优化，模型计算条件得到显著改善。总体而言，局部精细反演明显提高了一次反演所得初始地应力场精度，大部分测点应力值更接近实测值，相对误差进一步减小。

参 考 文 献

［1］ 景锋，盛谦，张勇慧，等. 我国原位地应力测量与地应力场分析研究进展 ［J］. 岩土力学，2011，32（S2）：51-58.

［2］ 刘允芳，等. 岩体地应力与工程建设 ［M］. 武汉：湖北科学技术出版社，2000.

［3］ 王晓春，聂德新，冯庆祖. Ⅴ型河谷地应力研究 ［J］. 工程地质学报，2002，10（2）：146-151.

［4］ 朱焕春，陶振宇. 地应力研究新进展 ［J］. 武汉水利电力大学学报，1994，27（5）：542-547.

［5］ BRADY B H G，BROWN E T. Rock Mechanics for underground mining ［M］. London：George Allen & Unwin，1985.

［6］ HUDSON J A，HARRISON J P. Engineering rock mechanics：an introduction to the Principals ［M］. Oxford：Elsevier，1997.

［7］ AMADEI B，STEPHANSSON，O. Rock stress and its measurement ［M］. London：Chapman & Hall，1997.

［8］ 陈宗基，吴海青. 我国在复杂岩层中的巷道掘进-兼论构造应力与时间效应的重要性 ［J］. 岩石力学与工程学报，1988，7（1）：1-14.

［9］ 修俊峰，徐同海，马代馨，等. 沿河谷地区地应力的地质成因及其展布规律 ［J］. 岩石力学与工程学报，1986，5（3）：257-266.

［10］ 白世伟，李光煜. 二滩水电站坝区岩体应力场研究 ［J］. 岩石力学与工程学报，1982，1（1）：45-56.

［11］ 蔡美峰，王双红. 地应力状态与围岩性质的关系研究 ［J］. 中国矿业，1997，6（6）：38-41.

［12］ 陶振宇，潘别桐. 岩石力学理论与方法 ［M］. 武汉：中国地质出版社，1991.

［13］ 朱焕春，陶振宇. 不同岩石中地应力分布 ［J］. 地震学报，1994，16（1）：49-63.

［14］ 景锋，盛谦，张勇慧，等. 不同地质成因岩石地应力分布规律的统计分析 ［J］. 岩土力学，2008，29（7）：1877-1883.

［15］ 于震平，李铁汉. 原位岩体强度与初始应力状态的关系 ［J］. 地球科学，1998，23（1）：65-69.

［16］ 李铁汉. 高地应力梯度与岩体物理场 ［C］//中国岩石力学与工程学会. 面向21世纪的岩石力学与工程：1996年卷. 北京：中国科学技术出版社，1996：657-663.

［17］ 陈志敏. 我国不同岩性侧压比随深度变化规律探讨 ［J］. 西部探矿工程，2006（6）：99-101.

［18］ 景锋，边智华，陈昊，等. 不同岩性侧压系数分布规律的统计分析 ［J］. 长江科学院院报，2008，25（4）：48-52.

［19］ 秦向辉，谭成轩，孙进忠，等. 地应力与岩石弹性模量关系试验研究 ［J］. 岩土力学，2012（6）：1689-1695.

［20］ 陶振宇，张黎明. 地应力与地壳岩石强度之间关系的研究 ［J］. 水文地质工程地质，1990（6）：27-30.

［21］ AITMATOV I T，VDOVIN K D，KOJOGULOV K C，et al. State Of Stress In Rock And Rock-Burst Proneness In Seismicactive Folded Areas ［J］. Federation Proceedings，1987，6（1）：344.

［22］ PLUMB R A. Variation of the least horizontal stress magnitude in sedimentary rock ［C］// American Rock Mechanics Association. Proceedings of 1st North America Rock Mechanics Symposium，1994. Rotterdam：Balkema，1994：71-78.

[23] SAVAGE W Z, SWOLFS H S. Tectonic and gravitational stress in long symmetric ridges and valleys [J]. Journal of Geophysical Research Solid Earth, 1986, 91 (B3): 3677 - 3685.

[24] AMADEI B, SAVAGE W Z, SWOLFS H S. Gravitational stresses in anisotropic rock masses with inclined strata [J]. International Journal of Rock Mechanics and Mining Sciences & Geomechanics Abstracts, 1992, 24 (1): 5 - 14.

[25] HAIMSON B C. 地应力测量与研究 [M]. 北京: 地震出版社, 1982.

[26] KANAGAWA T, HIBINO S, ISHIDA T, et al. In situ stress measurements in the Japanese islands: Over - coring results from a multi - element gauge used at 23 sites [J]. International Journal of Rock Mechanics and Mining Sciences & Geomechanics Abstracts, 1986, 23 (1): 29 - 39.

[27] GOODMAN R E. Introduction to Rock Mechanics, 2nd Edition [M]. New York: West Publishing CoMPany, 1984: 101 - 113.

[28] 朱焕春, 陶振宇. 论沉积区岩体地应力分布 [J]. 武汉水利电力大学学报, 1993, 4 (26): 1 - 9.

[29] 陈群策, 毛吉震, 侯砚和. 利用地应力实测数据讨论地形对地应力的影响 [J]. 岩石力学与工程学报, 2004, 23 (23): 3990 - 3995.

[30] 余大军, 朱维申, 雍敏, 等. 不同山体坡度初始地应力特点及对地下工程影响 [J]. 岩土力学, 2011, 32 (S1): 609 - 613.

[31] 朱焕春, 陶振宇. 地形地貌与地应力分布的初步分析 [J]. 水利水电技术, 1994 (1): 29 - 33.

[32] 朱焕春, 陶振宇, 黄德凡. 河谷走向与河谷地应力分布 [J]. 岩石力学与工程学报, 1995, 14 (1): 17 - 24.

[33] 朱焕春, 赵海斌. 河谷地应力场数值模拟 [J]. 水利学报, 1996 (5): 29 - 36.

[34] 李宏, 安其美, 王海忠, 等. V 型河谷区原地应力测量研究 [J]. 岩石力学与工程学报, 2006, V25 (S1): 3069 - 3073.

[35] 黄润秋, 张卓元. 中国西南地壳浅表层动力学过程及其工程环境效应研究 [M]. 成都: 四川大学出版社, 2001.

[36] 黄润秋. 中国西部岩石高边坡应力场特征及其卸荷破裂机理 [J]. 工程地质学报, 2004, 9 (3): 227 - 232.

[37] 祁生文, 伍法权. 高地应力地区河谷应力场特征 [J]. 岩土力学, 2011, 32 (5): 1460 - 1464.

[38] 苏生瑞. 断裂构造对地应力场的影响及其工程应用 [M]. 北京: 科学出版社, 2002.

[39] BROWN S M, LEIJON B A, HUSTRULID W A. Stress distribution within an artificially loaded, jointed block [C] //Proceedings of the International Symposium on Rock Stress and Rock Stress Measurements, 1986. Luleå: Centek Publishers, 1986: 429 - 439.

[40] CARLSSON A, CHRISTIANSSON R. Rock stresses and geological structures in the Forsmark area [C] //Proceedings of the International Symposium on Rock Stress and Rock Stress Measurements, 1986. Luleå: Centek Publishers, 1986: 457 - 465.

[41] BARTON C A, ZOBACK M D, MOOS D. In situ stress and permeability in fractured and faulted crystalline rock [C] // Mechanics of Jointed and Faulted Rock, 1992. Rotterdam: Balkema, 1992: 381 - 386.

[42] ZOBACK M D, ROLLER J C. Magnitude of Shear Stress on the San Andreas Fault: Implications of a Stress Measurement Profile at Shallow Depth [J]. Science, 1979, 206 (4417): 445 - 447.

[43] ZOBACK M D, TSUKARA H, HICKMAN S. Stress measurements at depth in the vicinity of the San Andreas Fault: Implications for the magnitude of shear stress at depth [J]. Journal of Geophysical Research, 1980, 85, 6157 - 6173.

[44] 马启超. 工程岩体应力场的成因分析与分布规律 [J]. 岩石力学与工程学报, 1986, 5 (4): 329 - 342.

[45] SENGUPTA S. Influence of geological structures on in – situ stresses [D]. India：Indian Institute of Technology，1998.

[46] 孙宗颀，张景和. 地应力在地质断层构造发生前后的变化 [J]. 岩石力学与工程学报，2004，23（23）：3964 – 3969.

[47] 李群芳. 几种典型交汇方式的断裂周围应力场和位移场的三维空间分布-论断裂对构造应力场的影响 [C] //国家地震局地壳应力研究所. 地壳构造与地壳应力文集. 北京：地震出版社，1987：146 – 158.

[48] 李晓昭，张国永，罗国煜. 地下工程中由控稳到控水的断裂屏障机制 [J]. 岩土力学，2003，24（2）：220 – 224.

[49] 罗国煜，陈新民，李晓昭，等. 城市环境岩土工程 [M]. 南京：南京大学出版社，2000.

[50] 孙礼健，朱元清，杨光亮，等. 断层端部及附近地应力场的数值模拟 [J]. 大地测量与地球动力学，2009，29（2）：7 – 12.

[51] 苏生瑞，朱合华，王士天，等. 岩石物理力学性质对断裂附近地应力场的影响 [J]. 岩石力学与工程学报，2003，22（3）：370 – 377.

[52] 苏生瑞，朱合华，王士天，等. 断裂物理力学性质对其附近地应力场的影响 [J]. 西北大学学报（自然科学版），2002，32（6）：655 – 658.

[53] 卜万奎，茅献彪. 断层倾角对断层活化及底板突水的影响研究 [J]. 岩石力学与工程学报，2009，28（2）：386 – 394.

[54] KAVANAGH K T，CLOUGH R W. Finite element applications in the characterization of elastic solids [J]. International Journal of Solids and Structures，1971，7（1）：11 – 23.

[55] KIRSTEN H A D. Determination of rock mass elastic moduli by back analysis of deformation measurements [C] //Exploration for Rock Engineering，Explorations for rock engineering，proceedings of the symposium，Johannesburg，South Africa. Balkema，1977：165 – 172.

[56] SAKURAI S，TAKEUCHI K. Back analysis of measured displacements of tunnels [J]. Rock Mechanics & Rock Engineering，1983，16（3）：173 – 180.

[57] GIODA G. Indirect identification of the average elastic characteristics of rock masses [C] // Proceedings of the International Conference on Structural Foundations on Rock. Rotterdam：A A Balkema，1980.

[58] GIODA G. Some remarks on back analysis and characterization problems in geomechanics [J]. International Journal of Rock Mechanics and Mining Sciences & Geomechanics Abstracts，1986，23（5）：176.

[59] GIODA G，SAKURAI S. Back analysis procedures for the interpretation of field measurements in geomechanics [J]. International Journal for Numerical & Analytical Methods in Geomechanics，1987，11（6）：555 – 583.

[60] MAIER G，GIODA G. Optimization Methods for Parametric Identification of Geotechnical Systems [M] // Maitins J B. Numerical Methods in Geomechanics. Netherlands：Springer Netherlands，1982：273 – 304.

[61] 杨志法，刘竹华. 位移反分析法在地下工程设计中的初步应用 [J]. 地下工程，1981，2：9 – 14.

[62] 冯紫良，杨林德. 地应力的反推原理 [J]. 同济大学学报，1983，3：18 – 25.

[63] 杨林德. 岩土工程问题的反演理论与工程实践 [M]. 北京：科学出版社，1996：25 – 30.

[64] 白世伟，李光煜. 二滩水电站坝区岩体应力场研究 [J]. 岩石力学与工程学报，1982，1（1）：51 – 62.

[65] 郭怀志，马启超，薛玺成，等. 岩体初始应力场的分析方法 [J]. 岩土工程学报，1983，5（3）：64 – 75.

[66] 朱伯芳. 岩体初始地应力反分析 [J]. 水利学报，1994，10：30 – 35.

[67] 张有天，胡惠昌. 地应力场的趋势分析 [J]. 水利学报，1984 (4)：31-38.

[68] 肖明. 三维初始应力场反演与应力函数拟合 [J]. 岩石力学与工程学报，1989，8 (4)：337-345.

[69] 庞作会，陈文胜，邓建辉，等. 复杂初始地应力场的反分析 [J]. 岩土工程学报，1998，20 (4)：47-50.

[70] 刘允芳，龚壁新，罗超文，等. 深钻孔地应力测量和地应力场分析及其应用 [J]. 长江科学院院报，1993，10 (2)：41-49.

[71] 蒋中明，徐卫亚. 三维初始地应力场反分析的径向基函数法 [J]. 岩土力学，2002，23 (6)：737-741.

[72] 刘世君，高德军，蒋中明. 复杂岩体地应力场的随机反演及遗传算法 [J]. 三峡大学学报（自然科学版），2005，27 (2)：123-127.

[73] 蔡美峰，熊顺成，乔兰，等. 地应力场三维有限元拟合研究 [J]. 中国矿业，1997，6 (1)：42-45.

[74] 王涛，周先前，田树斌，等. 基于正交设计的河谷地应力场数值模拟方法及应用 [J]. 岩土力学，2003，24 (5)：831-835.

[75] 白晨光，于学馥. 基于神经网络的地应力预测方法研究 [J]. 化工矿山技术. 1997，26 (1)：12-14.

[76] 戚蓝，丁志宏，马斌，等. 初始地应力场多元方程回归分析 [J]. 岩土力学，2003，24 (S1)：137-139.

[77] 石敦敦，傅永华. 人工神经网络结合遗传算法反演岩体初始地应力的研究 [J]. 武汉大学学报（工学版），2005，38 (2)：73-76.

[78] 袁风波. 岩体地应力场的一种非线性反演新方法研究 [D]. 北京：中国科学院研究生院，2007.

[79] 张振华. 深切河谷岸坡开挖过程动态预警方法研究 [D]. 武汉：中国科学院武汉岩土力学研究所，2008.

[80] 薛娈鸾，陈胜宏. 瀑布沟工程地下厂房区地应力场的二次计算研究 [J]. 岩石力学与工程学报，2006，25 (9)：1881-1886.

[81] 周华，陈胜宏. 高拱坝坝址区初始地应力场的二次计算 [J]. 岩石力学与工程学报，2009，28 (4)：767-774.

[82] 秦卫星，付成华，汪卫明，等. 基于子模型法的初始地应力场精细模拟研究 [J]. 岩土工程学报，2008，30 (6)：930-934.

[83] 蔡美峰. 地应力测量原理和技术 [M]. 北京：科学出版社，2000.

[84] 高莉青，陈宏德. 岩体应力状态的影响因素 [C] //国家地震局地壳应力研究所. 地应力测理论研究与应用. 北京：地质出版社，1987：86-97.

[85] 陈彭年，陈宏德，高莉青. 世界地应力实测资料汇编 [M]. 北京：地震出版社，1990.

[86] WARPINSKI N R, BRANAGAN P, WILMER R. In situ stress measurements at US DOE's multiwell experiment site, Mesaverde group, Rifle, Colorado [J]. Journal of Petroleum Technology, 1985, 37：527-536.

[87] TEUFEL L W. In situ stress and natural fracture distribution at depth in the Piceance Basin, Colorado：implications to stimulation and production of low permeability gas reservoirs [C] // Proceedings of 27th US Symposium on Rock Mechanics. Alabama：American Rock Mechanics Association, 1986：702-708.

[88] SHEOREY P R. A theory for in-situ stress in isotropic and transversely isotropic rock [J]. International Journal of Rock Mechanics & Mining Sciences & Geomechanics Abstract, 1994, 31 (1)：23-34.

[89] BROWN E T, HOEK E. Technical note trends in relationshipsbetween measured in-situ stress and depth [J]. International Journal of Rock Mechanics and Mining Sciences & Geomechanics

Abstracts，1978，15（4）：211 - 215.

［90］ 朱焕春，李浩. 论岩体构造应力 ［J］. 水利学报，2001（9）：81 - 85.

［91］ 郭强，葛修润，车爱兰. 岩体完整性指数与弹性模量之间的关系研究 ［J］. 岩石力学与工程学报，2011，30（S2）：3914 - 3919.

［92］ 王川婴，胡培良，孙卫春. 基于钻孔摄像技术的岩体完整性评价方法 ［J］. 岩土力学，2010，31（4）：1326 - 1330.

［93］ HAIMSONB C，CORNETF H. ISRM suggested methods for rock stress estimation - Part 3：Hydraulic fracturing（HF）and/or hydraulic testing of pre - existing fractures（HTPF）［J］. International Journal of Rock Mechanics & Mining Sciences，2003，（40）：1011 - 1020.

［94］ 党亚民，陈俊勇，晁定波. 中国及其邻区地壳应力场数值特征的研究 ［J］. 测绘科学，2001，6（2）：11 - 14.

［95］ 郑勇，陈颙，傅容珊，等. 应用非连续性模型模拟断层活动对青藏高原应力应变场的影响 ［J］. 地球物理学报，2007，50（05）：1398 - 1408.

［96］ 雷显权，陈运平. 应用非连续模型研究断层对地壳应力的影响 ［J］. 中南大学学报（自然科学版），2011，42（8）：2379 - 2386.

［97］ 陈育民，徐鼎平. FLAC/FLAC3D 基础与工程实例 ［M］. 北京：中国水利水电出版社，2009.

［98］ 李方全，孙世宗，李立球. 华北及郯庐断裂带地应力测量 ［J］. 岩石力学与工程学报，1982，1（1）：73 - 86.

［99］ 裴启涛，李海波，刘亚群. 复杂地质条件下坝区初始地应力场二次反演分析 ［J］. 岩石力学与工程学报，2014，33（S1）：2779 - 2785.

［100］ 刘福田，刘建华. 反演理论中的几个问题 ［J］. 地震地磁观测与研究，1984，5（6）：1 - 10.

［101］ 方开泰. 均匀设计与均匀设计表 ［M］. 北京：科学出版社，1994.

［102］ SHEOREY P R，MURALI MOHAN G，SINHA A. Influence of elastic constants on the horizontal in situ stress ［J］. International Journal of Rock Mechanics and Mining Sciences，2001，38：1211 - 1216.

［103］ SCHUMM SA，MOSLEY M P，WWAVER W E. Experimental fluvial geomorphology ［M］. New York：Wiley Interscience，1987.

［104］ DARWIN C. Geological observations on South America ［M］. UK：Cambridge University Press，2011.

［105］ CHAPPELL J. A revised sea level record for the last 300000 years from Papua Guinea ［J］. Search，1983，14（3 - 4）：99 - 101.

［106］ BRAKERIDGE G R. Widespread episodes of stream erosion during the Holocene and their climatic cause ［J］. Nature，1980（283）：655 - 656.

［107］ HO H Y，GERSTLE K H. Elastic properties of two coals ［J］. International Journal of Rock Mechanics and Mining Sciences & Geomechanics Abstracts，1976，13（3）：81 - 90.

［108］ Voigt W. Uber die Beziehung zwischen den beiden Elastizitatskonstanten isotroper Korper ［J］. Wied Ann，1889，38：573 - 587.

［109］ REUSS A. Berechnung der Fliessgrenze von Mischkristallen auf Grund der Plastizitats bedingung fur Einkristalle ［J］. Zeitschrift fur Angewandte Mathematik und Mechanik，1929，9：49 - 58.

［110］ ESHELBY J D. The determination of the elastic field of an ellipsoidal inclusion，and related problems ［J］. Proceedings of the Royal Society of London（Series A），1957（241）：376 - 396.

［111］ CHRISTENSEN R M，LO K H. Solutions for effective shear properties in three phase sphere and cylinder models ［J］. Journal of The Mechanics and Physics of Solids，1979，27（4）：315 - 330.

［112］ MORI T，TANAKA K. Average stress in matrix and average energy of materials with misfitting inclusions ［J］. Acta Metallurgica，1973，21（5）：571 - 574.

［113］ HASHIN Z. A variationl approach to the theory of the elastic behavior of multiphase materials ［J］. Journal of the Mechanics and Physics of Solids，1963，11（2）：127－140.

[114] CHRISTENSEN，R M. Mechanics of Composite Materials［M］. New York：John Wiley and Sons，1979.

[115] HOEK E，CARRANZA－TORRES C T，CORKUM B，et al. Hoek－Brown failure criterion－2002 Edition［C］// Proceedings of NARMS－TAC Conference，Toronto，2002：267－273.

[116] HOEK E，BROWN E T. The Hoek－Brown failure criterion and GSI－2018 edition［J］. Journal of Rock Mechanics and Geotechnical Engineering，2019，11（3）：445－463.

[117] 成尔林. 四川及其邻区现代构造应力场和现代构造运动特征［J］. 地震学报，1981，3（3）：231－241.

[118] 李渝生，王士天. 中国西南地区挽近期地壳构造应力场的演化历史及成因机制［J］. 地质灾害与环境保护，2002，13（1）：9－12.

[119] 付成华，汪卫明，陈胜宏. 溪洛渡水电站坝区初始地应力场反演分析研究［J］. 岩石力学与工程学报，2006，25（11）：2305－2312.

[120] 张延新，蔡美峰，王克忠. 三维初始地应力场计算方法与工程应用［J］. 北京科技大学学报，2005，27（5）：521－524.

[121] 张传庆，周辉，冯夏庭. 局域地应力场获取的插值平衡方法［J］. 岩土力学，2008，29（8）：2016－2024.

[122] 白世伟，韩昌瑞，顾义磊. 隧道应力扰动区地应力测试及反演研究［J］. 岩土力学，2008，29（11）：2887－2891.

[123] 崔盛雄. 十年来韩国隧道施工的地应力水压致裂法测试经验［J］. 岩石力学与工程学报，2007，26（11）：2200－2206.

[124] 刘允芳，朱杰兵，刘元坤. 深钻孔套芯应力解除法的测量技术和实例［J］. 长江科学院院报，2008，25（5）：1－6.

[125] 葛修润，侯明勋. 一种测定深部岩体地应力的新方法-钻孔局部壁面应力全解除法［J］. 岩石力学与工程学报，2004，23（23）：3923－3927.

[126] 蒋中明，徐卫亚，邵建富. 基于人工神经网络的初始地应力场三维反分析［J］. 河海大学学报，2002，30（3）：52－56.

[127] 韩崇昭. 信息融合理论与应用［J］. 中国基础科学，2000（7）：14－18.

[128] 刘元坤. 工程区域岩体应力分析与研究［D］. 武汉：武汉理工大学，2003.

[129] 刘允芳，朱杰兵，刘元坤. 空心包体式钻孔三向应变计地应力测量的研究［J］. 岩石力学与工程学报，2001，20（4）：448－453.

[130] 肖平西，尹健民，艾凯，等. 官地水电站地下厂房区地应力测试与应用分析［J］. 地下空间与工程学报，2006，2（6）：895－898.

[131] 袁风波，刘建，李蒲健，等. 拉西瓦工程河谷区高地应力场反演与形成机理［J］. 岩土力学，2007，28（4）：836－842.

[132] 江权，冯夏庭，黄书岭，等. 锦屏二级水电站厂址区域三维地应力场非线性反演［J］. 岩土力学，2008，29（11）：3003－3010.

[133] 丁秀丽，卢波，黄书岭，等. 雅砻江锦屏Ⅰ级水电站技施阶段——高应力低强度应力比条件大型地下洞室群围岩开裂变形机制及稳定性研究［R］. 武汉：长江科学院，2010.

[134] 谭成轩，张鹏，郑汉淮，等. 雅砻江锦屏一级水电站坝址区实测地应力与重大工程地质问题分析［J］. 工程地质学报，2008，16（2）：162－168.

[135] 徐佩华，陈剑平，黄润秋，等. 雅砻江河谷下切三维数值模拟分析—解放沟模型应力场分析［J］. 吉林大学学报（地球科学版），2003，33（2）：209－212.

[136] 黄书岭，张勇，丁秀丽，等. 大型地下厂房区域地应力场多源信息融合分析方法及工程应用

[J]. 岩土力学，2011，32（7）：2057-2065.

[137] 郑汉淮，杨静熙，邓卫东，等. 雅砻江锦屏 I 级水电站可行性研究报告（工程地质）[R]. 成都：中国水电工程顾问集团成都勘测设计研究院，2003.

[138] 王士天，黄润秋，李渝生. 雅砻江锦屏水电站重大工程地质问题研究 [M]. 成都：成都科技大学出版社，1995.

[139] 黄书岭，徐劲松，丁秀丽，等. 考虑结构面特性的层状岩体复合材料模型与应用研究 [J]. 岩石力学与工程学报，2010，29（4）：743-756.

[140] 黄书岭，王继敏，丁秀丽，等. 基于层状岩体卸荷演化的锦屏 I 级地下厂房洞室群稳定性与调控 [J] 岩石力学与工程学报，2011，30（11）：2203-2216.

[141] 尹健民，韩晓玉. 滇中引水工程可行性研究阶段大理 I 段地应力测试研究报告 [R]. 武汉：长江科学院，2014.

[142] 尹健民，周春华，李云安，等. 北疆深埋隧洞地应力与区域应力场的相关性研究 [J]. 长江科学院院报，2014，31（11）：42-46.

[143] 裴启涛，李海波，刘亚群，等. 复杂地质条件下坝区初始地应力场二次反演分析 [J]. 岩石力学与工程学报，2014，33（S1）：2779-2785.

[144] HUDSON J A，CORNET F H，CHRISTIANSSON R. ISRM Suggested Methods for rock stress estimation – Part 1：Strategy for rock stress estimation [J]. International Journal of Rock Mechanics and Mining Sciences，2003，40（7）：991-998.

[145] SJÖBERG J，CHRISTIANSSON R，HUDSON J A. ISRM suggested methods for rock stress estimation – Part 2：overcoring methods [J]. International Journal of Rock Mechanics and Mining Sciences，2003，40（7）：999-1010.

[146] HAIMSON B C，CORNET F H. ISRM suggested methods for rock stress estimation – part 3：hydraulic fracturing（HF）and/or hydraulic testing of pre – existing fractures（HTPF）[J]. International Journal of Rock Mechanics and Mining Sciences，2003，40（7）：1011-1020.

[147] CHRISTIANSSON R，HUDSON J A. ISRM suggested methods for rock stress estimation – part 4：quality control of rock stress estimation [J]. International Journal of Rock Mechanics and Mining Sciences，2003，40（7）：1021-1025.

[148] LJUNGGREN C，CHANG Y，JANSON T，et al. An overview of rock stress measurement methods [J]. International Journal of Rock Mechanics and Mining Sciences，2003，40（7）：975-989.

[149] SAVAGE W Z，SWOLFS H S，Powers P S. Gravitational stresses in long symmetric ridges and valleys [J]. International Journal of Rock Mechanics and Mining Sciences & Geomechanics Abstracts，1985，22（5）：291-302.

[150] 戚蓝，丁志宏，马斌，等. 初始地应力场多元方程回归分析 [J]. 岩土力学，2003，24（增刊）：137-139.

[151] SHEOREY P R. A Theory for in – Situ Stresses in Isotropic and Transversely Isotropic Rock [J]. International Journal of Rock Mechanics and Mining Sciences & Geomechanics Abstracts，1994，31（1）：23-34.

[152] BROWN E T，HOEK E. Trends in relationships between measured in – situ stresses and depth [J]. International Journal of Rock Mechanics and Mining Sciences & Geomechanics Abstracts，1978，15（4）：211-215.

[153] CORNET F H，VALETTE B. In situ stress determination from hydraulic injection test data [J]. Journal of Geophysical Research Solid Earth，1984，89：527-37.

[154] LI G，MIZUTA Y，ISHIDA T，et al. Stress field determination from local stress measurements by numerical modelling [J]. International Journal of Rock Mechanics and Mining Sciences，2009，

46 (1)：138 - 147.

[155] 裴启涛，李海波，刘亚群，等. 复杂地质条件下坝区初始地应力场二次反演分析 [J]. 岩石力学与工程学报，2014，33（增1）：2779 - 2785.

[156] 冯夏庭. 智能岩石力学导论 [M]. 北京：科学出版社，2000.